李渔美学心解

杜书瀛 著

中国社会科学出版社

图书在版编目(CIP)数据

李渔美学心解/杜书瀛著.—北京：中国社会科学出版社，2010.12
ISBN 978 - 7 - 5004 - 9358 - 7

Ⅰ.①李… Ⅱ.①杜… Ⅲ.①李渔(1611 ~ 约 1679)—美学思想—
思想评论 Ⅳ.①B83 - 092

中国版本图书馆 CIP 数据核字(2010)第 230120 号

责任编辑　史慕鸿
责任校对　高　婷
封面设计　毛国宣
技术编辑　李　建

出版发行　中国社会科学出版社
社　　址　北京鼓楼西大街甲 158 号　　邮　编　100720
电　　话　010—84029450(邮购)
网　　址　http://www.csspw.cn
经　　销　新华书店
印　　刷　北京君升印刷有限公司　　　装　订　广增装订厂
版　　次　2010 年 12 月第 1 版　　　印　次　2010 年 12 月第 1 次印刷
开　　本　710×1000　1/16
印　　张　19.75　　　　　　　　　　插　页　2
字　　数　319 千字
定　　价　37.00 元

目　　录

李渔美学的个性解读

——为杜书瀛先生《李渔美学心解》序

黄　强

迄今为止的李渔研究，对李渔的全面评价自然涉及其多方面的文学艺术成就和日常生活审美趣味，但具体的研究对象，却往往只是其中的某一个或某几个方面，涵盖李渔涉足的全部文学艺术领域的研究成果不多见。杜书瀛先生的《李渔美学心解》（以下简称《心解》）一书，将李渔研究纳入审美文化范畴，视《闲情偶寄》为"一部美学小百科"，兼及李渔其他美学理论材料，采用最为灵活、最贴近阐述对象的学术随笔形式，对李渔进行个性化的解读。全书九章，共一百三十一篇，除"序篇"以外，其余八章分别品味、解读李渔关于戏曲、园林、诗词、服饰、仪容、饮馔、花木、颐养的奇思妙想、美文佳作，或理趣横生，或情韵悠然，鉴赏性与研究性统一，当代文化与传统文化交融。作者以美学家的慧眼灵心，以三十年来对李渔美学思想精髓的把握，思接千载，视通万里，写活了李渔，写透了李渔。可以想见，任何一位《心解》的读者，都能够穿越三百年的时空距离，贴近李渔，理解李渔，佩服李渔，接受李渔美学的启迪。

为《心解》这样的书作序，自应有别于寻常，故因其特色，拟为五题。

贵在"心解"

所谓"心解"，在我看来，是指用心去体验、理解、传递，解读出有别于他人的味道，传递出许多与众不同的见解，因此这种解读是独特的，以作者的个性和性灵为标志的。对于李渔美学，美学家、李渔研究者都可以作出解读，但杜先生的《心解》是独此一家、别无分号的，其中自有作者之真我在。

没有对李渔美学多年的体验与研究，难言"心解"。《心解》乃是杜先生研究李渔三十年厚积薄发的成果。1982 年，杜先生的《论李渔的戏剧美学》由中国社会科学出版社出版，这是 20 世纪以来大陆出版的第一部李渔研究专著。这部书的出版，对日后李渔研究的升温，甚至形成一股"李渔热"，产生了重要影响。杜先生形容自己"此后就如鬼魂附体，我被李渔美学缠上了，即使手头主要在做别的工作，也神使鬼差般被李渔牵着，断断续续同李渔这位三百多年前的老头儿打了近三十年的交道"。三十年中，杜先生出版了九种有关李渔的著作，其中既有《〈闲情偶寄〉〈窥词管见〉校注》、《〈怜香伴〉注释》等李渔著述整理本，更有《李渔美学思想研究》这样的理论著述。三十年李渔研究成果的丰厚积累，使得杜先生"心解"李渔美学时游刃有余。比如第四章《服饰篇》中，杜先生谈到"中国古代女子是穿高底鞋的"，"高底鞋之跟也有点高"，"与西方女子穿高跟鞋相仿"，并以李渔在《闲情偶寄·声容部》中所言为证。这一发现颇有文化知识趣味。我也曾多次阅过《声容部》，却草草放过了这段文字，撇开其他因素，解读不若杜先生心之专、之细尔。

"心解"在许多情况下往往意味着"新解"。《心解》一百三十一篇学术随笔中包含着不少令人耳目一新的见解。这些见解有的已得到充分的展开与论证，有的囿于随笔这一文体的特性，只是点到为止；有的拓展出李渔美学研究的重要课题，有的则是对他人或作者已有研究成果的深化；有的一经提出，无疑会得到读者或学界的认可，有的还可能受到质疑；但无论哪一个论题，作者都期望有自己的思考和分析。

李渔向来以戏曲、小说和戏曲理论著名，诗词创作并不为人所重。论及清诗史、清词史，很少有人会给李渔留有一席之地。与此相联系，李渔的词论著作《窥词管见》，在相当长的时间内，仅有少数研究者在相关著述中予以简单的介绍和局部引用，评价不高。《心解》却以第三章《诗词篇》专论李渔的诗词美学，而将《窥词管见》二十二则视为李渔诗词美学的核心内容和集中体现。为了凸显李渔在古典诗词美学史上的地位和意义，作者不厌其烦地将《词话丛编》所收八十五种词话分为三类：李渔

《窥词管见》之前的；与李渔《窥词管见》大致同时的；李渔去世之后的；然后以《窥词管见》分别与三类词话进行比较。通过比较，作者认为：李渔《窥词管见》较之前辈论著，有所发展，有所创造，有所深入；较之同辈，李渔词论也有自己的特点，尤其是理论色彩比较浓厚，系统性比较强。后来者的词论也有与李渔见解如出一辙者，如王国维的"一切景语皆情语"的说法与李渔的"情主景客"思想即是。在充分肯定李渔词论价值的同时，杜先生也赞赏李渔"善于填词，并有不少优秀作品"，并先后引用其《玉楼春·春眠》、《忆王孙·苦雨》、《水调歌头·中秋夜金闾泛舟》、《减字木兰花·对镜作》，加以解析印证。在这样的基础上，《心解》认为："《窥词管见》在中国词学史上应该占有一席之地；如果把《窥词管见》放回它那个时代，可以看到它仍然发着自己异样的光彩。李渔的词学思想同他的戏剧美学、园林美学、仪容美学一样，有许多精彩之处值得重视、值得借鉴、值得发扬。"论证过程是缜密的，材料证据是确凿的，因而结论是可信。尤其新颖的是，作者前所未有地提升了李渔诗词美学的品位，挖掘出其丰富的美学资源，值得李渔研究界重新考虑某些已有的结论。

对于《闲情偶寄·声容部》，在相当长的时期内，由于众所周知的原因，研究者往往只是在研究《词曲部》和《演习部》时顺带及之，在极其有限的范围内引用其中的材料，20世纪90年代以来，研究的范围有所扩大，但对其中相当一部分内容的肯定，仍然带有很大程度的保留。《心解》专列《仪容篇》作为第五章，认为"《声容部》是中国历史上第一部专门的、系统的仪容美学著作"。杜先生曾经倡导建立仪容美学这样一个专门学科，《声容部》中的仪容美学资源因而得到前所未有的开掘。不妨看看《心解·仪容篇》的篇目：《内美》、《眉眼之美》、《肌肤之美》、《化妆》、《首饰》、《熏陶与点染》、《洗脸梳头的学问》、《妇女纹面·美》，不仅其他人的李渔研究著作很少集中涉及这许多名目，比之杜先生以往的李渔研究成果，考察范围也要大得多。

《心解》除了以《诗词篇》、《仪容篇》拓展出李渔美学研究的重要方面以外，散见于各篇的新鲜见解随处可见。《中西音乐：一个外行人的外行话》揭示西方音乐由于感情的激昂和激烈，矛盾冲突的尖锐，音乐家的生命耗费过大，而中国音乐由于追求平和、中庸，音乐家能通过音乐修身养性而益寿延年；《"取材"与"正音"》以当代实际发音证明李渔所总结的"秦音无'东钟'，晋音无'真文'"等方言规律的正确性；《服饰风尚的流变》总结对服饰风尚的变化发生影响的诸多因素；类似的见解均颇中肯綮。

"李渔美学心解"，是作者将自己丰富的人生阅历投射于其中的一种水乳交融的心路历程，而学术随笔这一文体，又为这种投射提供了更多的自由。正因为如此，《心解》既是李渔美学思想的解读，也是由此延伸而导致的作者性灵的展示。读者读《心解》，既能把握李渔美学的精彩，也能感受到作者源于李渔美学思想的种种人生感悟。例如，杜先生认为"一气如话"这四字金丹，表达了李渔一生孜孜追求的一种理想的创作境界，即为文作诗填词制曲，都要达到自然天成，天籁自鸣。由此杜先生联想到自己为什么喜欢杨绛先生的散文，例如她的《干校六记》。"就因为读杨绛这些文章，如同'文革'期间我们做邻居时，她在学部大院七号楼前同我五岁的女儿开玩笑，同我拉家常话，娓娓道来，自然亲切，平和晓畅而又风趣盎然。这与读别的作家的散文，感觉不一样，例如杨朔。杨朔同志的散文当然也自有其魅力，但是总觉得他是站在舞台上给你朗诵，而且是化了妆、带表演的朗诵。"（《一气如话》）亲身的经历，鲜明的对比，贴切的比喻，特别能够引导读者深化对李渔追求的"一气如话"艺术创作境界的理解。李渔强调文学作品的结尾一定要达到"临去秋波那一转"，"令人销魂欲绝"的艺术效果，杜先生联想到电视连续剧《大姐》大煞风景的结尾，愤曰："我一气之下，立刻把电视机关掉！这是我所看到的最差结尾之一。"（《结尾：临去秋波那一转》）对艺术败笔的愤恨之情显露无遗，读者能够受到强烈的情绪感染。

一般说来，李渔的美学排斥悲剧性的情感。笠翁几乎永远以一种乐天派的口吻，向人们传授美化生活的经验，即使是一些可能导致伤感情绪的话题也不例外。而杜先生某些人生阅历在《心解》中的投射，恰恰以一种悲剧性的情感使人难以忘怀，在李渔所述之外别开一境。例如李渔在《闲情偶寄·饮馔部》中对"牛犬"采取略而不论的态度，"以二物有功于世，方劝人戒之不暇，尚忍为制酷刑乎？"杜先生却由此勾起一段"撕心裂肺"的回忆，忘不了自己当年下放在河南息县"五七"干校时，那"时时绕于膝前，忠实履行看家护院职责的大黄和小黑两条狗"——"两个朋友"；忘不了自己撤离干校后，听说它们被人宰杀的惨剧（《说食"犬"》）。由此杜先生从不食狗肉。或许这个故事因为承载了作者当年在"五七"干校时的特殊生活内容，而令他格外铭记在心，却也因此而丰富了笠翁的相关生活经验。李渔在《闲情偶寄·颐养部·止忧第二》中谈到"忘忧"与"止忧"，杜先生由此触发起人生最久远的隐痛："我爸爸在抗日战争中牺牲已经过去了六十七年，现在想起来，还时时隐隐作痛；至于我妈妈，直到她七十八岁（1995）去世，这阴影更是没有在她心头散去。别人可能体会不到，但作为儿子，我从妈妈谈起爸爸时的眼睛里觉察出来。"他得出了与笠翁完全不同的结论："倘有什么创伤而造成忧愁，若想真正'医治'它，大概只有时间这一副药。而这，可能是很长的一个过程。"这副药，"笠翁本草"中不载，笠翁或许也无法理解，但杜先生拈出的，却是人生最无奈而又最有效的一副药。

当然，渗透着杜先生雪泥鸿爪之思的《心解》，更多的却是他生活的乐趣与美感。如在大学课堂上，听自己的老师、著名朗诵诗人高兰教授借鉴戏曲念白的经验朗诵现代诗；20世纪70年代，带着自己的习作，到何其芳同志家请教文章作法；"文革"中在"五七"干校时，与吴晓铃先生一起，赶了几十里路，去罗山县城吃甲鱼；"文革"后期迷上了养花，能够与好友三人，骑自行车逾一个半小时，到北京西南郊丰台乡购回一盆茉莉；"文革"结束后，80年代初去广西开会，坐飞机从桂林七星公园带回一盆红色茶花，像爱护婴儿一样爱护它；为了了解李渔所言"西施舌"为何物，也为了一饱口福，举家而赴友人为之专设的"西施舌"宴；2009年10月赴浙江金华开会，登临李清照题咏过的八咏楼，参观兰溪李渔故里与"芥子园"纪念馆；凡此种种，无不针对李渔的某一话题有感而发。从中我们不无惊异地发现，美学家杜书瀛先生对美的感悟和对日常生活审美化的追求，与李渔竟有如此多的相通之处。三十年中，他梦绕神牵于李渔，有以使之。

让李渔走进当代

在《心解》后记中，杜书瀛先生写道："人去也，精神尚在；精神尚在，就是活着。"《心解》全面系统地揭示出李渔美学在当代中国社会生活中依然具有价值的顽强生命力。

挖掘中国古代审美文化资源，研究中国古代审美文化理论，根本目的在于为当代审美文化的构建提供借鉴。一种古代审美文化理论在当代社会生活中切入的深度，取决于三个因素：这种审美文化理论所具有的历史穿透力；传播和普及这种审美文化理论的社会条件；在新的时代，为激活这种审美文化理论的历史穿透力而付出的努力。

人类社会生活的一个不懈和永恒的追求，便是寻找生活的乐趣，讲究生活的艺术，提升生活的质量。社会动荡与战乱会延缓或打断这种追求，但只要社会生活恢复常态，这种追求的脚步会百倍前行。因此，只要是在讲究生活艺术，提升生活品位方面有独到见解的审美文化理论，必然会具有很强的历史穿透力。李渔对自己的艺术创造精神能够流传后世充满自信。他早年出卖伊山别业时，就曾在《卖山券》中写道："青铜白镪能购其木石，不能易其精灵；能贸其肢体，不能易其姓名。"李渔晚年对其日常生活美学理论的结晶《闲情偶寄》极为自负，也就很可以理解了。以《闲情偶寄》为核心的李渔的日常生活美学，体系完整，内容丰富，见解独特，叙述生动，适应社会各阶层的不同需要，三百多年中，影响不可磨灭；太平盛世，尤其脍炙人口，绝不是偶然的。而在逐步追求日常生活审美化的当今中国社会生活中，李渔的日常生活美学一反封闭时代受到的冷遇，而恢复其价值，又说明这种审美文化理论具备了进一步传播和普及的社会条件。现在需要的是为激活这种审美文化理论的历史穿透力而付出努力，《心解》在这方面做了很好的工作。

李渔毕竟是三百多年前的古人，要为当今的读者激活他的审美文化理论的历史穿透力，就应当为李渔作出准确的、符合事实的、体现其文化特征的学术定位。称李渔是小说家、戏剧家、戏剧理论家、园林设计师、美食家，等等，准确且符合事实，但涉及的文化层面过于分散，缺乏概括性，更遑论体现其文化特征了。这样的定位，无法将李渔从明清众多文学艺术趣味涉猎广泛的文人中区别出来。称李渔是"通俗文化大师"，这是已故的单锦珩先生给予李渔的概括，他解释说："读过《李渔全集》，才会知道李渔贡献的丰富。他是文学家、批评家、出版家，同时他在所涉及的其他方面，从水平看，也无一不可名家。但他在各方面有个共同特点，就是通俗。他追求通俗，善于通俗，是世界少有的通俗文化大师。他的作品俗而不粗，富有哲理和趣味，真正做到深入浅出。"① 这一定位符合事实，有概括性，文化层面提升了，单先生的解释也有道理。我原先认同单先生对李渔这样的定位，但后来听到不同意见。不同意见认为，要论通俗文学的创作与整理，冯梦龙先于李渔，"三言"的成就优于李渔的话本小说。此说似又未尝没有道理。至少"通俗文化大师"之称，尚不足以代表李渔的文化特征而区别于冯梦龙。

《心解》给予李渔的定位是"中国古代的日常生活美学大师"，认为"今天人们在热炒所谓'日常生活审美化'，其实，李渔是日常生活审美化在中国古代的热情倡导者和鼓吹者，尤其是它的理论阐发者和积极实践者"。所言极是。我以为，这一定位，是迄今为止对李渔最为准确得体的学术定位。原因有三：其一，符合事实，概括性强，彰显了李渔的文化特征。李渔的全部学说，无不关乎美化日常生活，《闲情偶寄》八部乃其集中表现。此书之所以未涉及小说美学，是因为李渔看到小说与传奇虽分属不同的文学艺术部类，但二者又具有亲缘关系。他视小说为"无声戏"，认为二者题材可以共用，日常生活中的娱乐功能相同，许多创作原则相通，因而《闲情偶寄·词曲部》在多方面涵盖了其小说美学。《闲情偶寄》让李渔引以为豪，三百多年来，无数读者由此书认识进而欣赏李渔。所以，历来人们授予李渔的各种专家称号，均可以"日常生活美学大师"囊括之。其二，具有独特性。在中国文学史和文化史上，可以推举出众多的小说家、戏剧家、园林艺术家、美食家，等等，但没有谁能够像李渔这样集众"家"于一身，而且一生是为了美化大众日常生活这一目的而集众"家"于一身，故此称属之李渔无可争议。其三，也是尤其值得关注的，这一定位前所未有地彰显了李渔美学的历史穿透力及其持久的价值与意义。任何时代，只要有大众，就有大众的日常生活，就有日常生活的美学追求，李渔的日常生活美学就有其借鉴意义。这一定位，可以说为李渔走进当代、让更多的读者接受他，提供了关键的切入点。

李渔关于日常生活的种种美妙的艺术见解，毕竟已经过去了三百多年，要为当今的读者激活这些艺术见解的历史穿透力，就必须实现它们与当代美学的理论对接。李渔在《闲情偶寄·种植部》中云："予谈草木，

---

① 单锦珩：《通俗文化大师的历史贡献》，《博览群书》1991 年第 2 期。

辄以人喻……世间万物，皆为人设。观感一理，备人观者，即备人感。"当代普通读者读至此，不过感慨李渔善于因小见大，从草木之微中引出对于自然和人事的深刻感悟。《心解》则高屋建瓴地认为："这就是一种审美角度、审美立场和审美态度"，"李渔自觉或不自觉进行的活动，我们今天给它一个命名，它正是一种审美活动。李渔对花木的鉴赏是一种审美实践活动，李渔对这种审美鉴赏进行思考和理性把握，则是审美理论活动"（《"予谈草木，辄以人喻"：审美态度》）。通过这样的理论对接，普通人眼中介绍花木特性、普及种植经验，不时抒发感慨的《闲情偶寄·种植部》，一下子跃升到了美学的高度，哲理的品位。而细按《心解·花木篇》中二十八篇随笔，谁曰不然？在《颐养部》中，李渔为无数养生者提供的最为宝贵的经验，也是他本人身体力行的养生之道，不外乎"爱食者多食"、"怕食者少食"之类的原则，其实质乃是顺应自然、随心适意、随时即景的快乐养生说。《心解》以李渔此说对接现代美学："假如用现代的一些美学家'美即自由'的观念来看李渔，他的主张无疑是最符合'美'的本意了。"（《寝居："不尸不容"》）这一对接，使得李渔的养生说获得了现代美学的依据。《种植部》、《颐养部》尚且有美学的高度，包含戏剧美学、园林美学、文学美学、饮食美学、仪容服饰美学的《闲情偶寄》其他各部就更不必说了。这种对接，全面奠定了李渔作为日常生活美学大师的理论基础，使得当代读者对李渔美学由"隔"而"通"，真切感受到其魅力。

　　要想增强李渔美学在当代读者中的亲和力，还必须发现和挖掘李渔美学中具有历史前瞻性的理论资源。李渔强调人与草木的和谐共处，《心解》由此意识到"李渔思想中已经（不自觉地）存在生态美学的因子"（《生态美学》）。其实李渔于此也是自觉的。在《饮馔部》导言中，他就声明："如逞一己之聪明，导千万人之嗜欲，则匪特禽兽昆虫无噍类，吾虑风气所开，日甚一日。"21世纪的今天，嗜食珍禽异兽一族，耳闻斯言，当作何感想？李渔，确实已经意识到人类节制嗜欲以保护生态的重要性。

　　在实现李渔审美文化理论与当代美学对接的基础上，《心解》几乎在每一个话题上，都充分揭示李渔的美学理论或审美观点在当代生活中的参照意义。李渔诉说"填词之苦"，以为"拟之悲伤疾痛、桎梏幽囚诸逆境，殆有甚焉者"，杜先生喻之为"戴着镣铐的跳舞"，是一种"残忍的美"，并由此赞美"评剧的筱白玉霜、豫剧的常香玉"和广州军区政治部文工团演杂技芭蕾舞剧《天鹅湖》的"两位主角"（《残忍的美》）。李渔谓演员演唱应"解明曲意"、"字忌模糊"，《心解》遗憾于"今天有的流行歌手却故意让人听不清他唱的是什么字"，感叹"有人居然对此倍加赞美，说这是他的特有风格乃至迷人之处。真是见了鬼了"（《"有口"与"无口"，"死音"与"活曲"》）。李渔主张涤除舞台表演的种种恶习，杜先生联想到时下舞台上某些"科诨恶习"也现代化了（《导演艺术：二度创作》）。李渔强调房舍建筑和园林创作的艺术个性，杜先生引申出当代中国城市建设的个性特色问题（《贵在独创》）。李渔认为"修容之道"在于自然得体，切忌"一时风气所趋，往往失之过当"，杜先生因此告诫一些女孩子，千万别"为了苗条而拼命减肥，以致损害了健康，甚至要了命"（《化妆》）。《不好酒而好客》赞成李渔关于饮酒的"五贵"和"五好、五不好"主张，认为"时下酒桌上那样强人喝酒，斗智斗勇，非要把对方灌醉的酒风，实在不可取"。《家之乐》引李渔之言曰："世间第一乐地，无过家庭"，又推而广之："今天，我们也提倡家和万事兴，家和万事乐，家和万事美。重要的，是一个'和'字。"或正面赞颂，或反面嘲讽，或善意劝诫。无须再多例举，《心解》反复证明的是，李渔许多看似平凡却又十分精彩的见解，竟是如此生气勃勃、贴近当代日常生活。

感谢《心解》引领李渔走进当代，相信李渔会永远健康地活下去。

中外美学视野中的李渔

《心解》对李渔的美学思想与美学观点，往往探寻其来龙去脉，将之置于中外美学的宏大视野中进行考察，进行比较，在特定的坐标上确定李渔美学的历史地位。《李渔美学是历史发展的必然结果》考察我国数千年的文艺史和优秀的美学传统给李渔美学的滋养，话题很大；《洗脸梳头的学问》梳理我国古代女子发型与时俱进，不断花样翻新，直到李渔时代的过程，话题很小。《立主脑与减头绪》提及中国古典文论的三个发展阶段，认为"至李渔，才真正建立和发展了叙事戏曲理论，此为第三阶段"，这是杜先生自己的概括与总结；《蟹之美》介绍中国人从周代直到李渔生活的明末清初，两千多年中将蟹作为盘中餐的历史，这是引用扬州大学教授邱庞同所著《饮食杂俎——中国饮食烹饪研究·蟹馔史话》中的论述。全书中绝大多数篇目是在中外美学视野中考察李渔美学思想的内容;《"性灵"小品的传统》则是考察李渔美学观念的重要载体小品文的渊源,揭示出李渔小品文正是明中晚期以来小品文优秀传统的继承与发扬。全书的考察和比较侧重于李渔的美学理论,而《清初词坛一段宝贵资料》则侧重于资料分析。《词曲之别》表现李渔区别词曲的简明扼要的论述对同时代人和后人的影响,是同质文化圈内的影响;《"登场之道"》肯定《闲情偶寄·词曲部》再加上李渔其他谈导演的有关部分,是我国乃至世界戏剧史上最早的一部导演学,比俄国大导演斯坦尼斯拉夫斯基的导演学要早二百多年,这是异质文化圈的比较。凡此种种,无不表明《心解》在中外美学视野中考察李渔,充分注意到角度、方式以及理论来源的多样性。

　　《心解》以李渔美学的解读为契机,汇聚融合了丰富的中外美学理论资源。一方面力求拓宽全书的审美文化内涵,使之有思接千载、视通万里的融通性;另一方面,或以李渔为中国美学的代表人物之一,探讨中西美学观念的差异性,或在中外美学的映衬与对比中,彰显李渔美学的历史贡献与不足。

　　由于李渔美学涉猎的领域相当广泛,故《心解》以其理论为切入点,探讨中西审美观念的差异性,涉及的话题也相当广泛。《中西戏剧结构之比较》从李渔对传奇"结构"、"格局"的论述出发,认为"西洋戏剧的所谓'开端',是指戏剧冲突的'开端',而不是中国人习惯上的那种'故事的开端'"。《借景》激赏李渔"取景在借"的观点,强调这一手法是中国古典园林艺术创造和园林美学的"国粹",外国的园林艺术实践和园林美学理论,找不到"借景"。《园林与楹联》引李渔园林楹联佳作,判断这种审美方式是中国的,或中华文化圈的,擅长建筑物壁画或雕刻的西方,没听说有匾额艺术。《组织空间　创造空间》以李渔造园为由头,参照宗白华先生对中西园林的比较分析,主张各擅其美;并以《浮生六记》作者沈复的议论为例,说明即使中国人,也并非都对中国古典园林一律称道。《肉食之妙》引友人的讲演,说明制作菜肴用"炒"的方法,不仅欧美没有,就是日、韩这些汉文化圈中的民族也没有。这些关于中外审美文化差异性的结论,有的当然不是《心解》才提及的,但《心解》因论李渔的美学话题而触发这类比较,非常具体、简明、有针对性。

　　李渔美学的历史贡献只有在比较中才能见得更分明。《心解》于此往往上挂下连，甚至贯穿中外，以证李渔见解的超越性。《说神思》中，作者先上溯陆机、刘勰等人奠定的艺术想象的传统，继而分析李渔"立心"说中"有意识"与"无意识"之间的关系，最后联想到高尔基《论文学技巧》中谈艺术想象与李渔"立心"说几乎连用语都一样，感慨"李渔却早高尔基近三百年"。《说"务头"》一篇为了令人信服地说明李渔"别解务头"的高明，详细罗列了从元代周德清《中原音韵》到清末民初吴梅的《顾曲麈谈》中关于"务头"的论述，几乎一一剖析其短处。《导演艺术：二度创作》通过理论分析，认为李渔在艺术心理学、戏剧心理学等学科在20世纪建立并由西方传入中国之前很久，"就从戏剧心理学、观众心理学甚至剧场心理学的角度，对中国戏曲的导演和表演提出要求"。如此追根溯源，让李渔美学理论的新意脱颖而出，也大大增加了结论的可信程度。

　　李渔的某些审美观点，乍一看，可卑之无甚高论。例如，其论"相体裁衣之法"，一是"相"面色之"白"与"黑"而决定衣料颜色之"深"与"浅"；二是"相"皮肤之"细"与"糙"而决定衣料质地之"精"与"粗"。这两条原则，今人讲究服饰美者大都知其然，对之不会感到特别新鲜。《心解》则引入当代色彩学研究成果，解释这两条原则之所以然，认为三百多年前的李渔已经懂得了色彩学的某些原理：如对比色与协和色的巧妙处理，能够影响人的美感；色彩的融合或调和，可以掩饰丑或削弱丑的强度。在现代科学原理的烛照之下，李渔类似审美观点的不同凡响之处被充分挖掘出来。《心解》所呈现的中外美学视野中的李渔，显得格外具有鲜活的理论创造力。

　　当然，让李渔美学接受中外美学精英理论的烛照和检验，其某些偏颇之处也毋庸讳言。李渔欣赏和宣扬缠足之病态美，事关人品，姑且不论，如否定"红杏枝头春意闹"之"闹"字；解释"水田衣"的流行，不是从服饰审美心理的变化入手，而是归结为缝衣之奸匠"逐段窃取而藏之，无由出脱，创为此制"等，也已为人们所熟知。《心解》在这些之外，还借助于宏阔的中外美学视野，更深刻独到地揭示出李渔某些审美观念的不足。例如，《心解》认为李渔在《闲情偶寄·声容部·选姿第一》中涉及的人体美，只是供男性欣赏的女性的人体美，熟谙李渔者向来也这么认为。但《心解》通过比较中西人体美的观念和标准的不同，揭示李渔"极少直接谈到人的形体美、线条美，更是忌谈裸体，他所谈的，是人穿着衣服而能露出的部分，如面色、手足、眉眼，等等"，则是独到之见。然而，《心解》的作者未停留于此，又进一步揭示李渔在确立"相体裁衣"的理论原则时，完全有可能突破固有的眼光，涉及人的形体美和线条美，因为"相体裁衣的根本是要相人的体型裁衣"，但遗憾的是，李渔囿于传统观念，仍然与理论的突破失之交臂。这一由李渔的"相体裁衣"原则触发，涉及中西人体美不同标准的比较分析，相当精彩。

20 世纪 80 年代以来的李渔研究中，李渔的美学研究始终是一个重要的方向。要想在这一研究方向上取得显著进展，需要研究者具有全面丰厚的美学素养，作为中外美学研究的行家，杜书瀛先生具有得天独厚的条件，这使得他能够在借助于中外美学的宏阔视野研究李渔时得心应手。

可读性与研究性的统一

《心解》是学术随笔，既有随笔的可读性，又有学术的研究性。

迄今为止的李渔研究著述中，很少有像《心解》这样，用随笔形式写成。随笔往往就是挥洒自如的小品文，话题可大可小，文字可多可少，有话则长，无话则短，自由活泼。《闲情偶寄》中的绝大多数篇章，均可视为笔调轻松、情趣盎然的散文小品。《心解》作为学术随笔，篇幅自然长一些，但完全不同于学术论文。长的如《"戏曲"中之"宾白"》，也就两千九百多字；短的如《瑞香》，不到三百字。与李渔美学的主要载体文体一致，读来给人以亲切的感觉。稍显不足的是，话题彼此之间偶有交叉，导致某些篇章内容观点不免重复。

文章写成随笔小品，并不必然具有可读性。《心解》的可读性除了文体因素以外，别有蹊径可寻。李渔美学涉及日常生活的方方面面，《心解》从中筛选出一百三十一个话题，其中许多话题又被置于古今中外美学视野中予以考察，再投射以作者丰富的人生阅历，这就导致全书具有广博的知识结构，容纳了日常生活中的许多经验。例如《烹调是美的创造》一篇，盘点中国各地的"名吃"，一口气列出了二十九种，如北京的烤鸭、天津的狗不理包子、内蒙古的全羊席、西安的羊肉泡馍，等等，全是各地最有代表性的。

在率性随意的叙述中，《心解》的作者延续了李渔"予谈草木，辄以人喻"的审美态度，联想丰富，情味悠长。谈到书带草与大学者郑玄的关系，杜先生为自己竟有"这么个有大学问的同乡，而且还是与书带草密切相关的雅得不能再雅的同乡"而感到荣幸（《没有想到我还有郑玄这么个同乡》）。谈到凤仙花和玉簪，杜先生会想起儿时在农村姥姥家，"见表姐和她的小朋友们以凤仙染指甲，以小鲜花（包括玉簪之类）插在头发上做妆饰……带着泥土的质朴，有着清水出芙蓉的味道"（《玉簪和凤仙：乡土的质朴美》）。李渔酷爱杭州西湖的水光山色，移居金陵后，"食笋，食鸡豆，辄思武陵"。他一生数入京师，交游甚广，故"每食菜，食葡萄，辄思都门"。杜先生也是足迹遍布四方，吃到面食，他就会"思念小时候在淄博吃煎饼卷大葱、抹黄酱的生活"；享受美味食品时，他会想到1978年去和田，第一次吃到的新疆维吾尔族的馕，"觉得是平生吃过的最好吃的食品之一"（《面食》）。这些叙述之中，充满一种只有性灵中人才有的淡淡的怀旧情调。

《心解》的文笔，既有论说的犀利深透，描述的幽默生动，又有抒情的优美感人。论说为美学家所擅长，自不必说，描述的幽默生动如《科诨非小道》中谈及"不同种类、不同性质、不同内涵"的笑，仅例举笑的不同样子就达三十六种之多。《说神思》不是通过抽象的剖析，而是通过"打醉拳"这一形象的比喻，来描述李渔所谓的"设身处地"、"梦往神游"的艺术想象过程：所谓"打醉拳"，"亦醉亦醒，半醉半醒，醒中有醉，醉中有醒，表面醉，内里醒。全醉，会失了拳的套数，打的不是'拳'；全醒，会失掉醉拳的灵气，醉意中'打'出来的风采和意想不到的效果丢失殆尽"。李渔艺术想象"立心"说得到了传神的妙解。抒情文笔不多，《菜》中抒发的对"菜花之美"的赞赏之情就是一例。

可以想见，《李渔美学心解》出版后，将会是李渔研究著述中可读性最强的一种。

《心解》的学术性不仅体现在前文分析肯定过的"新解"中，而且体现在作者认为有争议、值得进一步深入探讨的论题中；书中虽已有结论、实际上仍须推敲的问题中。限于篇幅，兹例举其大者，分而略述之，并参以己意，求教于杜先生。

一、李渔重视戏曲的叙事性的功过问题。

杜先生在《须特别重视李渔戏曲美学的突破性贡献》一篇的注释中谈到，他不认为李渔重视戏曲的叙事性是"祸之始"，而认为是"功之首"，并觉得"这是今后需要研究的一个课题"。我同意杜先生的这一见解。李渔戏曲理论与实践的历史性贡献不在于对传统的继承，而在于创新，其中就包括对叙事性前所未有的重视。评价李渔在这个问题上的功过是非，涉及对中国古代戏曲诗性特征的总体评判。不少研究者既要强调古代戏曲的抒情性、诗性特征，又不愿意承认古代戏曲对情节、结构、冲突的相对轻视，担心这样会贬低了古代戏曲。这种见解不符合古代戏曲发展的历史进程，也不符合戏曲内部曲词、宾白、穿插联络之关目三者之间此消彼长的关系。也正因为这样，我以为杜先生在《说"结构"》中持有的一个观点值得推敲。他认为"结构、词采、音律之排列，更应视为是指时间的先后和程序的次第，而不是价值之高低"。事实上，李渔设置的"结构第一"、"词采第二"、"音律第三"这一序列中，显然包含价值之分，而这种价值区分又是服务于其对戏曲叙事性的充分重视和张扬的。

二、中国戏曲总是从故事的开端切入，因而情节进展较慢的问题。

在《中西戏剧结构之比较》中，杜先生分析李渔的戏曲格局论后说："中国戏曲，特别是宋元南戏和明清传奇，叙述故事总是从开天辟地讲起，而且故事情节进展较慢……就像中国数千年的农业社会那样漫长。""这是一个大题目，需要专门研究。"杜先生的比喻很有独到之处。我不妨为这个问题的研究提供一个视角。我以为，这和中国古代各种文体都遵循起承转合的布局有关。

起承转合作为高度抽象的结构形式，其本质特征是圆相。起承转合不仅是文体的章法结构，更是一种思维方式。在悠久的岁月里，创造了灿烂农耕文明的华夏民族，出于生产和生活的需要，对季节的转换尤其敏感和重视。先民在漫长的时期里，仅将一年划分为春秋二季，商代的阴阳合历就是如此划分，现存甲骨文中未见"夏"、"冬"二字。从春秋二季发展到春夏秋冬四季，更能说明先民在季节的循环往复中逐渐注意到季节发展变化的阶段性、渐进性，也即把握到事物发生、发展、转折、收结的规律性。这种规律性的把握，更深入细致地表现在华夏先民对二十四节气的发现上。立春、雨水、惊蛰、春分；春分、清明、谷雨、立夏；类似的节气流程可以列出八组。以它们为标志，二十四节气的科学界定，表明节气的细微变化构成春夏秋冬四季的变化，小圆运动的轨迹蕴涵着大圆，局部的起承转合演绎成全局的起承转合。由此可见，在漫长的岁月里，对农事节气与季节的细微观察和科学总结，很容易形成先民起承转合的思维方式。起承转合对应的恰恰是一切事物发生、发展、转折、收结并循环往复的客观规律，其文化渊源是中国古代人们的天道观、宇宙观中对圆境的高度崇尚，而直接的启示则是人们无时不感受到的周而复始的节气递变和四季转换。因此，诞生在数千年农耕文明背景下的中国古代戏曲，不可能不是"从头说起"、"接上去说"、"转过来说"、"合起来说"这样一个原原本本的过程。宋元南戏和明清传奇如此，一本四折的元杂剧也不例外。

三、关于李渔小品文的风格特色问题。

《心解》中有三四篇随笔涉及李渔小品文的分析与评价，最集中的一段话是在《余论："性灵"小品的传统》中，文云："《闲情偶寄》，甚至包括史传中的许多文字，等等，多与'性灵'小品的格调相近，任意而发，情趣盎然，不着意于'载道'，而努力于言事、抒情。"就李渔小品的内容而言，这样的概括很准确，但若就其风格特色而言，似仍未尽其底蕴。我曾总结过李渔小品的风格特色，觉得关键在于它使用的是一种浅近的文言。这种浅近的文言将文言和白话的长处熔于一炉，很难硬性确定两者各自的比例。它是文言与白话长期嫁接、渗透、浸润后产生的"混血儿"：凝练而不古奥，雅致而不艰涩，显豁而不俚俗，舒缓而不拖沓。以之写景，轻柔空灵；以之抒情，唱叹有致；以之叙事，简洁明快；以之议论，流利畅达；以之对话，洗练铿锵。引入诗词典故，与之妙合无痕；拈来口语白话，与之水乳交融。这种浅近文言的句式往往是奇偶相间，骈散兼行，所以能够酝酿出多种语言节奏：或短促轻快，或舒徐悠长，或跳荡起伏，适足以表达多种多样的情感。正儿八经的文言与之相比，殊少活泼之趣；纯粹的白话与之相比，又乏锤炼之功。明末清初，这种浅近文言风行文坛，而运用娴熟、无所不达者，当推李渔。一部《闲情偶寄》，允称浅近文言的杰作，流利活泼而又幽默风趣，在引人入胜的叙述中透出性灵和哲理韵味；平常的烹饪技术，丰富的养花经验，琐碎的生活常识，具体的工艺过程，娓娓道来，饶有兴味。《一家言》中的其他散文小品也都清新可赏，胜处颇多。

四、《笠翁一家言》之《初集》与《二集》的刊刻年代问题。

《心解》第三章首篇《李渔诗词美学思想集中体现于〈窥词管见〉》云："笠翁之词集，最早收入康熙九年（1670）《笠翁一家言》'初集'（翼圣堂刻），标为'诗余'，约三百七十首，以年编次，各调错杂；康熙十二年（1673）又编成《笠翁一家言》'二集'（翼圣堂刻），将词集重新修订，改以词调长短为序，共一百一十九调，并命为《耐歌词》；康熙十七年（1678）编成《笠翁一家言全集》（翼圣堂刻），词集仍以《耐歌词》命之，卷首有《窥词管见》。"上述结论并非始于《心解》，其疏漏之处显而易见，例如李渔于康熙十一年正月离金陵游楚，康熙十二年春返金陵，在楚期间所作诗词均收入《笠翁一家言初集》，《初集》怎么可能刻成于康熙九年？丁澎的《一家言二集序》后署："康熙戊午癸月同里年家弟丁澎药园氏题于扶荔堂。"此戊午为康熙十七年，《二集》怎么可能刻成于康熙十二年？事实上，《笠翁一家言初集》刻成于康熙十三年或十四年，《笠翁一家言二集》和《耐歌词》分别刻成于康熙十七年，翼圣堂本《笠翁一家言全集》并非李渔及身所编定。拙文《〈笠翁一家言初集〉考述》辨之甚详，文载《文献》2006 年第 4 期。

久违了的学术氛围

书如其人。一本用"心"写就的书，展示的是作者的情怀，演绎的是作者的个性。一部学术随笔，即使是随笔，也会表露出作者的学术风尚；或者说正因为是随笔，尤其能在不经意间自由地表露出作者的学术风尚。《心解》一书，以作者纯粹的学术情怀，严谨的学术规范，呈现出一种纯净的学术氛围。毋庸讳言，学术情怀的纯粹，学术规范的严谨，本是正常学术研究的题中应有之义，然而，在中国学界乱象丛生，甚至要靠反剽窃软件来发现学术不端行为，保护学术生态的当今，《心解》所呈现的纯净的学术氛围，又不能不说是久违了的学术氛围。

杜书瀛先生在《心解》关于陈寅恪的一条注释中说："国学大师陈寅恪有'四不讲'：古人讲过的不讲，近人讲过的不讲，外国人讲过的不讲，自己讲过的也不讲。这样，他每一次讲演或授课，或者每一次写作，都是新的，创造性的。这是国学大师的风范，我佩服得五体投地，但如我等平庸之辈很难做到。"虽曰"很难做到",《心解》还是在李渔美学这一已经有许多人研究的课题上讲出了不少新意。求新乃李渔一生艺术创作和美学追求的根本原则,可以说,杜先生是以李渔求新的美学原则来研究李渔美学的。古人云:"文未出,天下后世不知有此说;既出,天下后世不可无此说。"(焦循:《钞王筑夫〈异香集〉序》)《心解》中有的结论堪当此评。强烈的问题意识,凸显出《心解》作者纯粹的学术情怀,是构建此书浓厚学术氛围的重要因素。

时下许多论文、专著的作者,对其所涉猎领域的研究现状或已有研究成果,持极其暧昧的态度:一是不了解。二是明知其有而根本不想了解。三是了解了,但运用别人的研究成果时,不加任何说明;或者采用含糊其辞的表述;或者仅在全书之末列出所谓"参考文献",似乎只是"参考"一下,而没有任何引用,又似乎是以"参考文献"作为合法的引用手段,等于搪塞被引用文献的作者。如此这般,同一个研究课题的专著,可以先后出版若干部,彼此的材料、观点,乃至于基本框架结构大同小异,而且很少相互介绍、引述、评论,全然无视对方的存在,似乎这其中的每一本书都是关于这一课题的原创研究。如此著书立说,其实是前辈学者最为忌讳的"撞车"现象。至于种种投机取巧、占用他人成果的行为,更是对学术规范的亵渎。正是在如何对待他人研究成果这一问题上,《心解》表现出前辈学者固有的独立的学术品格。

杜书瀛先生因为长期潜心研究李渔美学,固然能够立足于这一领域的制高点上,及时把握最新的学术动态,而尤其难能可贵的是,无论是谁的研究成果,只要有一得之见,他总是随文予以彰显推许,不因论见于名刊而盲从,不因文出于新人而不屑。在此基础上,复将研究引向深入。《心解》中这样的例子比比皆是。第一章的《说"结构"》中扼要概括华南师范大学中国古代文学专业硕士研究生钟筱涵的毕业论文《李渔戏曲结构论》的主要内容,认为此文"相当有见地";《由"宜唱"到"耐读"》引述自己年轻的同事和朋友刘方喜的电子邮件中的相关材料;《生与死》中摘录友人周国平的一篇关于生死问题的讲演稿;《说"务头"》参考当代学者袁震宇的《务头考辨》一文;细微之处也决不隐人之长,掠人之美。即使是使用谷歌网、百度网、紫金网等网络上的论文资料,也都一丝不苟地予以说明,注出论文资料上网的具体时间。

　　在《心解》中，表达自由、内容丰富的页脚注成为一大特色，与时下众多论文或专书的有关格式形成鲜明的对照。不知从何时开始，中国学界的论文注释与引文出处（参考文献来源），被区别为功能不同、互不相干的二者，后者每条变成了以一个规定的英文字母为突出标志、若干项文献信息按照固定顺序的排列。在信息处理数字化的今天，这样的格式似乎无可厚非，但传统格式中，引文出处与作者解释说明二者水乳交融、互相生发的学术性，在新的格式中再无安身立命之地。《心解》使用传统的注释格式，页脚注除了标明引文出处的一般功能以外，还承担了作者在正文之外，与同道友好交流、切磋、商榷，向他们表达谢意的功能。每当发挥后一种功能时，作者往往将友人的短札原文附上，读者能够从中真切地感受到一种趣味盎然的学术氛围。

　　《心解》中的若干篇我曾先睹为快，见引文偶有小误，不免直言相告；杜先生曾有某些材料查阅不便，也曾问讯于我。我没有想到，当书写成时，我的一些根本微不足道的意见全都见之于注释。拙著《李渔研究》于1996年出版后，转用其中资料者有之，袭用其中论述者有之，不交代出处是常事，更遑论大段抄袭原文者。拙著出版时印数不多，流播不广，杜先生见到，已是十三年后。我同样没有想到的是，杜先生对拙著中凡有一得之见处皆加以肯定，《心解》中九处引述拙著的见解。在《略窥李渔的世界观》中，他甚至谦虚地说："鉴于黄强已经对李渔哲学思想及其来龙去脉作了如此精彩的论述，本文不再论述这部分内容，而是拜请读者去看黄强的文章。"当然，杜先生也诚恳地指出拙著某些论述的局限与欠缺之处，予以补充或修正，对此我心悦诚服。《心解》纯净的学术氛围，我有最直接的感受。

　　杜先生要我给《心解》写一篇序，来信说：

　　黄强同志：你好！

　　　最近忙吗？

　　　我最近完成了一部书稿《李渔美学心解》，共23万字。中国社会科学出版社决定明年上半年（6月份前）出版此书。此书是在近些年阅读《闲情偶寄》基础上写的随笔式文章，加以系统化。有些部分已经发给许多朋友（包括你）看过，也发表过。有些新的想法写进去了，特别是今年与你交往之后，受到启发，补充了我原先的思想（我在注释中都作了说明）。所以我内心深深地感谢你。我有一个请求：你能否为此书写个序言？长短不限，内容随你，你想怎么写就怎么写，想写多长就写多长，不满意的地方你就批评，实话实说。你也可以写成学术文章，讨论学术问题，这样最好。时间不急，你可以有三四个月的时间，只要赶上排印就行。只是这样又给你增加负担了。

我每出书，总要找我的好朋友写序，目的在于记录友谊。

我先把目录和序篇发给你。然后，为了你读起来方便，我把打印稿寄给你（我怕电子稿你读起来不方便）。

你看可以吗？

书　瀛

对于杜先生的提议，我颇感意外。时下多的是老师为学生写的书作序，名流为初出道者写的书作序，领导为下属写的书作序，为书写序这件事承载了不少非学术的因素。同一课题的研究者之间超越上述三层关系，易位而为序，非纯粹追求切磋交流学术者而不能。杜先生与我其实有师生之谊。大约是在1980年，杜先生应邀到当时的扬州师范学院中文系作美学讲座，其时我是一个1977级的大学生，坐在一间凭有线广播传达主会场声音的教室里，聆听他精彩的报告。尽管三十年后，我与他成为李渔研究的同道，但要为他的书作序，斟酌之间，我不免有虑，因为这不合世俗常情。在我委婉推托后，杜先生又给我发来一封言辞恳切的信：

黄强同志：你好！

我找人作序，都是找我的好友，我不管地位高低，只要是我所尊敬的有学识的学者好友，即请作序，一是有益学术交流，二是记录友谊。这是我请你作序的初衷。如果你因为有其他工作或更重要的事情要做，实在时间太紧，我完全可以理解。因为你有繁重教学工作，或许也有自己的项目，所以我提出请你作序时，也怕打乱你的安排。你看时间和手头工作是否能够调配得开？如果实在调配不开，我不勉强。如果能够调配开，我将非常高兴你作序。不过，说到"不足以增色"云云，你就不必客气。我在所接触的李渔研究者，你是非常尊重的一位，我得益于你之处很多，再次感谢你。

书　瀛

面对如此坦诚的学者情怀，我颇为自己原先世俗化的顾虑而感到不安。序者，其最佳功能本来就是同一课题的研究者或好友之间切磋交流学术、增进了解与友谊，岂有他哉？于是我细读《心解》，欣然命笔，撰此长序。文逢知己，下笔千言，不能自已，尚祈读者见谅。

黄　强
2010 年 2 月 25 日
于扬州虹桥西侧望湖楼

题记

近年断续读笠翁，

不时写下李渔美学之学术随笔，

日前略加梳理，韦编九束，今献丑于读者。

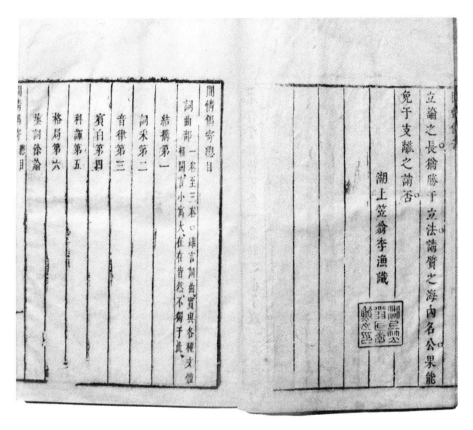

立論之長獨勝于立法請質之海內名公果能

免于支離之誚否。

湖上笠翁李漁識

中国社会科学院文学研究所藏清康熙翼圣堂本《闲情偶寄》（郭虹摄）

序篇　鸟瞰李渔

《闲情偶寄》：一部美学小百科

李渔是我国清代审美文化中的一位大家，一位才子，一位多面手，他在审美文化的各个方面都有重要贡献。然而，一般人多注意他的小说作品《十二楼》、《无声戏》，传奇作品《笠翁十种曲》，戏曲美学著作《笠翁曲论》（即《闲情偶寄》的《词曲部》和《演习部》），等等，并且对他在这些方面的成就进行了比较深入的研究，称赞他是杰出的小说作家、戏曲作家和戏曲美学家——这对李渔来说是当之无愧的；但是李渔作为审美文化的多面手，在其他方面也有重要贡献，例如他还是杰出的园林设计师和园林美学家，杰出的化妆造型设计师和仪容美学家，杰出的服饰设计师和服饰美学家，杰出的美食家和美食理论家，我国古代最重要的日常生活美学大师，等等，其《闲情偶寄》被林语堂称为"生活艺术的指南"。遗憾的是，对李渔在这些方面的贡献，以往关注不够，研究不够。现在是深入研究李渔在审美文化各个方面重要成就的时候了。单就美学而言，李渔的《闲情偶寄》①，再加上《笠翁一家言》和其他作品中某些片断的但也十分

---

① 《闲情偶寄》包括《词曲部》、《演习部》、《声容部》、《居室部》、《器玩部》、《饮馔部》、《种植部》、《颐养部》八个部分，内容丰富，涉及面很广。其中相当大的篇幅论述了戏曲、歌舞、服饰、修容、园林、建筑、花卉、器玩、颐养、饮食等艺术和生活中的美学现象和美学规律。《闲情偶寄》历来受欢迎、受关注，这可以从它一版再版、不断刊行的情况加以印证。不但有清一代有许多版本行世——最早也最著名的是康熙十年（1671）翼圣堂刻十六卷单行本（也有学者考证《闲情偶寄》的撰写始于康熙六年，分几次出版，最后完成于康熙十一年，成全本），后收入康熙十七年（1678）翼圣堂本《笠翁一家言全集》；李渔死后，雍正八年（1730）芥子园主人重新编辑出版《笠翁一家言全集》，将《闲情偶寄》十六卷并为六卷，标为《笠翁偶集》。此后，《闲情偶寄》之翻刻、伪刻本无法统计；而且直到20世纪和21世纪，还不断有新版本以及各种各样的选本和注释本发行。我所知道的，20世纪20—30年代有普益书局、会文堂书局、宝文堂书局石印

精彩的相关论述，简直就是清代初期的一部美学①小百科。在仔细研读了《闲情偶寄》和其他有关作品之后，我对李渔美学思想的全貌有这样一个认识：如果把李渔美学比作一个由主殿和许多配殿组成的建筑群，那么，其主殿无疑是他的戏曲美学，配殿则有园林美学、诗词美学、饮食美学、仪容美学、服饰美学、日常生活美学等。如果用现代观念和术语来解释，那么，在其戏曲美学里，李渔深入论述了富有中国民族特色的戏曲表演、导演、角色选择和组合、舞美设计、舞蹈、化妆、道具、声音效果、戏曲欣赏和接受（即今天人们常说的所谓"观众学"）以及戏曲教育……中的所有美学理论问题；在其园林美学里，李渔所论最主要的当然是园亭构思

（接上页）本，1936 年有贝叶山房发行、张静庐校点、施蛰存主编、郁达夫题签的《中国文学珍本丛书》本，1985 年浙江古籍出版社单锦珩校点本（浙江古籍出版社随后出版的《李渔全集》第三卷《闲情偶寄》也是这个本子），1996 年作家出版社立人校订《明清性灵文学珍品》本（此本把李渔误为明人，我想应该是偶尔笔误或印刷错误），1998 年学苑出版社杜书瀛评点《历代笔记小说小品丛书》本，2000 年上海古籍出版社江巨荣、卢寿荣校注《明清小品丛刊》本，2002 年时代文艺出版社吴兆基、武春华主编《中国古典文化精华》本，2009 年中国社会科学出版社杜书瀛校注本——以上是全本；选本有：《李笠翁曲话》（录《闲情偶寄》之《词曲部》、《演习部》）1925 年曹聚仁校订、上海梁溪图书馆《文艺丛书》本，《李笠翁曲话》上海启智书局排印本，《笠翁剧论》1940 年上海中华书局《新曲苑》本，《闲情偶寄》1959 年中国戏剧出版社《中国古典论著集成》本（仅取《词曲部》、《演习部》），《李笠翁曲话》1959 年中国戏剧出版社《戏剧研究》编辑部编选本，《李笠翁曲话》1980 年湖南人民出版社陈多注释本，《李笠翁曲话注释》1981 年安徽人民出版社徐寿凯注释本，《笠翁秘书》（选《声容部》、《居室部》、《器玩部》、《饮馔部》、《种植部》、《颐养部》）1990 年重庆出版社赵文卿等笺注本，《闲情偶寄》2007 年中华书局杜书瀛评点插图本（选该书《词曲部》、《演习部》、《声容部》之全部及其他各"部"之部分）；此外，还有 1993 年天津古籍出版社李瑞山等编《白话闲情偶寄》等。本文引述《闲情偶寄》，均用 2009 年中国社会科学出版社《闲情偶寄　窥词管见》校注本。以后凡引《闲情偶寄》者，不再注出。

①　美学这个术语犹如哲学等一样，当然是舶来品，是 19 世纪末、20 世纪初随着西学东渐而引入的。但是，中国古代虽无美学、哲学等之名，却不能说没有类似于西方美学、哲学之类的学术思想。一百多年来，中国学界已经习惯了使用这些术语，并且用它们来阐释和书写中国古代的有关学术现象和学术历史。不是有许许多多中国哲学史、中国美学史之类的著作出版吗？有人说，这是用西方的术语、概念、范畴，用西方的思想体系，来硬性解释中国现象，其适宜性和合法性应该受到质疑。诚然，这的确是可以讨论的问题，这还涉及解释学（从古典解释学到现代解释学）中的许多基本理论问题。但是，在世界文化发展史上，引进和借鉴外来学术思想，用外来术语、概念、体系来解释本土文化现象，却是屡见不鲜的事实；而且随着外来文化和本土文化的相交、相克、相融、相生，会产生新的文化现象，其中所用之学术概念，有时很难再分清其出身、成分。如从印度的佛教文化到中国的禅宗文化就是明证。我认为，在 21 世纪，在全球化（包括文化的全球化）越来越深化的今天，选择适宜的、恰当的术语、概念（不管它最初是外来的还是老祖宗留下来的），来解释当前的或以往的文化现象、学术现象，应该是越来越正常的一种学术行为；而且只要它能说明某种学术现象，解决学术问题，就是可以被接受的。

和建造，此外还包括有关园林中的花草种植、建筑物中的室内陈设和装饰等美学理论问题；在其诗词美学里，李渔论述了诗、词、文、楹联、对子和其他文学体裁的创作中的美学理论问题，也包括戏曲文学的美学理论问题；在其饮食美学里，我们看到李渔是一位带有浓厚平民色彩的真正的美食大家，可以说在"饮馔"方面，他几乎无所不晓，而且对每一种美味食品，都能说出一番道理来；在其仪容服饰美学里，李渔考察了人的身体容貌的自身之美和化妆之美，内在美和外在美，衣服穿着之美和首饰佩戴之美，以及这些审美现象在人们意识里的各种表现，等等；在其日常生活美学里，李渔讲述了包括日常生活起居、颐养、旅游、用具、器玩……之中的各种各样的美学理论问题。李渔最突出的成就当然是戏曲美学，同时也应高度重视其园林美学、文学美学、饮食美学、仪容服饰美学以及日常生活美学等方面的价值。顺便说一句，今天人们在热炒所谓"日常生活审美化"，其实，李渔是日常生活审美化在中国古代的热情倡导者和鼓吹者，尤其是它的理论阐发者和积极实践者，可以称得上是中国古代日常生活美学大师。

李渔撰写《闲情偶寄》下了很大工夫，运用了大半生的生活积累、审美经验和学识库存。他在《与龚芝麓大宗伯》的信中有这样一段话："庙堂智虑，百无一能。泉石经纶，则绰有余裕。惜乎不得自展，而人又不能用之。他年赍志以没，俾造物虚生此人，亦古今一大恨事。故不得已而著为《闲情偶寄》一书，托之空言，稍舒蓄积。"①"稍舒蓄积"一语当然是故作谦逊之词，事实上李渔是相当自负的——倘若我真的不写《闲情偶寄》，岂非"古今一大恨事"！实事求是地说，李渔写作此书用力之重、之深、之勤，要超过其他著作。

《闲情偶寄》不但内容厚实，且力戒陈言，追求独创。在《闲情偶寄》卷首《凡例》，李渔自陈："不佞半世操觚，不攘他人一字。空疏自愧者有之，诞妄贻讥者有之。至于剿窠袭臼，嚼前人唾余，而谬谓舌花新发者，则不特自信其无，而海内名贤，亦尽知其不屑有也。"其实这也是李渔一生全部艺术活动和学术活动的宗旨和座右铭。李渔《一家言释义》（即他

---

① （清）李渔：《与龚芝麓大宗伯》，《李渔全集》第一卷，浙江古籍出版社 1991 年版，第162 页。

为自编的《笠翁一家言》初集所写的自序）中这样说："凡余所为诗文杂著，未经绳墨，不中体裁，上不取法于古，中不求肖于今，下不觊传于后，不过自为一家，云所欲云而止，如候虫宵犬，有触即鸣，非有模仿希冀于其中也。模仿则必求工，希冀之念一生，势必千妍百态，以求免于拙，窃虑工多拙少之后，尽丧其为我矣。虫之惊秋，犬之遇警，斯何时也，而能择声以发乎？如能择声以发，则可不吠不鸣矣。"① 这段话可以看作是李渔的美学宣言。对这个美学思想，李渔在其他文章中作了多方面的阐述。如李渔在《闲情偶寄·居室部·房舍第一》中这样说："……性又不喜雷同，好为矫异。常谓人之葺居治宅，与读书作文，同一致也。譬如治举业者，高则自出手眼，创为新异之篇。其极卑者，亦将读熟之文，移头换尾，损益字句，而后出之；从未有抄写全篇，而自名善用者也。乃至兴造一事，则必肖人之堂以为堂，窥人之户以立户，稍有不合，不以为得，而反以为耻。常见通侯贵戚，掷盈千累万之资，以治园圃，必先谕大匠曰，亭则法某人之制，榭则遵谁氏之规，勿使稍异。而操运斤之权者，至大厦告成，必骄语居功，谓其立户开窗，安廊置阁，事事皆仿名园，纤毫不谬。噫，陋矣。以构造园亭之胜事，上之不能自出手眼，如标新立异之文人，下之至不能换尾移头，学套腐为新之庸笔，尚嚣嚣以鸣得意，何其自处之卑哉！"李渔在赠给友人佟碧枚的一首七古长诗中曾做过这样的自我评价："渔也何人敢匹君，才疏学浅驰虚闻。惟有寸长不袭古，自谓读过书堪焚。人心不同有如面，何必为文定求肖。著书自号一家言，不望后人来则效。誉者虽多似者稀，尽有同心不同调。"② 李渔还在给他的朋友李石庵诗文集《覆瓿草》所作序中称赞其"大率清真超越，自抒性灵，不屑依傍门户"③。综合上引有限的几条资料，即足以看到李渔所阐发的，是从自己艺术创作和学术活动总结出来的一些最基本的美学经验：第一，一定要独创，一定要"创为新异"，要"上不取法于古，中不求肖于今"，坚决反对"雷同"，坚决反对"模仿"，坚决反对"依傍门户"，坚决反对"袭古"，坚决反对"剿窃袭臼，嚼前人唾余"；第二，一定要有独特的个

---

① （清）李渔：《一家言释义》，《李渔全集》第一卷，第 4 页。
② （清）李渔：《一人知己行赠佟碧枚使君》，《李渔全集》第二卷，第 79 页。
③ （清）李渔：《覆瓿草序》，《李渔全集》第一卷，第 40 页。

性，要"自为一家"，要"自出手眼"，要"自抒性灵"，要张扬自我而绝不"丧其为我"；第三，一定要如"候虫宵犬，有触即鸣"，有感而发，绝不无病呻吟；第四，一定要自然天成，反对人为的刻意造作、"择声以发"，要提倡艺术家如"虫之惊秋，犬之遇警"那样发自天然的本真鸣叫；第五，为了达到这种本真状态和自然效果，李渔提倡宁"拙"勿"工"，所谓"窃虑工多拙少之后，尽丧其为我矣"，他甚至认为可以"未经绳墨，不中体裁"，即不守成法——这样离天马行空、无拘无束的艺术创作境界就不远了。

对于李渔的这些主张，他的同时代人及后人大都予以热情肯定和赞扬。李渔的朋友丁澎在为《笠翁诗集》作序时说："一家言者，李子笠翁之所著书也。李子家贫，好著书，凡书序、传记、史断、杂说、碑铭、论赞，以及诗赋、填词、歌曲不下数十种，其匠心独造，无常师，善持论，不屑屑依附古人成说，以此名动公卿间。"① 李渔逝世五十年后，芥子园主人在重新编订《一家言》后所写的《弁言》中赞其《一家言》、《耐歌词》、《论古》、《闲情偶寄》等"皆不傍前人之一篱，不拾名人之一唾"②。最初镌刻并发行《闲情偶寄》的"翼圣堂主人"也在该书扉页写下这样一段话："先生之书，充塞宇宙，人谓奇矣、绝矣，莫能加矣，先生自视蔑如也，谓生平奇绝处尽有，但不在从前剞劂中，倘出枕中所秘者公世，或能真见笠翁乎？因授是编，梓为后劲。"对于李渔倾半生心血撰写的《闲情偶寄》这部力作，他的朋友们评价甚高，并且预计此书的出版，必将受到人们的欢迎。余怀在为《闲情偶寄》所作的序中说："今李子《偶寄》一书，事在耳目之内，思出风云之表，前人所欲发而未竟发者，李子尽发之；今人所欲言而不能言者，李子尽言之；其言近，其旨远，其取情多而用物闳。潦潦乎，俪俪乎，汶者读之旷，塞者读之通，悲者读之愉，拙者读之巧，愁者读之忼且舞，病者读之霍然兴。此非李子偶寄之书，而天下雅人韵士家弦户诵之书也。吾知此书出将不胫而走，百济之使维舟而求，

① （清）丁澎：《笠翁诗集序》，《李渔全集》第二卷，第3页。按，据黄强教授考证，此序乃李渔友人丁澎为《一家言》二集（李渔在世时亲自编定）所作的序，今浙江古籍出版社《李渔全集》本将此作为李渔诗集的序。

② （清）芥子园主人：《笠翁一家言·弁言》，《李渔全集》第一卷，第3页。

鸡林之贾辇金而购矣。"① 此书出版后的情况，恰如余澹心所料，世人争相阅读，广为流传。不但求购者大有人在，而且盗版翻刻也时有发生。可以说，这部书的出版，在当时逗起了一个小小的热潮，各个阶层的人都从自己的角度发生阅读兴趣，有的甚至到李渔府上来借阅。此书自康熙十年（1671）付梓，三百多年来，一直受到人们的注目。在有清一代，凡是谈到李渔的，一般都会提到他的《闲情偶寄》，并加以称道。直到现代，《闲情偶寄》也不断被人提起。例如，大家很熟悉鲁迅在《且介亭杂文二集·从帮忙到扯淡》和《集外集拾遗·帮忙文学和帮闲文学》中谈到李渔及帮闲文学的一些话，在那里，鲁迅称李渔等人为"帮闲"文人。但鲁迅对李渔批评中有肯定。鲁迅说，历史上的"帮闲文学"和"帮闲文人"并不都是"一个恶毒的贬词"，文学史上的一些重要作家如宋玉、司马相如等，就属帮闲文人之列，而文学史上"不帮忙也不帮闲的文学真也太不多"，如果"不看这些，就没有东西看"；而且，"清客，还要有清客的本领的，虽然是有骨气者所不屑为，却又非搭空架者所能企及。例如李渔的《一家言》，袁枚的《随园诗话》，就不是每个帮闲都做得出来的"②，因为李渔等人确有真才实学。林语堂在《吾国与吾民》中说："十七世纪李笠翁的著作中，有一重要部分，专事谈论人生的娱乐方法，叫做《闲情偶寄》，这是中国人生活艺术的指南。自从居室以至庭园，举凡内部装饰，界壁分隔，妇女的妆阁，修容首饰，脂粉点染，饮馔调治，最后谈到富人贫人的颐养方法，一年四季，怎样排遣忧虑，节制性欲，却病，疗病，结束时尤别立蹊径，把药物分成三大动人的项目，叫做'本性酷好之药'，'其人急需之药'，'一心钟爱之药'。此最后一章，尤富人生智慧，他告诉人的医药知识胜过医科大学的一个学程。这个享乐主义的剧作家又是幽默大诗人，讲了他所知道的一切。"林语堂大段引述李渔的文字，赞曰："他的对于生活的艺术的透彻理解，可见于下面所摘的几节文字，它充分显出中国人的基本精神。"③ 此外，文学家梁实秋、周作人、孙楷第、胡梦华、顾敦

---

① （清）余怀序见《闲情偶寄》卷首，《闲情偶寄　窥词管见》，杜书瀛校注本，中国社会科学出版社 2009 年版。

② 《鲁迅全集》第 6 卷第 345 页，第 7 卷第 383 页，人民文学出版社 1981 年版。

③ 林语堂：《吾国与吾民》第九章《生活的艺术·日常的娱乐（2）》，陕西师范大学出版社 2006 年版。

铄、朱东润等，园林学家和建筑学家童寯、陈植、陈从周等，也对《闲情偶寄》十分推崇。

闲情闲事与杂家魅力

李渔自称《闲情偶寄》是一部所谓寓"庄论"于"闲情"的"闲书"。他在《闲情偶寄》卷首之《凡例七则》中说："风俗之靡，犹于人心之坏，正俗必先正心。近日人情喜读闲书，畏听庄论，有心劝世者正告则不足，旁引曲譬则有余。是集也，纯以劝惩为心，而又不标劝惩之目，名曰《闲情偶寄》者，虑人目为庄论而避之也。"又说："劝惩之意，绝不明言，或假草木昆虫之微、或借活命养生之大以寓之者，即所谓正告不足，旁引曲譬则有余也。"我看，李渔的这段表白，半是矫情，半是真言。

所谓矫情者，是指李渔出于自我保护的目的，故意说给当政者和正人君子者流听。因为李渔的著作文章在当时已经受到某些人的指责。李渔的友人余澹心（怀）在为《闲情偶寄》作序时就说："而世之腐儒，犹谓李子不为经国之大业，而为破道之小言者。"所以，李渔预先就表白：我这本书虽名为"闲情"，可并不是胡扯淡，也无半点"犯规"行为；表面看我说的虽是些戏曲、园林、饮食、男女，可里面所包含的是微言大义，有益"世道人心"。李渔这么说，对于当时的统治者和满口"仁义道德"、"非礼勿视"、"非礼勿听"的"腐儒"们，不无讨好之意。当然，《闲情偶寄》中所言，也并非没有出于真心维护封建思想道德者；但是，书中大量关于观剧听曲、赏花弄月、园林山石、品茗饮酒、服饰修容、选姬买妾、饮食男女、活命养生等的论述描绘，难道其中真有那么多微言大义吗？明眼人一看便知，李渔所说的，大半是些"聪明人"的"聪明话"而已。正如李渔的另一友人尤展成（侗）在为《闲情偶寄》所作的序中说的："所著《闲情偶寄》若干卷，用狡狯伎俩，作游戏神通。"① 不管作序者这几句话的原意如何，但用"狡狯伎俩"来形容我们在《闲情偶寄》中所看到的李渔，还是贴切的。在统治者对舆论钳制得比较紧、时有文字狱发生的清代，李渔以及像李渔那样的文人耍点小聪明，是完全可以理解

---

① （清）尤侗序见《闲情偶寄》卷首之余怀序后。

的。"文革"时许多知识分子的做法不也是如此吗？

　　所谓真言者，除了上面所说李渔确有自觉维护封建思想道德的一面之外，从艺术形式和文章的审美作用的角度来看，我认为李渔也真想避免"庄论"、"正告"而采用轻松愉快的"闲情"笔调来增加文章的吸引力。也就是说，李渔在《闲情偶寄》中大谈"草木昆虫"、"活命养生"的"闲情"是他的真心话。他深知那些正襟危坐、板着面孔讲大道理的文章，令人望而生畏，令人厌倦，不会有多少打动人的力量。现代的情况也是如此。"文革"时报纸上那些冷似铁、硬似钢、字字绝对真理的大块文章，有几个人真心要读？所以，李渔有意识地寓"庄论"于"闲情"，使这本书变得有趣、有味，可读性强。单就这个方面而言，李渔的确获得了成功。从总体上说，他的文章，他的书，绝不枯燥、乏味，至少在形式上是如此。只是有的地方世俗气太重，有的地方略显油滑，有的地方有点媚俗，这是不足。然而，优点是，绝不板着面孔教训人、讲大道理。即使本来十分枯燥的理论问题，如《闲情偶寄》的《词曲部》和《演习部》等专讲戏曲理论的部分，他也能讲得有滋有味，风趣盎然，没有一般理论文字的那种书卷气，更没有道学气。这是《闲情偶寄》的一个突出特点。

　　顺便说一说，《闲情偶寄》既然是谈"闲情"的"闲书"，则人生中凡"经国之大业，不朽之盛事"之外而涉及所谓"闲事"、"闲情"者，无论饮食、起居、谈天、说地、游玩、娱乐、颐养、保健、戏曲、音乐、园林、山石、字画、骨董、种花、养鸟、服饰、修容（美容），以至当时的选姬买妾、品头论足，等等，自然都包括在内，内容极其庞杂。这庞杂，也造就了李渔这位名副其实的天字第一号的大"杂家"。在一般人看来，内容如此广泛，头绪如此杂乱，从何说起？确如"老虎吃天，无处下口"。李渔不愧文章高手。你看他就像一个纺织巧匠，一团乱麻似的材料，在他手中变成清清爽爽的经线和纬线，条条缕缕，丝毫不乱。他轻巧灵活地穿梭引线，有条不紊地织出《闲情偶寄》这样一匹花纹清晰的"锦缎"，这样一部"杂"而有序的"生活小百科"和"美学小百科"。一看目录，读者便可感到这部书章法严密，匠心独运，非寻常散乱"闲书"可比，充分显出杂家魅力。当然，李渔的思维方式也充分表现了与西方十分不同的中国人的特点。有的学者概括中国哲学思维特征曰：中国古典哲学重了悟，不重形式上的细密论证，重生活上的实证或内心神秘的冥证，而不重逻辑的论证，长时间地体验，忽有所悟，疑难涣然消释，即直接写出所得所悟，而不加仔细的证明。古典哲学认为经验上的贯通与实践上的契合，就是真的证明。因此，中国哲学的文章形式常常是片断的，哲学家并不认为系统的长篇比片断的议论更为可贵，反而常常认为长篇的论述是一种赘疣。我认为这个概括大体是符合实际的。《闲情偶寄》也表现了上述这样一些思维特点。这部在中国人看起来已经非常系统的著作中，仍然不同于西方哲学或一般学术著作所讲究的那种完整的思辨的观念体系建构，那种层层逼近、一环扣一环的概念演绎和推移，那种严密的有分析有综合的长篇逻辑论证。《闲情偶寄》充满了各种各样的生活实证、内心体验和感悟、生动的经验和印象……文字不拘长短，视野海阔天空，随心所欲，常常起止无定。

但是，《闲情偶寄》仍然有中国人自己的逻辑和体例。按照李渔的安排，全书共分《词曲》、《演习》等八“部”（犹如现代著作的八“章”）；而每“部”又按内容和问题次序，列出“第一”、“第二”等若干标题（犹如现代著作中的“第一节”、“第二节”……）；“节”下分“款”（犹如现代著作中“节”下面的“目”）。在每一节的开头，各“款”之前，李渔都写一段或长或短的文字作为前言，或总括该“节”内容，或点拨该“节”主旨，或借题发挥，说些正文中不便说而他又想说的话，灵活自如，活泼自然，畅所欲言，尽兴而止。

须特别重视李渔戏曲美学的突破性贡献

我要特别强调李渔在中国古典戏曲美学史上的突出地位。《闲情偶寄》的论戏曲部分，即通常人们所谓《笠翁曲话》，是我国古典戏曲美学的集大成者，是第一部从戏剧创作到戏剧导演和表演全面系统地总结我国古典戏剧特殊规律（即“登场之道”）的美学著作，是第一部特别重视戏曲之“以叙事为中心”[①]（区别于诗文等“以抒情为中心”）的艺术特点并给以理论总结的美学著作。

---

① 关于这个问题，黄强《李渔的戏剧理论体系》一文较早地进行了论述（见《李渔研究》，浙江古籍出版社1996年版，第20—22页）。

山东省济南市无影山出土汉代百戏陶俑群

我国古典戏曲萌芽于周秦乐舞，12 世纪正式形成①，之后，经过了元杂剧和明清传奇两次大繁荣，获得了辉煌的发展；与此同时，戏剧导演和表演艺术也有了长足的进步，逐渐形成了富有民族特点的表演体系。随之而来的，是对戏剧创作和戏剧导演、表演规律的不断深化的理论总结。从元代到李渔《闲情偶寄》问世（1671）的数百年间，戏剧论著不下数十

---

① 戏剧界人士一般以成文剧本的产生作为我国戏剧正式形成的标志。据明徐渭《南词叙录》中说："南戏始于宋光宗朝，永嘉人所作《赵贞女》、《王魁》二种实首之，故刘后村有'死后是非谁管得，满村听唱蔡中郎'之句。或云：宣和间已滥觞，其盛行则自南渡，号曰'永嘉杂剧'，又曰'鹘伶声嗽'。"（《中国古典戏曲论著集成》三，中国戏剧出版社1959年版，第239页）按，宋光宗于公元1190—1194年在位。据现在的记载，恐怕《赵贞女》和《王魁》是由书会先生所作的最早的成文剧本，那么中国戏剧正式形成当在此时。徐渭引文所说"或云：宣和间已滥觞"，所谓宣和间，即公元1119—1125年间，假定这时已有成文剧本，那么戏剧正式形成的时间当上推八十余年。总之，把中国古典戏剧正式形成的时间确定在12世纪，大约是比较接近客观事实的。作者2009年12月28日按：上面的注文是据旧时所掌握的材料作出的判断。近来不断有新的考古材料被发现，如2009年3月3日，陕西省考古研究院在韩城市新城区盘乐村发现一北宋壁画墓，其墓室西壁有宋杂剧壁画，绘制着十七人组成的北宋杂剧演出场景，其中演员五个脚色末泥、引戏、副净、副末、装孤居于中央表演杂剧节目，乐队十二人分列左右两边。这说明在北宋时中国戏剧已基本形成。《文艺研究》2009年第11期发表了康保成、孙秉君《陕西韩城宋墓壁画考释》，延保全《宋杂剧演出的文物新证——陕西韩城盘乐村宋墓杂剧壁画考论》，姚小鸥《韩城宋墓壁画杂剧图与宋金杂剧"外色"考》，可以参见。

部。特别是明中叶以后，戏剧理论更获得迅速发展，提出了很多十分精彩的观点，特别是王骥德的《曲律》，较全面地论述了戏剧艺术的一系列问题，是李渔之前的剧论的高峰；但是，总的说来，这些论著存在着明显的不足之处。例如，第一，它们大多过于注意词采和音律，把戏剧作品当作诗、词或曲即古典诗歌的一种特殊样式来把玩、品味，沉溺于中国艺术传统的"抒情情结"而往往忽略了戏剧艺术的叙事性特点，因此，这样的剧论与以往的诗话、词话无大差别。第二，有些论著也涉及戏剧创作本身的许多问题，并且很有见地，然而多属评点式的片言只语，零零碎碎，不成系统，更构不成完整的体系。第三，很少有人把戏剧创作和舞台表演结合起来加以考察，往往忽略舞台上的艺术实践，忽视戏曲的舞台性特点。如李渔在《闲情偶寄·词曲部·填词余论》中感慨金圣叹之评《西厢》，"乃文人把玩之《西厢》，非优人搬弄之《西厢》也"，批评金圣叹不懂"优人搬弄之三昧"。真正对戏曲艺术的本质和主要特征，特别是戏曲艺术的叙事性特征和戏曲艺术的舞台性特征（戏剧表演和导演，如选择和分析剧本、角色扮演、音响效果、音乐伴奏、服装道具、舞台设计，等等），做深入研究和全面阐述，并相当深刻地把握到了戏曲艺术的特殊规律的，应首推李渔。再重复地强调几句：笠翁曲论的突破性贡献，概括说来有两点：一是表现出从抒情中心向叙事中心转变的迹象①，二是自觉追求和推

---

　　① 但是，最近也有学者提出不同看法，似乎认为李渔此论并非功之首而是祸之始。中国艺术研究院戏曲研究所所长刘祯研究员说："李渔是古典戏曲理论的集大成者和终结者，他的戏曲理论尤其是'结构论'、'非奇不传'论等又与现代戏剧理论颇多契合，这使得 20 世纪戏曲在理论观念上出现一种误导，认为这种'戏剧化'过程是中国戏曲固有的追求和品格。"刘祯给自己预设的一个理论前提是：戏曲与戏剧是不同的甚至是对立的。他说："戏曲是一种诗化、写意的舞台艺术。关于戏曲和话剧差别有一个形象的比喻：话剧是把米做成饭，戏曲是把米酿成酒。这个比喻非常深刻地揭示了戏曲和话剧的本质区别。戏曲重视不重视情节、结构、人物、矛盾冲突？重视！凡是一种戏剧，它肯定要讲究人物塑造、构织矛盾冲突，有故事的起承转合。从历史和现实来看，中国戏曲最优秀的作品也都是体现了这些方面的。但是除此以外，中国戏曲更重视诗化、诗性和写意空灵。而且所有这些剧作所讲究的情节、结构、人物塑造也好，也不是说像现在人们所看到的'话剧加唱'，而是所有这些要素最终都变成体现中国戏曲写意和诗性总体原则的有机构成。"（刘祯：《中国戏曲理论的"戏剧化"与本体回归》，《文艺报》2009 年 11 月 12 日第 7 版）刘祯的意见很值得重视，尤其是他对中国戏曲"更重视诗化、诗性和写意空灵"等特点的把握很到位很精彩，我是同意的（也有台湾学者对中国戏曲不同于西方戏剧的特点谈到过一些重要意见，如台湾"中央大学"教授孙玫《跨文化语境下中国传统戏曲表演体系之研究》和台湾中国文化大学教授王士仪《一门愈是成熟的知识，愈是这门专用术语的成熟》，都提出一些富有启示性的看法——均见《文艺报》2009 年 11 月 12 日第 7 版）。但是李渔重视戏曲的叙事性是功是过，还应作历史主义的客观的评价，我不认为它是祸之始而认为是功之首。这是今后需要研究的一个课题。

进从"案头性"向"舞台性"的转变。《闲情偶寄》作为我国第一部富有
民族特点并构成自己完整体系的古典戏曲美学著作，是一座里程碑。可以
说，在中国古典戏剧美学史上，取得如此重大成就者，在宋元明数百年
间，很少有人能够和他比肩；从李渔之后直到大清帝国覆亡，也鲜有过其
右者。

　　毋庸讳言，李渔戏曲美学也有局限。但是，我们是马克思主义的历史唯
物主义者，我们不能苛求古人，不能要求他做历史条件不允许他做的事情。
我们既不能因为他没有提供现代所要求的东西而责备他；也不能因为他世界
观中具有许多落后的东西而否定他在戏剧美学上所取得的杰出成就。"四人
帮"统治时期，有人全面否定李渔和他的戏剧理论，骂他的《曲话》是
"儒家戏剧观"的"反动戏剧理论"，"继承并发展"了"历代尊儒反法"的
"戏剧路线"，等等，其荒谬自不消说；而在"文革"之前，我们有的同志
在评价李渔的时候也是不够公允的。他们把李渔剧论中一些正确的东西，例
如，把李渔提出的"戒荒唐"、要求戏剧合于"物理"、"人情"，也视为只
是"迎合统治阶级的艺术趣味"，把李渔倡导创新、主张"脱窠臼"，也视
为"低级、庸俗的艺术趣味"，"其目的是为统治阶级提供消遣娱乐的资
料"①。我们固然不能把李渔戏曲美学中的糟粕吹捧为精华，但也不能因为有
糟粕而把精华也一笔抹杀，甚至把精华也视为糟粕。我们应该尊重历史事
实，尊重历史的辩证发展。我们应该主要根据李渔比他的前辈提供了什么新
的东西，来衡量他的戏曲美学著作的巨大价值，并且又根据他所作出的重大
的贡献，给他以中国古典戏曲美学史上的应有的地位。

略窥李渔的世界观

　　李渔的世界观（包括他的哲学思想、伦理思想、审美思想、人生观、
历史观，等等）本身是十分复杂的、矛盾的。其中固然不可避免地存在历
史时代的局限性，束缚他的手脚，限制他的眼界；但是，同时我们更应该
看到其中一些非常积极的、进步的、合理的因素，并且应该充分估计到这

---

　　①　吴枝培：《关于李渔戏曲理论的两个问题》，《光明日报》1965 年 1 月 31 日。

些因素给他的美学理论带来的有益影响。[①]

譬如，李渔思想中有一种可贵的历史发展的观点。在《〈耐歌词〉自序》中，他一开始就指出："今日之世界，非十年前之世界，十年前之世界，又非二十年前之世界，如三月之花，九秋之蟹，今美于昨，明日复胜于今矣。"[②] 在《闲情偶寄》中，他也谈到社会生活处于不断发展之中，"日异月新"、"变化不穷"。这种历史的发展的观点，表现在他的美学中，就使他不是如明清的某些复古主义者那样，诗必盛唐，文必秦汉，如《封神演义》中的申公豹，眼睛生在后面。——不，李渔是向前看的。一方面，李渔尊重传统，珍惜遗产；另一方面，他又不泥于传统，不拜倒在遗产面前直不起腰来。他非常重视创新。他提倡创新，敢于自我作祖，敢于打破传统。对于"前人已传之书"，他采取分析的态度，要"取长补短，别出瑕瑜，使人知所从违而不为诵读所误"。"取瑜掷瑕"——这就是他的"法古"（继承遗产）的原则。用我们今天的话说，就是批判地继承，而不是盲目崇拜，或一概排斥。例如，对于元剧，他十分推崇。他品评传奇之好坏，常常以元剧为标准。在《李渔美学思想研究》中我曾经谈到，他把"今曲"与"元曲"加以对照："凡读传奇而有令人费解，或初阅不见

---

① 这一节文字的主要思想最早形成于 1981 年撰写《论李渔的戏剧美学》一书（中国社会科学出版社 1982 年版）的时候，20 世纪 90 年代撰写《李渔美学思想研究》（中国社会科学出版社 1998 年版）时仍然采用旧说。但是，直到 2009 年夏去扬州大学开会，蒙该校黄强教授厚爱惠赠大著《李渔研究》（浙江古籍出版社 1996 年版），拜读其第一篇论文《李渔的哲学观点与文学思想探源》，才意识到自己有关李渔世界观（特别是其哲学思想及其根源）的研究太不深入。黄著出版于 1996 年（可惜我直到十三年后才读到），那时他已经对李渔的哲学思想和文学思想作了相当深入的研究，尤其是他具体探讨了李渔与明代王阳明、李贽、"三袁"思想的关系，相当精确地把握到其间的来龙去脉。譬如，李渔的"师心"明显受到王阳明"心学"影响。李渔的极力崇尚创新、反对盲目崇拜圣贤，说"彼之所师者人，人言如是，彼言也如是……我之所师者心，心觉其然，口亦信其然"，等等，与王阳明"夫学贵得之心，求之于心而非也，虽其言之出于孔子，不敢以为是也，而况其未及孔子者乎？求之于心而是也，虽其言之出于庸常，不敢以为非也，而况其出于孔子者乎？"如出一辙；李渔的"孩提之心"也明显有李贽"童心"的影子；李渔的"抒发性灵"与公安三袁的"独抒性灵"几乎完全一致。并且，黄强还指出李渔对"三袁"思想有所发展，即"三袁"重在诗文，而李渔特别强调小说、戏曲等叙事文学。这些都非常具有学术价值，直到今天仍然无人超越。前两天看到《文学评论》2009 年第 4 期钟明奇《"自为一家"：李渔文学创作的核心思想》。该文自然也有自己的优点。但是把钟文与十几年前的黄文相对照，顿觉钟文创造性和超越性不够。当然黄文也并非无懈可击（写于十几年前的文章会带有当时认识上和思想上的局限），但就其主体而言，仍然是站得住的，且其重要学术价值仍然闪闪发光。鉴于黄强已经对李渔哲学思想及其来龙去脉作了如此精彩论述，本书不再论述这部分内容，而是拜请读者去看黄强的文章。

② 《李渔全集》第二卷，第 377 页。

其佳，深思而后得其意之所在者，便非绝妙好词，不问而知为今曲，非元曲也。元人非不读书，而所制之曲绝无一毫书本气，以其有书而不用，非当用而无书也；后人之曲则满纸皆书矣。元人非不深心，而所填之词皆觉过于浅近，以其深而出之以浅，非借浅以文其不深也；后人之词则心口皆深矣。"① 对汤显祖的《牡丹亭》中的语言，他认为其中好的段落，"则纯乎元人，置之《百种》前后，几不能辨"；而不大好的段落，则"犹是今曲，非元曲也"。但是，李渔又不像那些世俗之辈"谓事事当法元人"，如果这样，那就可能"未得其瑜，先有其瑕"②。李渔以历史的发展的观点，对元曲的优点和不足之处，进行具体分析。他说："吾观今日之传奇，事事皆逊元人，独于埋伏照映处，胜彼一筹；非今人之太工，以元人所长，全不在此也。若以针线论，元曲之最疏者，莫过于《琵琶》。"③ 说今曲"事事皆逊元人"自然是不恰当的，有片面性。在另一个地方，李渔就说得更辩证些："然传奇一事也，其中义理，分为三项：曲也，白也，穿插联络之关目也。元人所长者止居其一，曲是也；白与关目，皆其所短。吾于元人，但守其词中绳墨而已矣。"④ 采取这样的态度，李渔就敢于大胆弥补前人之不足，发展、补充前人的思想，纠正前人的错误，如果前人没有谈到，那就由今人创造。因为他认为历史总是"今胜于昨"。前曾谈到，李渔正是依据这种"今胜于昨"的观点进行理论创新的，如：在李渔之前，戏剧创作理论的传统观点是"填词首重音律"，而李渔则"独先结构"；关于宾白，"自来作传奇者，止重填词，视宾白为末著"，而李渔则敢于纠正这种偏见，说："曲之有白，就文字论之，则犹经文之于传注；就物理言之，则犹栋梁之于榱桷；就人身论之，则如肢体之于血脉，……故知宾白一道，当与曲文等视，有最得意之曲文，即当有最得意之宾白。"⑤ "传奇中宾白之繁，实自予始。"李渔的观点是否完全得当，还可研究；但他这种敢于打破传统、自我作祖的精神，是可敬佩的。没有这样的大胆创造、勇于革新的精神，美学理论怎么可能发展呢？

---

① 见（清）李渔《闲情偶寄·词曲部·词采第二》之"贵显浅"条。
② 同上。
③ 见（清）李渔《闲情偶寄·词曲部·结构第一》之"密针线"条。
④ 同上。
⑤ （清）李渔《闲情偶寄·词曲部·宾白第四》之小序。

　　李渔还对文艺的发展变化与社会、时代的发展变化的关系进行了探索，提出自己的看法：即"文运关乎世运"。李渔在《论唐兵三变唐文三变》中说："唐兵愈变而愈弱，唐文愈变而愈雄。由此观之，则文运关乎世运之言，几不验矣。其故何哉？曰：尚武之世，文运必衰，以士君子耻弄毛锥，尽以建功立业为志，故文风不竞，兵气有以胜之也。贱武之朝，文运必胜，以士大夫厌谈兵事，各以著书立言为心。"明眼人一看便知，李渔的具体论述是不科学的——文运与世运的关系绝非如此简单。但是他毕竟还是把文运与世运联系起来加以考察，因而是有进步意义的。从这种"文运关乎世运"的观点出发，李渔就能得出"填词非末技，乃与史传诗文同源而异派者也"的结论，因为各个时代都有适应于那个时代的文学，时代发展了，文学也跟着发展。戏剧——元曲、明清传奇，也是它自己那个时代的产物，就如同"经莫盛于上古，是上古为六经之运；史莫盛于汉，是汉为史之运；诗莫盛于唐，是唐为诗之运；曲莫盛于元，是元为曲之运"①。李渔的这种观点，对于"视词曲为小道"的传统的偏见，是一种挑战，对于提高戏剧艺术的社会地位，无疑具有积极的、进步的意义。

李渔美学是历史发展的必然结果

　　李渔美学特别是戏曲美学之所以能取得这么大的成就，应该看作是历史发展的必然结果，是那个时代的必然产物。

　　我国君主专制社会发展到清代，已有两千多年的历史，它的政治、经济、思想等各个方面，都快到了寿终正寝的时代；然而各种学术思想，也都到了集大成的时代，吸收历代的成果进行总结的时代。郭绍虞教授在他的《中国文学批评史》中曾经指出，清代学术"兼有以前各代的特点"，"它没有汉人的经学而能有汉学之长，它也没有宋人的理学而能撷宋学之精"，清代文学，"也是包罗万象兼有以前各代的特点"②。这是很有见地的论断。李渔的戏剧美学也正是在吸收、总结了以前各代的经验、成果而产生、形成和发展起来的。

---

① （清）李渔：《〈名词选胜〉序》，《李渔全集》第一卷，第34页。
② 郭绍虞：《中国文学批评史》，中华书局1961年版，第5页。

　　首先，我国数千年的文艺史，一个高峰接着一个高峰的文艺大繁荣，给李渔以滋养。李渔很熟悉文艺的历史传统，常常是开口则"汉史、唐诗、宋文、元曲"，闭口亦"《汉书》、《史记》，千古不磨，尚矣！唐则诗人济济，宋有文士跄跄，宜其鼎足文坛，为三代后之三代也"①。不言而喻，从这些他十分推崇的文艺传统中汲取营养来形成和发展自己的理论，是十分自然的事情。特别是自12—13世纪我国戏剧正式形成到李渔所生活的清初，有五百余年硕果累累的戏剧艺术史，为李渔提供了构造戏剧美学体系的肥沃土壤。这五百余年，我国戏剧有两次大繁荣，一次是元杂剧，一次是明清传奇。在这两个时期里，产生了一大批堪与世界戏剧史上的大师如莎士比亚、维迦、莫里哀……相媲美的戏剧家，像关汉卿、王实甫、马致远、纪君祥、白朴、郑光祖、汤显祖、李玉等。他们的优秀作品，不仅是他们那个时代艺术上的最高成就，而且至今仍有强大的艺术生命力。许多作品，如《窦娥冤》、《赵氏孤儿》、《西厢记》、《牡丹亭》、《清忠谱》等，与同时代的世界戏剧名作相比，也毫不逊色。这五百余年，表演艺术也大发展、大繁荣。虽然演员在我国封建时代一直遭受歧视，演戏被视为下贱的职业；但是我国的表演艺术家们，通过一代又一代的辛勤劳动，创造和形成了自己富有民族特点的表演体系。《青楼集》中曾经记载了元代一百多名演员的情况，从中可以约略窥见当时表演艺术发展的盛况。有的演员戏路很宽，演技高超，"杂剧为当今独步；驾头、花旦、软末泥等，悉造其妙"；有的演员则擅长于一二种行当，或"旦末双全"，或"专工贴旦杂剧"，或"花旦杂剧，特妙"；有的演员擅长演"闺怨"杂剧；有的则是"绿林"杂剧专家；有的演员"赋性聪慧，记杂剧三百余段"；还有的演员"专工南戏"；而且还有少数民族演员（"回回旦色"）②……我国戏剧艺术通过元杂剧和明清传奇两次大繁荣，表演和导演艺术有了很大的发展。已经有了以演戏维生的专业戏班，演出时，已经有了比平地高出数尺的舞台。有的演员刻苦练艺，精益求精，深入体验角色，艺术上已经达到了很精妙的程度。例如，侯方域《马伶传》中，记述了金陵伶人马锦在《鸣凤记》饰严嵩，技不及华林部演员李某，为观众所

---

　　① 见（清）李渔《闲情偶寄·词曲部·结构第一》之小序。
　　② 《中国古典戏曲论著集成》二，第19、20、24、29、31、32、34页。

讪，乃易装遁走京师，投某相国为门卒，日侍相国，察其举止，聆其语言，三年神似，然后还金陵，再演《鸣凤记》，仍饰严嵩，卒使李伶拜服，观众赞赏。① 我在《李渔美学思想研究·李渔论戏剧导演》那部分中，还曾介绍过明末杰出的女演员刘晖吉导排《唐明皇游月宫》的情况，说明当时舞台艺术的各个方面（如砌末、效果、音乐、服装，等等）都达到了很高的水平。戏剧创作和舞台表演所取得的成就，为李渔戏曲美学的产生打下了坚实的基础。我们可以作一个也许不大恰当的比较：俄国 19 世纪的大批评家别林斯基、杜勃罗留波夫、车尔尼雪夫斯基和他们的光辉的美学思想的产生，一方面固然与当时进步的革命民主主义的哲学、政治思想分不开；但是，如果没有普希金、莱蒙托夫、果戈理、奥斯特洛夫斯基、屠格涅夫、冈察洛夫、涅克拉索夫、列夫·托尔斯泰等一大批伟大作家的创作实践和他们灿若繁星的优秀作品，别林斯基等人的卓越美学理论是建立不起来的。李渔戏曲美学的建立、发展，当然与俄国 19 世纪革命民主主义美学的建立、发展情况不一样，但有一点是可以肯定的：如果没有上面我们提到的元杂剧、明清传奇的两次大繁荣和表演艺术的大发展，如果没有那一大批优秀的作家和作品，李渔的戏曲美学同样是不能产生的。李渔的"立主脑"，很明显是总结杂剧的四折一楔子的结构形式而来，而"小收煞"、"大收煞"等，也是明清传奇的分"上半部"、"下半部"的结构形式的总结。《词曲部》中"结构"、"词采"、"音律"、"科诨"、"宾白"、"格局"各部分所提出的理论，《演习部》中"选剧"、"变调"、"授曲"、"教白"、"脱套"各部分所提出的理论，都是对杂剧和传奇的创作和演出的艺术实践的理论总结。

其次，我国有数千年优秀的美学传统，有包括诗论、文论、画论、乐论以及其他各个门类的丰富的美学遗产给李渔以熏染，特别是有数百年的戏曲美学遗产，可直接作为李渔构造他的戏曲美学体系时的借鉴。

对艺术性质和艺术特征的认识，从先秦起已逐渐在探索。经过两汉，到魏晋南北朝，达到一个高峰，产生了《文赋》、《文心雕龙》、《诗品》、《古画品录》等一系列卓越的美学论著，对艺术创作、艺术欣赏和艺术批评的一系列问题，对艺术的形象性、情感性等美学特点，作了越来越深刻

① 参见周贻白《中国戏曲发展史纲要》，上海古籍出版社 1979 年版，第 339 页。

的论述。特别是刘勰的《文心雕龙》，可以说是当时世界美学论著当中的最高成就（在同时期的西方美学史上，还没有发现如此伟大的美学理论著作）。到隋唐，李白、杜甫，特别是白居易都对艺术问题有精辟之见；当时的许多艺术理论著作，如孙过庭《书谱》、皎然《诗式》、朱景玄《唐朝名画录》、张彦远《历代名画记》、司空图《二十四诗品》（对该书作者为谁，有争论，今暂从旧说）等，对艺术创作和艺术风格问题，都较前有更深入的理解。宋以后，诗话、词话如林，绘画理论也十分发达；明清更在小说、戏曲理论方面有新的开拓。总之，对艺术规律的掌握，越来越深刻，越来越精细。对于这些美学传统，李渔是熟悉的，他所谓"天地之间有一种文字，即有一种文字之法脉准绳载之于书"，不正是说明他对各种"文字之法脉准绳"（艺术规律）和记载这些"法脉准绳"的著作，都很了解吗？他以"画士之传真"的道理来说明戏剧美学问题，不正是说明他善于吸收其他门类的艺术理论的营养，来丰富他的戏曲美学理论吗？

我国的戏曲美学理论，从唐宋的萌芽，到元代的初步发展，到明代的略具规模，到清初李渔相当完整的戏曲美学体系的形成，这前前后后的脉络是清晰的，李渔对前代剧论的师承关系也是明显的。特别是明代的戏曲美学，对李渔更是有直接影响。明初朱权的《太和正音谱》，较之元代《录鬼簿》止于记述戏剧家生平事迹和《中原音韵》专谈音韵问题，显然前进了一步。朱权已开始论及戏剧艺术的风格问题，虽然他用几个字的形象比喻来品评风格，令人觉得不着边际，但较元代的剧论，更接近于戏剧本身的重要问题。朱权之后，徐渭的《南词叙录》，李开先的《词谑》，何良俊的《曲论》，王世贞的《曲藻》，王骥德的《曲律》，徐复祚的《曲论》，凌濛初的《谭曲杂札》，祁彪佳的《远山堂曲品》和《远山堂剧品》，吕天成的《曲品》，等等，虽然有偏重文辞、音律，忽略舞台演出和显浅作为叙事艺术的特点，且论述零碎片断等缺点，但总的说来，从不同角度、不同程度上更进一步把握了戏剧的艺术特征，有不少精彩见解。如何良俊、王世贞、徐复祚等人关于《琵琶》、《拜月》孰优孰劣的著名争论，特别是关于戏剧语言的"本色"问题的不同见解，对后世产生了重要影响。而徐渭的《南词叙录》和王骥德的《曲律》，是其中最出色的两部著作。《南词叙录》专论南戏，谈到南戏的源流、发展、声律、风格等一系列问题，其中他赞美民间戏剧"顺口可歌"的和谐的自然音律，批评文人作品过分讲究宫调、声韵，主张"曲本取于感发人心，歌之使奴、童、妇、女皆喻，乃为得体"① 等，都明显地高出于当时一般见识之上，对李渔的戏曲美学发生了重大影响。王骥德的《曲律》，洋洋数万言，从戏曲的起源，到词采、音律、宾白、科诨、结构等一系列问题，作了比较全面的论述，虽然与舞台演出结合得不紧密，也很少论及表演艺术问题，但在李渔之前是最有系统性的一部著作。我们也许可以这样说：王骥德为李渔建筑他的戏曲美学大厦搭好了脚手架。

总之，到李渔生活的清代初年，建立中国自己的完整的戏曲美学体系的条件已经成熟，万事俱备，只欠一个合适的历史人物来成此大业了。这时候，历史找到了一个比较合适的人选，这就是李渔。

余论："性灵"小品的传统

在"鸟瞰李渔"的最后，我还想说明一点，即《闲情偶寄》是一部用生动活泼的小品形式、以轻松愉快的笔调写的艺术美学和生活美学著作。《闲情偶寄》的绝大部分文字，既可以作为理论文章来读，也可以作为情趣盎然的小品文来读，譬如，《种植部》中那些谈花木的文字，都是精美小品。

自明中叶以归有光②为代表的唐宋派起，到明晚期以公安三袁③为代表的性灵派激情四射的年代，散文小品特别盛行。归有光推崇"率口而言，多民俗歌谣，悯时忧世之语"（《沈次谷先生诗序》④）的文风，他的文章，即事抒情，细节刻绘生动，人情味儿极浓，平易亲切，生活化、个人化，反映自己日常生活状貌及趣味，渗透着温润可人的生活情调。他的名篇如《项脊轩志》、《先妣事略》、《思子亭记》、《女二二圹志》等，均"无意

---

① （明）徐渭：《南词叙录》，《中国古典戏曲论著集成》三，中国戏剧出版社 1959 年版，第 243 页。
② 归有光（1506—1571 年），明代散文家。江苏昆山人。字熙甫，又字开甫，别号震川，又号项脊生，是唐宋派代表作家。今有四部丛刊本《震川先生集》四十卷，系据明常熟刊本影印。
③ 明晚期袁宗道、袁宏道、袁中道兄弟三人皆著名小品文作家，风格相近，独树一帜，因为他们都是湖北公安人，史称"公安三袁"。
④ 见《震川先生集》卷之二《序》。

于感人，而欢愉惨恻之思，溢于言语之外"（王锡爵《归公墓志铭》①）。三袁的散文、小品，自由随意，不拘一格，写景抒情，轻灵隽永，极为精妙。如袁宏道的《晚游六桥待月记》② 这样描述西湖景致："西湖最盛，为春为月。一日之盛，为朝烟，为夕岚。今岁春雪甚盛，梅花为寒所勒，与杏桃相次开发，尤为奇观。……余时为桃花所恋，竟不忍去。湖上由断桥至苏堤一带，绿烟红雾，弥漫二十余里。歌吹为风，粉汗为雨，罗纨之盛，多于堤畔之草，艳冶极矣。然杭人游湖，止午、未、申三时，其实湖光染翠之工，山岚设色之妙，皆在朝日始出，夕舂未下，始极其浓媚。月景尤不可言，花态柳情，山容水意，别是一种趣味。此乐留与山僧游客受用，安可为俗士道哉！"袁中道《游荷叶山记》③ 写荷叶山晚景亦令人称绝："俄而月色上衣，树影满地，纷纭参差，或织或帘，又写而规。至于密树深林，迥不受月，阴阴昏昏，望之若千里万里，窅不可测。划然放歌，山应谷答，宿鸟皆腾。"他们的小品文字，随情所至，任性而发，率直真切，自然本色，直抒胸臆，篇篇皆是真性情，正如明代陆云龙《叙袁中郎先生小品》④ 中说："率直则性灵现，性灵现则趣生。"稍后于三袁的张岱，也有许多小品散文精品，风格特异，情思悠长，耐人寻味，如《西湖七月半》⑤："西湖七月半，一无可看，止可看看七月半之人。看七月半之人，以五类看之。其一，楼船箫鼓，峨冠盛筵，灯火优傒，声光相乱，名为看月而实不见月者，看之；其一，亦船亦楼，名娃闺秀，携及童娈，笑啼杂之，环坐露台，左右盼望，身在月下而实不看月者，看之；其一，亦船亦声歌，名妓闲僧，浅斟低唱，弱管轻丝，竹肉相发，亦在月下，亦看月而欲人看其看月者，看之；其一，不舟不车，不衫不帻，酒醉饭饱，呼群三五，跻入人丛，昭庆断桥，嘄呼嘈杂，装假醉，唱无腔曲，月亦看，看月者亦看，不看月者亦看，而实无一看者，看之；其一，小船轻幌，净

①　（明）王锡爵：《明太仆寺寺丞归公墓志铭》，见归有光《震川先生集·附录》。

②　（明）袁宏道：《晚游六桥待月记》及后面的《初至西湖记》，见钱伯城《袁宏道集笺校·游记》，上海古籍出版社1981年版。

③　（明）袁中道：《游荷叶山记》，见袁中道《珂雪斋集》，钱伯城点校，上海古籍出版社2007年版。

④　（明）陆云龙：《叙袁中郎先生小品》，见陆云龙编《皇明十六家小品》，北京图书馆出版社1997年版。

⑤　（明）张岱：《西湖七月半》，见《陶庵梦忆》卷七，中华书局2008年版。

几暖炉，茶铛旋煮，素瓷静递，好友佳人，邀月同坐，或匿影树下，或逃嚣里湖，看月而人不见其看月之态，亦不作意看月者，看之。"描摹人情，状写景色，俱妙，只是透露着怀旧的淡淡哀伤。

小品可长可短。短者，如晚明性灵小品大家袁宏道的《初至西湖记》不过二百字："从武林门而西，望保俶塔突兀层崖中，则已心飞湖上也。午刻入昭庆，茶毕，即棹小舟入湖。山色如蛾，花光如颊，温风如酒，波纹如绫；才一举头，已不觉目酣神醉，此时欲下一语描写不得，大约如东阿王梦中初遇洛神时也。余游西湖始此，时万历丁酉二月十四日也。晚同子公渡净寺，觅阿宾旧住僧房。取道由六桥岳坟石径塘而归。草草领略，未及遍赏。次早得陶石篑帖子，至十九日，石篑兄弟同学佛人王静虚至，湖山好友，一时凑集矣。"李渔谈花木的小品，大都很短，有的只有百十字，如《闲情偶寄·种植部·木本第一·绣球》："天工之巧，至开绣球一花而止矣。他种之巧，纯用天工，此则诈施人力，似肖尘世所为而为者。剪春罗、剪秋罗诸花亦然。天工于此，似非无意，盖曰：'汝所能者，我亦能之；我所能者，汝实不能为也。'若是，则当再生一二蹴球之人，立于树上，则天工之斗巧者全矣。其不屑为此者，岂以物可肖，而人不足肖乎？"只有一百六十字。但小品短文的文字虽短味道不短。

小品文之长者，像袁中郎的《游盘山记》、《由水溪至水心崖记》、《华山记》及《华山后记》、《华山别记》，李渔的《梦饮黄鹤楼记》、《秦淮健儿传》、《乔复生、王再来二姬合传》，等等，则百千字不等，写景状物，细致入微，趣味盎然。

总之，小品形式自由，有人称其为"自由文体"，状物、抒情、言事、写景、咏史、论文、谈古、说今……无所不可。

学界许多人认为，"小品"一词，来自佛学，本指佛经的节本。《世说新语·文学四十三》："殷中军（浩）读小品，下二百签，皆是精微，世之幽滞，尝欲与支道林辩之，竟不得，今小品犹存。"刘孝标注云："《释氏辨·空经》，有详者焉，有略者焉；详者为大品，略者为小品。"[①] 可见，"小品"乃与"大品"相对而言，是篇幅详略、大小的区分。

李渔的小品文，正是明中、晚期以来小品文优秀传统的继承和发扬。

---

① 见徐震堮《世说新语校笺》，中华书局 1984 年版。

而且这种继承，自有其哲学思想和文学自身的脉络。大家知道，明代中晚期之王阳明、李贽、汤显祖、"三袁"等，在思想上富有反传统精神；在文学上也反传统。以袁氏三兄弟为代表的文学家，无视道学文统，不是像以往那样大讲"文以载道"，而是倡导"独抒性灵"，把"情"放在一个突出位置上来。袁氏稍前的李贽、汤显祖，袁氏稍后的"竟陵"诸人（钟惺、谭元春等），都是如此。受他们的影响，李渔思想也具有反传统精神，他在《论唐太宗以弓矢、建屋喻治道》一文中说到魏徵对唐太宗的辅佐时赞曰："观其（指魏徵）'愿为良臣，勿为忠臣'、'乱民易化，治民难化'、'天下未定，专取取才；天下既定，兼取取德'诸论，皆是开荒辟昧语，无一字经人道过，然俱有至理存焉。后人明知取是而强欲非之，不过依傍圣贤，袭取现成字句，到处攻人之短，凡有意同于圣贤而词别于经史者，即呼为叛道离经，不可取法。殊不知天下之名理无穷，圣贤之论述有限，若定要从圣贤口中说过，方是至理，须得生几千百个圣贤，将天下万事万物尽皆评论一过，使后世说话者如蒙童背书、梨园演戏，一字不差，始无可议之人矣。"① 这话拿到改革开放的今天，极富现实意义。在文学上，李渔也明确主张抒发性灵。在《论唐太宗以弓矢、建屋喻治道》中他赞扬唐太宗时说："三代以后之人君，舍德勿论而专论其才与识，则未有出唐太宗之右者矣。观其论乐，论周秦修短，论弓矢建屋，无一不本人情。不合至理、不可垂训将来。盖人主能言治道者，无代不有，然皆本于《诗》《书》，得之闻见，皆言人所既言者也；若太宗之言，皆《诗》《书》所不载，闻见所未经，字字从性灵中发出，不但不与世俗雷同，亦且耻与《诗》《书》附合，真帝王中间出之才也！"② 在《论纲目书张良博浪之击与荆轲聂政之事一褒一贬》中说张良"既非激于人言，又非迫于时势，乃自性灵所发"③。李渔为友人《覆瓿草》作序，称其诗"自抒性灵，不屑依傍门户"④。李渔的散文，包括游记、序跋、人物传记、书信、疏、辩、

---

① （清）李渔：《论唐太宗以弓矢、建屋喻治道》，《笠翁别集》卷二，引文见《李渔全集》第一卷，第442—443 页。

② 同上书，第442 页。

③ （清）李渔：《论纲目书张良博浪之击与荆轲聂政之事一褒一贬》，《笠翁别集》卷一，引文见《李渔全集》第一卷，第329 页。

④ （清）李渔：《〈覆瓿草〉序》，《笠翁文集》卷一，引文见《李渔全集》第一卷，第40 页。

引、赞、说、解、铭、券、誓词、露布，《闲情偶寄》，甚至包括史传中的许多文字，等等，多与"性灵"小品的格调相近，任意而发，情趣盎然，不着意于"载道"，而努力于言事、抒情。不过，比起他的前辈，李渔多了一些"市井"气、"江湖"气，少了一些"雅"气、"文"气；多了一些圆滑、媚俗，少了一些狂狷、尖锐。之所以如此者，不是或主要不是个人性情所致，乃时代、社会使然。

当然，李渔和他的《闲情偶寄》也不可避免地有着历史局限。其中个别地方发着封建腐朽的气味，有些东西不科学，有些东西已经过时。

第一章　戏曲篇

笠翁曲论：一个时代的高峰

有人说，戏剧（在中国就是"戏曲"①）既是综合的艺术、完形的艺术，又是人体的艺术、人群的艺术、时间的艺术、空间的艺术，它是直到目前为止人类发展得最为完美的艺术。这话说得显然有些夸张，甚至有些"矫情"，却不是完全没有道理。戏剧的确是人类最古老且发展得最完美的艺术形式或艺术样式之一。就整个世界范围而言，戏剧在两千五百多年以前就诞生了，发展了，并且繁荣了。例如，公元前 5 世纪左右古希腊的悲剧和喜剧就不但高度发展而且高度繁荣；之后，大约从公元 1 世纪到 12 世纪，印度梵剧②成为世界戏剧史上最活跃的角色；再后，大约从 12 世纪起，中国戏曲（宋院本、元杂剧、明清传奇和花部、地方戏，等等）在世界上放出奇光异彩。在戏剧发展、繁荣的同时，相应的，戏剧美学理论也产生、发展起来。古希腊有阿里斯多芬喜剧中的戏剧批评和亚里斯多德

---

① 据胡忌、洛地《一条极珍贵资料发现——"戏曲"和"永嘉戏曲"的首见》（刊浙江艺术研究所编《艺术研究》第十一辑）说："'戏曲'一词，今所知始见于宋末元初人刘埙的《水云村稿》，其中《词人吴用章传》言及：'至咸淳，永嘉戏曲出，泼少年化之，而后淫哇盛、正音歇。'"之后，元代陶宗仪《南村辍耕录》亦提及"戏曲"："唐有传奇，宋有戏曲、唱浑、词说，金有院本、杂剧、诸宫调。院本、杂剧其实一也，国朝院本、杂剧始厘而二之。"

② 人们对古希腊悲剧和喜剧熟悉，而对印度古典戏剧——梵剧所知不多。梵剧，从题材上看，有描写史诗和传说故事的，有取材于现实生活的，还有以宗教宣传为宗旨的。其角色，有作家拟定名字的，有标明角色身份的，有以抽象概念为角色命名的。剧本开场有引子，结尾有尾诗，剧本正文，由说明、唱词和动作提示三因素组成，说白中有对白、独白与旁白。唱词归于角色，融会于剧情，不同于希腊悲剧的演唱，接近中国古典戏曲的唱词。动作提示多样而细致。剧本语言雅俗相间，主角和上流人物对话时多用雅语，而妇女和下层人物多用俗语（此注参考了谷歌网有关梵剧的介绍，特此说明并致谢）。

《诗学》；印度有《舞论》①；中国如果从唐代崔令钦《教坊记》算起，到李渔所生活的清初，大约有二十四部戏曲理论著作问世，其中百分之八十以上是明代和清初的作品。可以说，中国戏曲美学理论到明代已经成熟了，高度发展了。而清初的李渔，则有了新的超越。可以毫不夸张地说，李渔的戏曲美学理论是他那个时代的高峰，甚至可以说是中国古典戏曲美学理论史上的一个里程碑。

或问：李渔戏曲美学高在哪里？

答曰：高就高在他超越了他的先辈甚至也超出他的同辈，十分清醒、十分自觉地把戏曲当作戏曲，而不是把戏曲当作诗文（将戏曲的叙事性特点与诗文的抒情性特点区别开来），也不是把戏曲当作小说（将戏曲的舞台性特点与小说的案头性特点区别开来）。而他的同辈和前辈，大都没有对戏曲与诗文，以及戏曲与小说的不同特点作过认真的有意识的区分。

中国是诗的国度。中国古典艺术的最突出的特点即在于它的鲜明的抒情性。这种抒情性是诗的本性自不待言，同时它也深深渗透进以叙事性为主的艺术种类包括小说、戏曲等之中去。熟悉中国戏曲的人不难发现，与西方戏剧相比，重写意、重抒情（诗性、诗化）、散点透视、程式化，等等，的确是中国古典戏曲最突出的地方，是它最根本的民族特点，对此我们绝不可忽视，更不可取消，而是应该保持、继承和发扬。有的学者对中国古典戏曲特征进行了概括，把"抒情性"放在第一位："从本质上来说，中国古典戏曲精神体现在四个方面：1. 讲究情韵和情调，具有抒情性特征；2. 不太注重西方戏剧所特别重视的矛盾冲突的刻画，具有非情节性和散文化的特征；3. 没有太过强烈的矛盾冲突，亦无曲折的情节，但往往具有传奇性特征；4. 不太注重现实主义式的工笔描摹，具较强的写意性特征。"② 以上抒情性、非情节性（散文化）、传奇性、写意性等作为中国古

---

① 《舞论》是印度现存最早的、系统的戏剧理论著作。所谓"舞"，实指戏剧，一译《戏剧论》。作者相传是婆罗多。成书年代在公元纪年前后，一般认为在公元后。它是一部诗体（歌诀式的）著作，只在很少地方夹杂散文的解说。全书共分三十七章（孟买本），全面论述了戏剧工作的各个方面。在戏剧实践方面，它论述了剧场、演出、舞蹈、内容情调分析、形体表演程式、诗律、语言（包括修辞）、戏剧的分类和结构、体裁、风格、化装、表演、角色，最后广泛地论述了音乐。它基本上是一部注重实际演出工作的书，但在戏剧理论方面也接触到一些重要问题（此注参考了谷歌网有关《舞论》的介绍，特此说明并致谢）。

② 王勇：《中国古典戏曲精神在当代影视作品中的延续》，见于谷歌网。

典戏曲相互关联的四大特征，虽然大致描述出了中国古典戏曲精神的某些特征，但不够准确；而我认为中国戏曲的主要特征应该概括为（一）写意性；（二）抒情性；（三）散点透视；（四）程式化，余可不论。

中国的古典艺术美学，也特别发展了抒情性理论，大量的诗话、词话、文话等都表现了这个特点，曲论自然也如是。

重抒情性虽是中国古典戏曲美学理论的特点，但是如果仅仅关注这一点而看不到或不重视戏曲的更为本质的叙事性特征，把戏曲等同于诗文，则成了其局限性和弱点。据我的考察，李渔之前和李渔同时的戏曲理论家，大都囿于传统的世俗的视野，或者把戏曲视为末流（此处姑且不论），或者把戏曲与诗文等量齐观，眼睛着重盯在戏曲的抒情性因素上①，而对戏曲的叙事性（这是更重要的带有根本性质的特点）则重视不够或干脆视而不见。此外，这些理论家更把舞台演出性的戏曲与文字阅读性的小说混为一谈，忽视了"填词之设，专为登场"的根本性质（这是戏曲艺术的最重要的特性），把本来是场上搬演的"舞台剧"只当作文字把玩的"案头剧"。如李渔同时代的戏曲作家尤侗在为自己所撰杂剧《读离骚》写的自序中说："古调自爱，雅不欲使潦倒乐工斟酌，吾辈只藏箧中，与二三知己浮白歌呼，可消块垒。"② 这代表了当时一般文人，特别是曲界人士的典型观点和心态。连金圣叹也不能免俗，如李渔所批评的，他只把戏曲作"文字把玩"。

李渔作出了超越。李渔自己是戏曲作家、戏曲教师（"优师"）、戏曲导演、家庭戏班的班主，自称"曲中之老奴"。恐怕他的前辈和同代人中，没有一个像他那样对戏曲知根儿、知底儿，深得其中三昧。因此笠翁曲论能够准确把握戏曲的特性。

---

① 他们不但大都把"曲"视为诗词之一种，而且一些曲论家还专从抒情性角度对曲进行赞扬，认为曲比诗和词具有更好的抒情功能，如明代王骥德《曲律·杂论三十九下》说："诗不如词，词不如曲，故是渐近人情。夫诗之限于律与绝也，即不尽于意，欲为一字之益，不可得也；词之限于调也，即不尽于吻，欲为一语之益，不可得也。若曲，则调可累用，字可衬增，诗与词不得以谐语、方言入，而曲则惟吾意之欲至，口之欲宣，纵横出入，无之而无不可也。故吾谓：快人情者，要无过于曲也。"（见《中国古典戏曲论著集成》四，中国戏剧出版社 1959 年版，第 160 页）

② （清）尤侗：《〈读离骚〉自序》，载《西堂曲腋六种·读离骚》，见《全清戏曲》，学苑出版社 2005 年版。

李渔对戏曲特性的把握是从比较中来的；而且通过比较，戏曲的特点益发鲜明。

首先，是拿戏曲同诗文作比较，突出戏曲的叙事性。

诗文重抒情，文字可长可短，只要达到抒情目的即可；戏曲重叙事，所以一般而言文字往往较长、较繁。《闲情偶寄·词采第二》前言中就从长短的角度对戏曲与诗余（词）作了比较："诗余最短，每篇不过数十字"，"曲文最长，每折必须数曲，每部必须数十折，非八斗长才，不能始终如一"。而这种比较做得更精彩的，是《窥词管见》，它处处将诗、词、曲三者比较，新见迭出。《窥词管见》是从词立论，以词为中心谈词与诗、曲的区别。这样一比较，诗、词、曲的不同特点，历历在目、了了分明。《闲情偶寄》则是从曲立论，以戏曲为中心谈曲与诗、词的区别。《闲情偶寄·词采第二》中，李渔就抓住戏曲不同于诗和词的特点，对戏曲语言提出要求。这些论述中肯、实在，没有花架子，便于操作。

抒情性之诗文多文化素养高的文人案头体味情韵，故文字常常深奥；叙事性之戏曲多平头百姓戏场观赏故事，文字贵显浅。就此，李渔《闲情偶寄·词曲部·词采第二·贵显浅》一再指出："诗文之词采，贵典雅而贱粗俗，宜蕴藉而忌分明。词曲不然，话则本之街谈巷议，事则取其直说明言。"

尤其值得注意的是，李渔之所以特别重视戏曲的"结构"，特别讲究戏曲的"格局"，也是因为注意到了戏曲不同于诗文的叙事性特点。戏曲与诗文相区别的最显著的一点是，它要讲故事，要有情节，要以故事情节吸引人，所以"结构"是必须加倍重视的。正是基于此，李渔首创"结构第一"，即必须"在引商刻羽之先，拈韵抽毫之始"就先考虑结构："如造物之赋形，当其精血初凝，胞胎未就，先为制定全形，使点血而具五官百骸之势。倘先无成局，而由顶及踵，逐段滋生，则人之一身，当有无数断续之痕，而血气为之中阻矣。……尝读时髦所撰，惜其惨淡经营，用心良苦，而不得被管弦、副优孟者，非审音协律之难，而结构全部规模之未善也。"而结构中许多关节，如"立主脑"、"减头绪"、"密针线"、"脱窠臼"、"戒荒唐"，等等，就要特别予以考量。至于"格局"（"家门"、"冲场"、"出脚色"、"小收煞"、"大收煞"，等等），如"开场数语，包括通篇，冲场一出，蕴酿全部，此一定不可移者。开手宜静不宜喧，终场忌冷不忌热","有名脚色，不宜出之太迟"，小收煞"宜紧忌宽，宜热忌冷，宜作郑五歇后，令人揣摩下文，不知此事如何结果"，大收煞要"无包括之痕，而有团圆之趣"，"终篇之际，当以媚语摄魂，使之执卷留连，若难遽别"，等等，也完全是戏曲不同于诗文的叙事特点所必然要求的。

其次，是拿戏曲同小说相比，突出戏曲的舞台性。李渔在《醉耕堂刻本〈四大奇书第一种《三国演义》序〉》中有一段很重要的话："愚谓书之奇当从其类。《水浒》在小说家，与经史不类；《西厢》系词曲，与小说又不类。"① 这段话的前一句，是说虚构的叙事（小说《水浒》）与纪实的叙事（经史）不同；这段话的后一句，是说案头阅读的叙事（小说《水浒》）与舞台演出的叙事（戏曲《西厢》）又不同。这后一句话乃石破天惊之语，特别可贵。因为李渔的前辈和同辈似乎都没有说过小说与戏曲不同特点的话，好像也不曾注意到这一点。这显示出李渔作为"曲中之老奴"和天才曲论家的深刻洞察力和出色悟性。李渔所说"《西厢》系词曲，与小说又不类"这句话，表明他是一个真正了解戏曲艺术奥秘的人，他特别细致地觉察到同为叙事艺术的戏曲与小说具有不同特点。将以案头阅读为主的小说同以舞台演出为主的戏曲明确地区别开来，这在当时确实是个巨大的理论发现。

仔细研读《闲情偶寄》的读者会发现，该书所有论戏曲的部分，都围绕着戏曲的"舞台演出性"这个中心，即李渔自己一再强调的"填词之设，专为登场"。在《词曲部》中，他论"结构"，说的是作为舞台艺术的戏曲的结构，而不是诗文，也不是小说的结构；他论"词采"，说的是作为舞台艺术的戏曲的词采，而不是诗文，也不是小说的词采；而"音律"、"科诨"、"格局"等更明显只属于舞台表演范畴。至于《演习部》的"选剧"、"变调"、"授曲"、"教白"、"脱套"，等等，讲的完全是导演理论和表演理论；《声容部》中"习技"和"选姿"则涉及的是戏曲教育、演员人才选拔等问题。总之，戏曲要演给人看，唱给人听，而且是由优人扮演角色在舞台上给观众叙说故事。笠翁曲论的一切着眼点和立足

---

① 此段文字笔者未找到原书，请教黄强教授，他来信称："这段文字见于（浙江古籍出版社）《李渔全集》第十八卷，第538页。书中将此段作为《补遗》收入。此序确为李渔所作，国家图书馆藏有醉耕堂刻本四大奇书第一种《三国演义》，卷前即有此序，若干年前我查阅过。"

点，都集中于此。

在这一节文字的最后，我还要特别说说宾白。因为关于宾白的论述，是笠翁特别重视戏曲叙事性和舞台表演性的标志之一，故这里先谈宾白与舞台叙事性的关系；至于宾白本身种种问题，后面将列专节讨论。

李渔《闲情偶寄·词曲部·宾白第四》说："自来作传奇者，止重填词，视宾白为末着。"这是事实。元杂剧不重宾白，许多杂剧剧本中曲词丰腴漂亮，而宾白则残缺不全。元代音韵学家兼戏曲作家周德清《中原音韵》谈"作词"时根本不谈宾白。明代大多数戏曲作家和曲论家也不重视宾白，徐渭《南词叙录》解释"宾白"曰："唱为主，白为宾，故曰宾白。"① 可见一般人心目中宾白地位之低；直到清初，李渔同辈戏曲作家和曲论家也大都如此。这种重曲词而轻宾白的现象反映了这样一种理论状况：重抒情而轻叙事。中国古代很长时间里把曲词看作诗词之一种（现代有人称之为"剧诗"），而诗词重在抒情，所以其视曲词为诗词即重戏曲的抒情性；宾白，犹如说话，重在叙事，所以轻宾白即轻戏曲的叙事性。

李渔则反其道而行之，特别重视宾白，把宾白的地位提到从来未有的高度，《宾白第四》又说："尝谓曲之有白，就文字论之，则犹经文之于传注；就物理论之，则如栋梁之于榱桷；就人身论之，则如肢体之于血脉，非但不可相无，且觉稍有不称，即因此贱彼，竟作无用观者。故知宾白一道，当与曲文等视，有最得意之曲文，即当有最得意之宾白，但使笔酣墨饱，其势自能相生。"何以如此？这与李渔特别看重戏曲的舞台叙事性相关。因为戏曲的故事情节要由演员表现和叙述出来，而舞台叙事功能则主要通过宾白来承担。李渔对此看得很清楚："词曲一道，止能传声，不能传情。欲观者悉其颠末，洞其幽微，单靠宾白一着。"

对宾白作这样的定位，把宾白提到如此高的地位，这是李渔的功劳。李渔在《宾白第四》之"词别繁减"条中说："传奇中宾白之繁，实自予始。海内知我者与罪我者半。知我者曰：从来宾白作说话观，随口出之即是，笠翁宾白当文章做，字字俱费推敲。从来宾白只要纸上分明，不顾口中顺逆，常有观刻本极其透彻，奏之场上便觉糊涂者，岂一人之耳目，有聪明聋聩之分乎？因作者只顾挥毫，并未设身处地，既以口代优人，复以

---

① 《中国古典戏曲论著集成》三，第246页。

耳当听者，心口相维，询其好说不好说，中听不中听，此其所以判然之故也。"

李渔对宾白的重视，是著名学者朱东润教授在 1934 年发表的《李渔戏剧论综述》[①]一文中最先点明的，并且认为李渔此举"开前人剧本所未有，启后人话剧之先声"，眼光不凡；1996 年黄强教授在《李渔的戏剧理论体系》中又加以发挥，进一步阐述了宾白对于戏剧叙事性的意义，说"宾白之所以在李渔的戏剧理论和创作实践中大张其势，地位极高，实在是因为非宾白丰富不足以铺排李渔剧作曲折丰富、波澜起伏的故事情节"。他认为古典戏剧多"抒情中心"，曲论多"抒情中心论"；而宾白的比例大、地位高，则会量变引起质变，会出现"叙事中心"。[②]

"登场之道"

《闲情偶寄·词曲部·结构第一》下有一段长长的前言，所谈的却并不限于本节内容或主旨。这段前言分两个部分。第一部分（自"填词一道"至"必当贳予"约一千五百字）是全书劈头第一段文字，其实可看作全书的总序。在这里，李渔首先要为戏曲争得一席地位，再进一步，则是强调戏曲艺术的特殊性。大家知道，在那些正统文人眼里，戏曲、小说始终只是"小道末技"，上不得大雅之堂。而李渔则反其道而行之，把"元曲"同"汉史"、"唐诗"、"宋文"并列，提出"填词"（戏曲创作）也可名垂千古，"帝王国事，以填词而得名"，实际上也把戏曲归入"经国之大业，不朽之盛事"（曹丕《典论·论文》）的行列。就此而言，他与金圣叹之把《西厢记》、《水浒传》同《离骚》、《庄子》、《史记》、杜诗并称"六才子书"，异曲同工，可谓志同道合的盟友。

然而这里必须提请读者诸君注意，正如上一节我所指出的，李渔并未就此止步，而是更进一步对他的前人，对他的同辈如金圣叹、尤侗等人，进行了超越：他不再一般地将小说、戏曲与经史著述相提并论，而是重在

---

① 朱东润：《李渔戏剧论综述》，原载 1934 年 12 月出版的《文哲季刊》第三卷第四号，收入浙江古籍出版社《李渔全集》第二十卷，第 114—134 页。

② 黄强：《李渔的戏剧理论体系》，见《李渔研究》，浙江古籍出版社 1996 年版，第 33—34 页。

找出：一、戏曲小说与其他文学样式的差别；二、戏曲与小说两者之间的差别。一方面，李渔说小说戏曲"乃与史传诗文同源而异派者也"，所谓"异派"者，重点在找出小说戏曲与史传诗文（特别是诗文）之间的差别，即要看到叙事艺术（戏曲小说）与抒情艺术（诗文）的不同点，以及虚构的叙事（戏曲小说）与纪实的叙事（史传）的不同点。另一方面，李渔认为必须再深入一步，找出同为以叙事为主的艺术形式"戏曲"与"小说"之间的差别。这就是戏曲的"登场之道"。

　　李渔《闲情偶寄·演习部》的全部篇幅都是谈"登场之道"的，即对表演和导演的艺术经验进行总结。李渔说："登场之道，盖亦难言之矣。词曲佳而搬演不得其人，歌童好而教率不得其法，皆是暴殄天物。"即使搬演得其人、教率得其法，就能保证演得一出好戏吗？不然。它们仍然不是演出成功的充足条件。戏剧是名副其实的综合艺术，剧本、演员、伴奏、服装、切末（道具）、灯光……都是演好戏的必要条件，哪个环节出了毛病，都可能导致演出失败。而上述所有这些因素，在戏剧演出中必须组合成一个有机整体，这个组合工作，是由导演来完成的。导演是舞台艺术的灵魂，是全部舞台行动的组织者和领导者。一部戏的成功演出，正是通过导演独创性的艺术构思，运用以演员的表演为中心环节的种种综合手段，对剧本进行再创造，把舞台形象展现在观众面前。

　　中国的表演艺术源远流长，它萌芽于周秦"乐舞"、汉魏"百戏"；发展于隋唐"弄参军"、"踏摇娘"；成熟于宋元明的"南戏"、"杂剧"、"传奇"；至清，"昆"、"弋"两腔争胜，地方剧种蜂起，达到空前繁荣。①伴随其间，导演艺术也必然发展起来。宋代乐舞中的"执竹竿者"，南戏中的"末泥色"，元杂剧中的"教坊色长"、戏班班主，明清戏曲中的一些著名演员和李渔说的"优师"，都做着或部分做着类似于导演的工作。元代陶宗仪《南村辍耕录》②卷二十五"院本名目"条中说："教坊色

---

　　① 有的学者如此描述中国戏曲文化的起源与发展："中国戏曲文化的远源可以追溯到周初的《诗经》唱本、屈原的剧诗《离骚》和歌舞剧《九歌》。汉代的角抵戏如《东海黄公》，南北朝和隋唐间的歌舞剧如《踏摇娘》、《兰陵王》、《拨头》，都是影响极大、流传甚广的剧目。但较成规模的戏曲类型直到宋代才开始产生，这就是从十二世纪起发达兴旺的南戏和杂剧。"（上海交通大学谢柏梁：《全球背景下的中华戏曲文化学》——来自谷歌网）可作参考。

　　② （元）陶宗仪：《南村辍耕录》，中华书局 1959 年版。

山西临汾牛王庙乐亭（元代）。图片选自百度网"汉民族门户网站"，其文字介绍曰："山西临汾市牛王庙乐亭是珍贵的元代建筑，其特点为：戏台呈正方形，四角立石柱，上面是亭榭式盖顶，后两石柱间砌土墙，并在两端向前转折延伸到戏台的1/3处，墙端加设辅柱，辅柱头搭接的额枋留有铁钉，可见是当时悬挂帷幔的地方。这是典型的元代建制。加的后墙使前台呈三面展开，也就成了三面观的舞台，完成了戏台建筑的一次大的变革。"

长魏、武、刘三人，鼎新编辑。"此处"编辑"者，即指舞台演出的组织、设计。魏、武、刘三人，也都有各自的"绝活"："魏长于念诵，武长于筋斗，刘长于科泛。"明末著名女演员刘晖吉（若是现在就是女明星）导排《唐明皇游月宫》，也曾轰动一时。李渔自己也可以说是一个出色的导演——虽然那时还没有导演这个名称，也没有专职导演这个位置。他是个多面手，自己写戏，自己教戏，自己导戏，造诣高深。正是因此，李渔才能在继承前人成果的基础上，总结自己的艺术经验，在《演习部》中对表演，尤其是导演问题提出许多至今仍令人叹服的精彩见解。有人说，《闲情偶寄》的《词曲部》再加上其他谈导演的有关部分，就是我国乃至世界戏剧史上最早的一部导演学。这话不是没有道理的。按照现代导演学的奠基者之一、俄国大导演斯坦尼斯拉夫斯基的说法，导演学的基本内容分三部分：一是跟作者一起钻研剧本，对剧本进行导演分析；二是指导演员排演；三是跟美术家、作曲家以及演出部门一起工作，把舞美、音乐、道具、灯光、服装、效果等同演员的表演有机组合起来，成为一个完美的艺术整体。早于斯坦尼斯拉夫斯基二百多年，李渔对上述几项基本内容就已有相当精辟的论述，例如《选剧第一》、《变调第二》谈对剧本的导演处理；《授曲第三》、《教白第四》谈如何教育演员和指导排戏；《脱套第五》涉及服装、音乐（伴奏）等许多问题。尽管今天看来有些论述还嫌简略，但在当时是难能可贵的。

"登场之道"充分表现了舞台演出的戏曲与案头阅读的小说有各自不同的法则和规律。高明的艺术家和理论家必须善于找到特殊艺术的特殊规律，也即古人所谓特殊之"法"。李渔找到了它们的特殊规律、特殊之"法"。有人说，艺术无"法"可依。这话又对又不对。艺术并非完全无"法"（规律），只是没有"死法"，只有"活法"。艺术之"法"是"无法之法"。艺术家说："无法之法，是为至法。"艺术有规律而无模式，一旦有了固定的模式，将丰富多彩、千变万化、不可重复的审美经验和艺术创造活动模式化，那也就从"活法"变成了"死法"，艺术也就不存在了。在一定意义上说，"无法之法"乃艺术的真正法则，最高法则。

若论"优人搬弄"，李渔在金圣叹之上

金圣叹与李渔，均堪称大家。

金圣叹之称大家，学界已有定评。尤其是在中国特有的"评点"（或称"点评"）文字方面，他是名副其实的第一把手。金圣叹的评点，高就高在富于深刻的哲学意味。这一点远在李渔之上。你看他评《水浒》、评《西厢》，你会看到他对人生、对社会、对自然、对宇宙、对生、对死的深刻思考。李渔《闲情偶寄·词曲部·填词余论》中说"读金圣叹所评《西厢记》，能令千古才人心死"，"自有《西厢》以迄于今，四百余载，推《西厢》为填词第一者，不知几千万人，而能历指其所以为第一之故者，独出一金圣叹"，并非溢美之词。

然而，也的确如李渔所说："圣叹所评，乃文人把玩之《西厢》，非优人

搬弄之《西厢》也。"若论"优人搬弄",李渔又在金圣叹之上。戏曲是舞台艺术。但有的文人所写之戏曲,却往往忽视其舞台性,而与诗文无别。明代袁中郎《柳浪馆批评紫钗记》(收入上海商务印书馆1953年版《古本戏曲丛刊》初集)之《总评》中,就明确指出汤显祖《紫钗记》的这一缺点:"一部《紫钗》,都无关目,实实填词,呆呆度曲,有何波澜?有何趣味?临川判《紫钗》云:'次案头之书,非台上之曲。'余谓《紫钗》犹然案头之书也,可为台上之曲乎?"而许多曲论家也往往像金圣叹之评《西厢》那样,只注意"文字把玩",而忽视其"优人搬弄",直到李渔才真正有所改观——在李渔之前能够强调戏曲之舞台性特点的,很少;袁中郎此论,实在难能可贵!

明至清初数百年间,在戏曲方面又懂创作又懂理论的,尤其是深知戏曲的舞台性特点的,当推李渔为第一人;李渔之后以至清末数百年间,亦鲜有过其右者。你看,李渔《闲情偶寄·词曲部·宾白第四》"词别繁减"条自述是这样写戏的:"笠翁手则握笔,口却登场,全以身代梨园,复以神魂四绕,考其关目,试其声音,好则直书,否则搁笔,此其所以观听咸宜也。"这使我想起徐渭《南词叙录》中所记高明(则诚)写《琵琶记》的情形:"相传:则诚坐卧一小楼,三年而后成。其足按拍处,板皆为穿。"① 如果徐渭所说真是如此,那么高明在写戏方面的确是十分高明的。然而,我认为李渔比高明更胜一筹,更高明。高明写戏,注意了音律(以足按拍);而李渔,不但注意音律、关目等,而且还特别注意了"隐形演员"和"隐形观众"(姑且借用接受美学中"隐形读者"的"隐形"这个术语)。他写戏,完全把自己置身于"梨园"之中,"既以口代优人"(隐形演员),"复以耳当听者"(隐形观众),这样,作家、演员、观众三堂会审,"考其关目,试其声音","询其好说不好说,中听不中听",哪有写不出"观听咸宜"的好戏来的道理呢?李渔的这个写戏理论,即使拿到今天,也是十分精到的,值得现在的戏剧作家借鉴。

此外,李渔《闲情偶寄·词曲部·填词余论》中还谈到写作中"心不欲然,而笔使之然"的情形。这的确抓住了创作中常常出现的一个相当普遍的奇妙现象——无意识状态。这也是科学家和艺术家精神活动的显著区别。德国哲学家康德在《判断力批判》中谈到这种区别时说:"牛顿可以

---

① 《中国古典戏曲论著集成》三,第239页。

把他从几何学的第一原理直到他的那些伟大而深刻的发明所采取的一切步骤，都不仅仅向他自己、而且向每个另外的人完全直观地并对追随者来说是确定地示范出来；但是，荷马也好，维兰德也好，都根本不能表明他们头脑中那些充满幻想但同时又思想丰富的理念是如何产生出来并汇合到一起的，因为他自己并不知道这一点，因而也不能把它教给任何别人。"① 我在谈艺术想象问题时，曾谈到想象中"醉"与"醒"的结合。其实，整个创作，都存在这个问题。据说，作家陆文夫曾说过写作是先醒后醉。先醒者，作家在未动笔之前对所写对象须有清醒的把握；后醉者，作家下笔之后要进入七分醉的状态，也即"打醉拳"。这样就会出现李渔所谓"心不欲然，而笔使之然"的情形。这真是作家的折肱之言。全醒，太理智，写不出好作品。大概七分醉是运笔时比较理想的状态。

另，李渔所谓"心不欲然，而笔使之然"，也即艺术创作的无意识心理问题，三百年后弗洛伊德从心理分析角度细论之，至今为世界学界所关注。

传奇之本性：既"虚"又"实"

"传奇无实，大半皆寓言耳"，出自《闲情偶寄·词曲部·结构第一》"审虚实"条中的这句话，一语道破传奇的"天机"！这是李笠翁这个老头儿的慧眼独具之处。古人常云"慧眼识英雄"，李渔乃"慧眼识传奇"。

世间偏偏慧眼无多。

传奇，"戏"也。"戏"，古书上有时把它作"角力"（竞赛体力）讲。《国语·晋语》（九）②："少室周为赵简子之右，闻牛谈有力，请与之戏，弗胜，致右焉。"这里的"戏"是竞赛体力，比一比谁的力气大。虽然比赛者还是满叫真儿的，但究竟不是真打仗，所以带点"游戏"的味道。《说文解字》上把"戏"解作"三军之偏也"。"偏"与"正"相对。"正"当然是很严肃的，相对而言，"偏"是否可以"轻松"一点，甭老那么"正襟危坐"、一本正经呢？所以，"戏"总包含着游戏、玩笑、逸乐、有时还带点嘲弄；而且既然是游戏、玩笑甚至嘲弄，那就不

---

① ［德］康德：《判断力批判》，邓晓芒译，杨祖陶校，人民出版社 2002 年版，第 163 页。

② 《国语》，上海师范大学古籍整理组校点，上海古籍出版社 1978 年版。

能那么认真，常常是"无实"的"寓言"，带点假定性、虚幻性、想象性。中国古代弄"戏"的，大多是些优人。他们常常在君主面前开开玩笑。据五代高彦休《唐阙史》①（卷下）"李可及戏三教"条记载，咸通（唐懿宗年号）年间，有一个叫李可及的优人，在皇帝面前与人有一段滑稽对话："……问曰：'即言博通三教，释迦如来是何人？'对曰：'是妇人。'问者惊曰：'何也？'对曰：'《金刚经》云：敷座而坐。或非妇人，何烦夫坐，然后儿坐也。'上为之启齿。又问曰：'太上老君，何人也？'对曰：'亦妇人也。'问者益所不喻。乃曰：'《道德经》云：吾有大患，是吾有身，及吾无身，吾复何患。倘非妇人，何患乎有娠乎？'上大悦。又问：'文宣王何人也？'对曰：'妇人也。'问者曰：'何以知之？'对曰：'《论语》云：沽之哉！沽之哉！吾待贾者也。向非妇人，待嫁奚为？'上意极欢，宠锡甚厚。翌日，授环卫之员外职。"（参见王国维《宋元戏曲史》第五章）李可及在皇帝面前说的这些不正经的话，惹得皇帝开怀大笑，实在有趣。

传奇，作为戏，总有它不"真实"、不"正经"的一面，即"无实"性、"寓言"性、游戏性、玩笑性、愉悦性、虚幻性、假定性、想象性。文艺作品（包括某些在今天视为文艺作品的中国古代史书和哲学著作的寓言故事）不能没有虚构和想象，不能没有假定性和游戏性。中国先秦的《庄子》各篇，倘去掉虚构则所剩无几；即使《孟子》中"以羊易牛"、"齐人有一妻一妾"，等等，也充满虚构；《山海经》和《列子》就更不用说了。即使《史记》这样的史书，我看其中写《鸿门宴》等场景，没有想象和虚构也不可能写得这样生动。李渔《闲情偶寄·词曲部·结构第一》"戒荒唐"条所谓"诸子皆属寓言，稗官好为曲喻。《齐谐》志怪，有其事，岂必尽有其人；博望凿空，诡其名，焉得不诡其实"，说得有理，也是事实。倘若把传奇中所写的人和事，都看作实有其人、实有其事，那真是愚不可及的傻帽儿，至少他于传奇、于戏曲、于艺术是擀面杖吹火——一窍不通。可中外古今，却偏偏有不少这样的傻帽儿，即李渔当年所说"凡阅传奇而必考其事从何来、人居何地者，皆说梦之痴人"。李渔在《闲情偶寄·词曲部·结构第一》"戒讽刺"中所说的那个把《琵琶记》当作讽刺真人"王四"（"因琵

---

① （五代）高彦林：《唐阙史》，上海，商务印书馆，民国四年（1915）。

琶二字有四王字冒于其上")的人，就是这样的"痴人"。还有《闲情偶寄·词曲部·音律第三》中提到的那个手中拿着"崔郑合葬墓志铭"、要李渔修改《西厢记》的魏贞庵相国，也是不折不扣的傻帽儿。外国也有。德国美学家莱辛《汉堡剧评》第 24 篇就曾说到这种人："手持编年纪事来研究他（诗人）的作品，把他置于历史的审判台前，来证明他所引用的每个日期，每个偶然提及的事件，甚至在历史上存在与否值得怀疑的人物的真伪，这是对他和他的职业的误解，如果不说是误解，坦率地说，就是对他的刁难。"① 世间此类傻帽儿如此之多，所以弄得戏剧家、作家常常不得不声明"本剧（或本小说）纯属虚构"云云。李渔也要在自己的传奇之首刻上誓词："加生旦以美名，既非市恩于有托；抹净丑以花面，亦属调笑于无心；凡以点缀词场，使不岑寂而已。但虑七情以内，无境不生，六合之中，何所不有。幻设一事，即有一事之偶同；乔命一名，即有一名之巧合。焉知不以无基之楼阁，认为有样之葫芦？是用沥血鸣神，剖心告世，倘有一毫所指，甘为三世之暗，即漏显诛，难逭阴罚。此种血忱，业已沁入梨枣，印政寰中久矣。而好事之家，犹有不尽相谅者，每观一剧，必问所指何人。"② 其实，何必如此信誓旦旦的表白？对这种傻帽儿，不予理睬可矣。

　　然而，我们在看到传奇的不"正经"、不"真实"的一面的同时，还必须看到传奇的十分正经、严肃，十分真实、可信的一面。原来，传奇的不"正经"中包含着正经，不"真实"中包含着真实。传奇创作就是这样"以虚写实"、"以幻写真"。其实艺术创作"以虚写实"、"以幻写真"这样一条法则，无论中外，都应该非常熟悉才是。古希腊的荷马史诗，虚构

---

① ［德］莱辛：《汉堡剧评》，张黎译，上海译文出版社 1981 年版，第 126 页。

② 李渔这篇"誓词"，一再收入他所编著的各本书中，初见于康熙九年（1670）《一家言·初集》卷二，再见于康熙十年（1671）《四六初征·艺文部》和同年《闲情偶寄·词曲部·结构第一》"戒讽刺"款，后来的《笠翁一家言》全集仍之。其原文曰："余生平所著传奇，皆属寓言，其事绝无所指。恐观者不谅，谬谓寓讥刺其中，故作此词以自誓。窃闻诸子皆属寓言，稗官好为曲喻。《齐谐》志怪，有其事，岂必尽有其人；博望凿空，诡其名，焉得不诡其事？矧不肖砚田糊口，原非发愤而著书；毕蕊生心，匪托微言以讽世。不过借三寸枯管，为圣天子粉饰太平；揭一片婆心，效老道人木铎里巷。既有悲欢离合，难辞谲浪诙谐。加生旦以美名，既非市恩于有托；抹净丑以花面，亦属调笑于无心；凡以点缀词场，使不岑寂而已。但虑七情之内，无境不生，六合之中，何所不有。幻设一事，即有一事之偶同；乔命一名，即有一名之巧合。焉知不以无基之楼阁，认为有样之葫芦？是用沥血鸣神，剖心告世。倘有一毫所指，甘为三世之暗，即漏显诛，难逭阴罚。作者自干于有赫，观者幸谅其无他。"为了洗清误解而再三发誓，难为李渔了。

者多矣，但其中有历史精神的真实。但丁《神曲》，也是"幻中见真"。与李渔差不多同时的法国大戏剧家莫里哀在 1663 年发表的《〈太太学堂〉的批评》这部喜剧中，借剧中人物道琅特的口，一方面说那些"正经戏"（指古典主义悲剧）"描画英雄，可以随心所欲。他们是虚构出来的形象，不问逼真不逼真；想象往往追求奇异，抛开真实不管，你只要由着想象海阔天空，自在飞翔，也就成了"；另一方面，提出他的"滑稽戏"（指他自己创作的古典主义喜剧）"描写人的时候，就必须照自然描画。大家要求形象逼真；要是认不出是本世纪的人来，你就白干啦。总而言之，在正经戏里面，想避免指摘，只要话写得美，合情合理就行；但是临到滑稽戏，这就不够了，还得诙谐；希望正人君子发笑，事情并不简单啊"①。——总之，戏剧（包括喜剧）既要虚构，也要真实，要在虚构中见真实。

传奇的正经是艺术的正经，传奇的真实是艺术的真实。这艺术的正经，往往比生活的正经还正经；这艺术的真实，往往比生活的真实还真实。你看关汉卿《窦娥冤》中那社会恶势力使窦娥所遭受的冤屈，简直是天理难容。剧作家通过窦娥呼天号地所唱出来的那些冤情，真个是感天地、泣鬼神！虽然戏中所写，并不一定是现实中"曾有的实事"，但却是生活中必然"会有的实情"；即戏剧和其他虚构性的作品里，那真实不必在现实中确实发生过，而按必然律却是会有的故事和人物。这就是艺术的真实。你再看王实甫《西厢记》中莺莺、张生在红娘帮助下那段曲折的爱情，天底下凡是娘胎肉身、具有七情六欲者，无不受其感动、为之动情。历来封建腐儒骂《西厢记》是淫书。金圣叹出来打抱不平："有人来说《西厢记》是淫书，此人后日定堕拔舌地狱。何也？《西厢记》不同小可，乃是天地妙文。自从有此天地，他中间便定然有此妙文。不是何人做得出来，是他天地直会自己劈空结撰而出。若定要说是一个人做出来，圣叹便说，此一个人即是天地现身。"还说："人说《西厢记》是淫书，他止为中间有此一事（指男女之事——引者）耳。细思此一事，何日无之，何地无之。不成天地中间有此一事，便废却天地耶？细思此身自何而来，便废却此身耶？一部书有如许洒洒洋洋无数文字，便须看其如许洒洒洋洋是何

---

① ［法］莫里哀：《〈太太学堂〉的批评》，李健吾译，此段文字见于陈圣生编《读法兰西》，泰山出版社 2008 年版，第 28 页。

文字，从何处来，到何处去。"① 爱情乃人间之至情。《西厢记》成功地写了这种至情，乃是天底下最正经的事。某些人视为不"正经"，其实正如金圣叹所说，"文者见之为之文，淫者见之为之淫耳"，它比那些视它不"正经"的正人君子心目中的"正经"还要正经。如此而已，岂有他哉！

　　为什么艺术的真实比生活的真实还要真实？这是因为艺术的真实是经过披沙淘金所淘出来的黄金，是经过冶炼锻打所造出来的钢铁，是生活真实之精。艺术真实的这种创造、生成过程，就是现代美学，特别是现实主义美学所讲的典型化过程。李渔当年还不懂典型化这个词，但他所说的一些话，却颇合今天我们所谓典型化之意。他在《闲情偶寄·词曲部·结构第一》"审虚实"条中说："欲劝人为孝，则举一孝子出名，但有一行可纪，则不必尽有其事，凡属孝亲所应有者，悉取而加之。亦犹纣之不善，不如是之甚也，一居下流，天下之恶皆归焉。其余表忠表节，与种种劝人为善之剧，率同于此。"今天的现实主义艺术家在创造人物的时候，不也是这样吗？

表现"人情物理"

　　尽管虚构，但李渔还是要求传奇创作须真实地表现生活中所固有的"人情物理"——即"事"假"情理"不假，"事"可以虚构而"情理"必须真实。这从李渔有关"人情物理"问题的前前后后的论述本身，也可以看得出来。譬如，李渔是把反对"荒唐怪异"与"辟谬崇真"联系在一起的。这就是说，他认为那些"怪诞不经"的事物，那些"怪诞不经"的戏剧，是虚假的，是不合人之常情常理的，是违反生活真实的。因此，反对荒唐怪异，也就是崇尚真实；提倡写人情物理，也就是提倡真实地写出合乎规律的生活现象。再譬如，李渔还把描写事物是否"妥"与"确"，同合"理"联系在一起。这就是说，提倡写"人情物理"，也就是要求描写事物须妥帖、确实，即真实。再譬如，李渔还把"人情物理"与生活的"平易"的日常的状态联系在一起。他在"戒荒唐"条中举例说："《五经》、《四书》、《左》、《国》、《史》、《汉》，以及唐宋诸大家，何一不说

---

① （清）金圣叹：《读第六才子书〈西厢记〉法》，见《贯华堂第六才子书西厢记》卷之二。（清）金圣叹著，周锡山编校：《西厢记贯华堂第六才子书》，万卷出版公司 2009 年版。

人情，何一不关物理，及今家传户颂，有怪其平易而废之者乎？《齐谐》，志怪之书也，当日仅存其名，后世未见其实，此非平易可久、怪诞不传之明验欤？"这就是说，生活中那些"平易"的日常所见的事物，是真实的，是合乎"人情物理"的；而像《齐谐》中所记述的那些离奇古怪的事物，是不真实的，是违反生活常规，不合"人情物理"的。由此可见，李渔之要求写"人情物理"，力戒"荒唐怪异"，也就是要求写出日常生活中那些平易事物的、合乎规律的真实状态，提倡真实地、正确地表现现实生活的"客观规律"。而这种"客观规律"不同于西方的"自然"和"现实真实"（虽然与西方理论有相通之处）；也不同于印度《舞论》所说对三界（天上、人间与地下）所有情况的模仿（虽然与印度理论有相通之处）；而是表现着中华民族的特点，可以大体概括为生活之"道"或生活真理。①这具有合理性，应该予以肯定。

我们的这个论断是否符合李渔的思想实际呢？为了证明上述论断之不谬，我们还可以举出李渔其他一些要求戏剧真实地描写生活真理的言论作为根据。

李渔在《闲情偶寄·词曲部·词采第二》小序中曾经把传奇创作比为画画和绣花，说："画士之传真，闺女之刺绣，一笔稍差，便虑神情不似，一针偶缺，即防花鸟变形。"这就是说，传奇的创作，必须"传真"而绝不可失真。不仅外形要真，要形似（"防花鸟变形"），而且内在精神更要真，要神似（"虑神情不似"）。同时，不仅细节要真，而且总体更要真。要注意不让"一笔稍差"或"一针偶缺"的细节上的差错，造成总体上的"不似"和"变形"。

李渔还在《词曲部》各条中多次强调传奇的写人状物须"肖似"。所

---

① 以往我曾经把李渔此论表述为"现实主义"理论主张，现在看来，套用西方理论术语不一定合适。李渔的主张与西方的"现实主义"虽相通而并不相同。世界有三大古典戏剧，也有不同的古典理论。有人说："如果将中国的艺术起源论与亚氏、婆罗多的艺术思想进行比较，可以发现，亚氏的模仿说重点在于主张作品中艺术的再现和客观的叙事，中国的'物感说'则强调情志的表现和情感的抒发，婆罗多的模仿说则重在戏剧表演中情味的唤起和超越世界的构筑。"（尹锡南：《〈诗学〉与〈舞论〉的两组关键词比较》，见谷歌网《中国艺术批评》，2007年7月31日发布）李渔不同于亚里斯多德的"模仿"自然，也不同于西方19世纪现实主义的"再现"现实；也不同于印度《舞论》重在戏剧表演中情味的唤起和超越世界的构筑；而是着重表现生活"人情物理"之"道"。

谓"肖似"，也就是要求符合生活真理，不走"形"，不离"神"。他说："填词义理无穷，说何人、肖何人，说某事、切某事"，"说张三要像张三，难通融于李四"，"务使心曲隐微，随口唾出"，"勿使雷同，弗使浮泛，若《水浒传》之叙事，吴道子之写生，斯称此道中之绝技"。在这里，李渔对传奇的表现生活真理问题提出了更深入、更具体的要求：就是说，传奇要想真切地描绘人物和事物，一是必须惟妙惟肖地写出各种人物的不同个性，使张三李四，像现实生活中客观存在的那样，各有特点，绝不雷同；二是必须细致入微地描绘出各种人物的内心世界，即所谓"心曲隐微，随口唾出"，像现实生活真实存在的那样丰富、复杂。李渔把吴道子的写生和《水浒传》的叙事称为绝技、视作典范，说明他心目中艺术真实的标准之高，也说明他对真理性的重视。吴道子的绘画和施耐庵的《水浒传》之所以能够千古相传，不正是因为它们具有高度的艺术真实、高度的生活真理性吗？

李渔还多次强调艺术描写要"自然"。所谓"自然"者，也就是真实地表现生活真理。在《闲情偶寄·词曲部·科诨第五》中谈到"科诨"时，李渔提出要"贵自然"，如不自然，那就失真。他说："其为笑也不真，其为乐也亦甚苦矣。"在谈到传奇的结尾时，李渔提出："须要自然而然，水到渠成，非由车戽。最忌无因而至，突如其来，与勉强生情，拉成一处。"自然而然，那就是要求合乎事物的规律；倘勉强生情，那就扭捏作态，不合人情物理，失掉真实性。此外，李渔在《声容部》中谈到歌舞时，也要求"妙在自然，切忌造作"；谈到化妆时，也说"全用自然，毫无造作"；在《居室部》中谈到窗栏的制作时，也强调"宜自然，不宜雕斲"。这些也都可以看作是对真实性的要求。

上述这些例子，都可以和李渔要求写"人情物理"的主张互相印证，说明他要求传奇创作应该真实地表现生活真理，说明他认识到戏剧真实的重要性。

李渔的要求写"人情物理"的主张，也并非无因而致，而是我国古典美学优秀传统的合理继承和发展。而且，我甚至这样想：李渔世界观中有那么多落后、消极的东西，而在戏剧美学理论上却表现出要求写真实的进步的思想，原因之一，恐怕正是我国长期的优秀美学传统给予他有益的影响。我们绝不可忽视美学理论本身相对独立的继承性所发挥的作用。从王充的"疾虚妄",反对"增实"、"溢真"①,到左思的"美物者,贵依其本;赞事者,宜本其实。匪本匪实,览者奚信"②;从刘勰的"不失其真"、"不坠其实"③,到白居易的"其事核而实,使采之者传信"④ ……不是可以找到李渔理论继承关系的脉络吗?到了明代以后,许多直接论述戏曲、小说的理论主张,更是李渔写"人情物理"思想的直系血缘祖先,它们之间在用语上都是非常相近的。王世贞在《曲藻》中说戏曲要"体贴人情,委曲必尽,描写物态,仿佛如生"⑤;王骥德在《曲律》中要求传奇"模写物情,体贴人理"⑥;凌濛初在《谭曲杂札》中反对传奇"人情所不近,人理所必无",将"真实一事""翻作乌有子虚"⑦;特别是李渔在《闲情偶寄》中十分推崇的李卓吾,主张文艺要"绝假纯真",反对"假人言假言,事假事,文假文"⑧,明确倡导"穿衣吃饭,即是人伦物理;除却穿衣吃饭,无伦物矣"⑨。请看,一股优秀的戏剧美学传统思想富有生机的汩汩流水,不是清晰地淌进了李渔的《闲情偶寄》之中了吗?

"情真则文至矣"

更突出的是,李渔特别强调表现真情。

艺术创作,假如以艺术家主体为轴心,实际上有"内"、"外"两个方面:"外",指艺术要真实表现和描写外在的"人情物理";对"内",要表现艺术家的内心世界。上一节说的是"外",即李渔主张真实地描写生活的人情物理——20世纪之初我们开始借用舶来语称此为艺术创作的"现实主义真实性",可能不一定确切,作为借用也是可以的,但应作必要的说明;但是,艺术创作还有"内"这个中国古典美学特别重视的方面。李

---

① (汉)王充:《艺增》、《自纪》,见《论衡》卷八、卷三十。
② (晋)左思:《〈三都赋〉序》,见《昭明文选》卷四。
③ (梁)刘勰:《文心雕龙·辨骚》。
④ (唐)白居易:《〈新乐府〉序》,《白居易集》卷四十五。
⑤ (明)王世贞:《曲藻》,《中国古典戏曲论著集成》四,第33页。
⑥ (明)王骥德:《曲律》,《中国古典戏曲论著集成》四,第122页。
⑦ (明)凌濛初:《谭曲杂札》,《中国古典戏曲论著集成》四,第258页。
⑧ (明)李贽:《童心说》,《焚书》卷三,张光澍点校本,中华书局1974年版。
⑨ (明)李贽:《答邓石阳》,《焚书》卷一。

渔十分强调表现真情，可以说，对于李渔，艺术家是否具有真情，是艺术家能否进行创作的前提；艺术家能否表现出真情，是艺术创作能否成功的标志。

在以前的文章中，我曾多次引述过李渔《哀词引》中的一段话："哀词易作而难工，以文生乎情，情不真则文不至耳。至以男人哀妇人，自夫妇而外，尽难措辞，以闺中情事，非外人所知，莫知其情，文胡由作？至以久别之弟而哀既嫁之姊，则难之又难。佟子碧枚，则巧于行文，出其事于太夫人之口，以姑哀媳，庸有不真者乎？情真则文至矣。"① 这段话称赞佟碧枚所作哀词非常感人，而其哀词之所以好，是因为他借太夫人之口"以姑哀媳"，富有真情，"情真则文至矣"。它出色地论述了"文"与"情"的关系，表达出这样一个基本思想："情真"是艺术创作获得成功的先决条件，"情真"也是艺术作品得以成功的后在表现。情不真则文不至，情真则文至矣。这使我想起白居易。他在《与元九书》② 中特别强调了情对于文、尤其是诗的极端重要性，提出"情"乃"文（诗）"之"根"，具有优先的基础的地位和意义。他说："夫文尚矣，三才各有文：天之文，三光首之；地之文，五材首之；人之文，六经首之；就六经言，诗又首之。何者，圣人感人心而天下和平。感人心者，莫先乎情，莫始乎言，莫切乎声，莫深乎义。诗者，根情、苗言、华声、实义。上自贤圣，下至愚骏，微及豚鱼，幽及鬼神，群分而气同，形异而情一，未有声入而不应，情交而不感者。圣人知其然，因其言，经之以六义；缘其声，纬之以五言。音有韵，义有类。韵协则言顺，言顺则声易入；类举则情见，情见则感易交。"至明之汤显祖，在《〈牡丹亭记〉题词》中更是把"情"的地位提升到极致："天下女子有情，宁有如杜丽娘者乎！梦其人即病，病即弥连，至手画形容传于世而后死。死三年矣，复能溟莫中求得其所梦者而生。如丽娘者，乃可谓之有情人耳。情不知所起，一往而深，生者可以死，死可以生。生而不可与死，死而不可复生者，皆非情之至也。梦中之情，何必非真，天下岂少梦中之人耶？必因荐枕而成亲，待挂冠而为密者，皆形骸之论也。……嗟夫，人世之

① （清）李渔：《哀词引》，《李渔全集》第一卷，第133—134页。
② （唐）白居易：《与元九书》，见《白居易集》卷四十五，中华书局1999年版。

事，非人世所可尽。自非通人，恒以理相格耳。第云理之所必无，安知情之所必有邪！"① 稍后于李渔的清代戏曲家李调元也特别重视"情"，他在《雨村曲话·序》中说："夫曲之为道也，达乎情而止乎礼义者也。凡人心之坏，必由于无情，而惨刻不衷之祸，因之而作。若夫忠臣、孝子、义夫、节妇，触物兴怀，如怨如慕，而曲生焉，出于绵渺，则入人心脾；出于激切，则发人猛省。故情长、情短，莫不于曲寓之。人而有情，则士爱其缘，女守其介，知其则而止乎礼义，而风醇俗美；人而无情，则士不爱其缘，女不守其介，不知其则而放乎礼义，而风不淳，俗不美。故夫曲者，正鼓吹之盛事也。彼瑶台、玉砌，不过雪月之套辞；芳草、轻烟，亦祇郊原之泛句，岂足以语于情之正乎？此予之所以不能已于话也。而何诮之深也？"②

突出一个"情"字，这是中国古典美学的优秀传统。中国古典美学可以说是"情本位"的美学。看看元代伟大作家王实甫的《西厢记》，看看明代伟大作家汤显祖的《牡丹亭》，看看李渔的一系列传奇，你会对此深信不疑。

说文德

中华民族是一个道德文明特别发达的民族。如果说古代西方文明最突出的是一个"真"字，那么，古代中国文明最突出的则是一个"善"（道德）字。我们的古人（主要是儒家）特别讲究"内圣外王"。所谓"内圣"，其中一个重要因子甚至可以说核心因子就是道德修养。圣人必然是道德修养极高的人。自身道德修养高（再加上才、胆、识等其他条件），威望就高，便能一呼百应，成就一番"王"业。倘"内"不"圣"（无德、缺德），那么，"外"也就"王"不起来。

所以，按照中华民族的传统，无论哪行哪业，为人处世首先要讲的就是"德"。除了"王者"要有"为王之德"以外；其他如写史的，要有"史德"；作文的，要有"文德"；唱戏的，要有"戏德"；经商的，要有

---

① （明）汤显祖：《牡丹亭》卷首作者题词，人民文学出版社1980年版。
② （清）李调元：《雨村曲话》，《中国古典戏曲论著集成》八，第5页。

"商德";为官的,要有"政德"……甚至,连很难同道德二字联系起来的小偷,都有他们那个"行业"的"道德"规范。关于"史德",中国古代就有董狐、南史这样非常光辉的样板。春秋时晋国史官董狐不怕威胁直书"赵盾弑其君",一直被人们称道;春秋时齐国史官南史,在听到大夫崔杼弑君(庄公)、而太史兄弟数人直书"崔杼弑其君"前仆后继先后被杀后,仍然执简前往,准备冒死书写,也是历代史家的典范。这就是不畏强暴而"秉笔直书"的"史德"。

李渔《闲情偶寄·词曲部·结构第一》"戒讽刺"中倡导的是"文德"。他反对以"文"(包括戏曲)为手段来"报仇泄怨",达到私人目的:"心之所喜者,处以生旦之位;意之所怒者,变以净丑之形,且举千百年未闻之丑行,幻设而加于一人之身,使梨园习而传之,几为定案,虽有孝子慈孙,不能改也。"他提出,"凡作传奇者,先要涤去此种肺肠,务存忠厚之心,勿为残毒之事";"以之劝善惩恶则可,以之欺善作恶则不可"。这就是"文德"。中国古代历来将"道德"与"文章"连在一起,并称为"道德文章",这实际上内涵着对"文德"的提倡和遵从。写文章的第一要务是"修德",至于"炼意"、"炼句"、"炼字",当在其次。道德好是文章好的必要条件。德高才会文高。有至德才会有至文。屈原的《离骚》之所以成为千古绝唱,文天祥的《正气歌》之所以感人肺腑……中国文学史和世界文学史上那些光辉篇章之所以历久而弥新,根本原因在于这些诗词文章是它们的作者道德人格的化身。未有其人缺德败行,而其文能流传千古者。鲁迅的文章之最使我感动者,在于他的文中能令人见出其真诚的人格,特别是他无情地解剖自己(看到自己"皮袍下面的小")。巴金的可敬,也特别在于他敢于讲真话(有"讲真话的大书"五集《随想录》为证)。对于巴老来说,讲真话不只是"敢不敢"的胆量问题,而是他的道德人格的真实流露问题,所谓"君子坦荡荡"是也;正如李渔在《〈覆瓿草〉序》中谈到人品与文品的关系时所说:"未读其文,先视其人……其人为君子,则君子之言矣。"巴金,真君子也。李渔说:"凡作传世之文者,必先有可以传世之心,而后鬼神效灵,予以生花之笔,撰为倒峡之词,使人人赞美,百世流芳;传非文字之传,一念之正气使传也。《五经》、《四书》、《左》、《国》、《史》、《汉》诸书,与大地山河,同其不朽,试问当年作者,有一不肖之人、轻薄之子,厕于其间乎?"的确如此。李渔这些观点，也得到他的朋友们的赞同，余怀（澹心）眉批："文人笔舌，菩萨心肠，直欲以填词作《太上感应篇》矣。"曹顾庵眉批："盛名必由盛德。千古至论，有功名教不浅！"尤侗则在眉批中批评"《杜甫游春》一剧，终是文人轻薄"。

当然，"文德"是历史的、具体的；时代不同，"文德"的标准不会完全相同。我们今天的作家应当继承历代作家优秀"文德"传统，不欺世、不媚俗、不粉饰、不诽谤、不为美言所诱惑、不为恫吓所动摇，富贵不淫、贫贱不移、威武不屈，以彻底的唯物主义精神做人和为文。

说到中国古典戏曲的"德"，除了上面所说创作主体即戏曲家自身的"文德"，还有另一方面的"德"——戏曲的道德教化作用，即通常人们所说的戏曲艺术的"政教"作用，也即李渔《闲情偶寄》中所谓要"力崇文教"、"规正风俗"、"警惕人心"，等等。他说："武士之戈矛，文人之笔墨，乃治乱均需之物：乱则以之削平反侧，治则以之点缀太平。"又说："武人之刀，文士之笔，皆杀人之具也。刀能杀人，人尽知之；笔能杀人，人则未尽知也。然笔能杀人，犹有或知之者，至笔之杀人，较刀之杀人，其快、其凶，更加百倍，则未有能知之而明言以戒世者。……窃怪传奇一书，昔人以代木铎。因愚夫愚妇识字知书者少，劝使为善，诫使勿恶，其道无由，故设此种文词，借优人说法，与大众齐听，谓善者如此收场，不善者如此结果，使人知所趋避，是药人寿世之方，救苦弭灾之具也。"重视戏曲的政教作用是中国古典戏曲的传统，如南宋耐得翁在《都城纪胜》"瓦舍众伎"中谈到影戏时曰："影戏，凡影戏乃京师人初以素纸雕镞，后用彩色装皮为之，其话本与讲史书者颇同，大抵真假相半，公忠者雕以正貌，奸邪者与之丑貌，盖亦寓褒贬于市俗之眼戏也。"[①] 元代杨维桢在为剧作家钱塘王晔《优戏录》写的序文中说："观优之寓于讽者，如'漆城'、'瓦衣'、'雨税'之类，皆一言之微，有回天倒日之力，而勿烦乎牵裾伏

---

① 《都城纪胜》乃介绍南宋都城临安城市风貌的著作，南宋理宗端平二年（1235）成书。作者耐得翁，系别号，姓赵，余未详。书内分市井、诸行、酒肆、食店、茶坊、四司六局、瓦舍众伎、社会、园苑、舟船、铺席、院院、闲人、三教外地，共十四门，记载临安的街坊、店铺、坊院、学校、寺观、名园、教坊、杂戏等。1956 年，上海古典文学出版社根据《楝亭十二种》本标点排印，收入《东京梦华录（外四种）》。1983 年，浙江人民出版社将该书编入《南宋古迹考》中，标点出版。

蒲之功也。"① 明代李贽《焚书》卷四《杂述·红拂》评《红拂记》云："此记关目好、曲好、白好、事好，乐昌破镜重合，红拂智眼无双，虬髯弃家入海，越公并遣双妓，皆可师可法，可敬可羡。孰谓传奇不可以兴，不可以观，不可以群，不可以怨乎？饮食宴乐之间，起义动慨多矣。"②

总之，中国古代论家大都强调戏曲的道德教育作用。

说神思

李渔《闲情偶寄·词曲部·宾白第四》"语求肖似"中的一段话，简直是一篇谈艺术想象的妙文。他说：

> 予生忧患之中，处落魄之境，自幼至长，自长至老，总无一刻舒眉，惟于制曲填词之顷，非但郁藉以舒，愠为之解，且尝僭作两间最乐之人，觉富贵荣华，其受用不过如此，未有真境之为所欲为，能出幻境纵横之上者。我欲做官，则顷刻之间便臻荣贵；我欲致仕③，则转盼之际又入山林；我欲作人间才子，即为杜甫、李白之后身；我欲娶绝代佳人，即作王嫱、西施之元配；我欲成仙作佛，则西天蓬岛即在砚池笔架之前；我欲尽孝输忠，则君治亲年，可跻尧、舜、彭篯④之上。……言者，心之声⑤也，欲代此一人立言，先宜代此一人立心，若非梦往神游，何谓设身处地？无论立心端正者，我当设身处地，代生端正之想；即遇立心邪辟者，我亦当舍经从权，暂为邪辟之思。务使心曲隐微，随口唾出，说一人，肖一人，勿使雷同，弗使浮泛，若

---

① （明）杨维桢：《〈优戏录〉序》，见《东维子文集》（《四部丛刊》影抄本卷一一）。杨维桢，字廉夫，号铁崖、铁雅、东维子、铁笛道人等，诸暨（今属浙江）人，著有《春秋合题著说》、《史义拾遗》、《东维子文集》、《铁崖古乐府》、《复古诗集》、《丽则遗音》等。

② 李贽为明后期最具反叛性的思想家，《焚书》是李贽最为著名的一部书，近来被评论界誉为"影响中国的百部书籍"之一。李贽自序中坦言："……所言颇切近世学者膏肓，既中其痼疾，则必欲杀之，言当焚而弃之……欲焚者，谓其逆人之耳也。"全书卷一、卷二为书答，卷三、卷四为杂述，卷五为读史，卷六为诗文。见《李贽文集》第一卷，社会科学文献出版社2000年版。

③ 致仕：《公羊传·宣公元年》："退而致仕。"

④ 彭篯：800岁的长寿者，姓篯名铿，颛顼玄孙，封于彭城，故称为"彭篯"或"彭祖"。

⑤ 言者，心之声：《吕氏春秋·淫辞》："凡言者以谕心也。"《礼记·乐记》："凡音之起，由人心生也。"扬雄《法言·问神》："故言，心声也。"

《水浒传》之叙事，吴道子①之写生，斯称此道中之绝技。果能若此，即欲不传，其可得乎？

这段话妙在哪里？妙在李渔不但能把艺术家进行创造性想象时"为所欲为"、"畅所欲言"的自由驰骋的状态描绘得活灵活现；而且，还特别妙在李渔揭示出艺术家进行想象时必须具有自觉控制的意识，所谓"设身处地"，代人"立心"。艺术想象，看似无拘无束、绝对自由，"精骛八极，心游万仞"（陆机），"思接千载"，"视通万里"（刘勰），好像艺术家在想象时完全处于一种失去理智的不清醒的疯狂的无意识状态；实则"自由"并非"绝对"，"疯狂"却又"清醒"，"无意识"中有"理智"在，即刘勰所谓"神居胸臆，而志气统其关键；物沿耳目，而辞令管其枢机"（《文心雕龙·神思》）。艺术想象是"醉"与"醒"的统一，是"有意识"与"无意识"的融合。艺术想象好像作家放到空中的一只风筝，人们看到那风筝伴着蓝天白云，自由自在、随意飘弋；但是，在放那只"风筝"时，始终有一根线攥在作家手里，那"线"，就是自觉的"意识"和"理智"。艺术想象有点像前面提到的作家陆文夫所谓"打醉拳"，亦醉亦醒，半醉半醒，醒中有醉，醉中有醒，表面醉、内里醒。全醉，会失了拳的套数，打的不是"拳"；全醒，会失掉醉拳的灵气，醉意中"打"出来的风采和意想不到的效果丢失殆尽。李渔既看到"醉"的一面，所谓"梦往神游"；也看到"醒"的一面，即作家对"梦往神游"的有意识控制。他认为作家必须清醒地为人物"立心"："立心端正者"，要"代生端正之想"；"立心邪辟者，我亦当舍经从权，暂为邪辟之思"。这段话使我想起俄国大作家高尔基关于艺术想象的有关论述。高尔基在《论文学技巧》一文中比较科学家与文学家之不同时说："科学工作者研究公羊时，用不着想象自己也是一头公羊，但是文学家则不然，他虽慷慨，却必须想象自己是个吝啬鬼，他虽毫无私心，却必须觉得自己是个贪婪的守财奴，他虽意志薄弱，但却必须令人信服地描写出一个意志坚强的人。"②你看，这两位

---

① 吴道子：唐玄宗时著名画家，亦名道玄，被称为画圣。

② ［俄］高尔基：《论文学》，孟昌、曹葆华、戈宝权译，人民文学出版社1978年版，第317页。

不同民族、不同时代的艺术家，在谈到艺术想象时，几乎连用语都一样，真所谓英雄所见略同。然而，李渔却早高尔基近三百年。

由此，我惊叹李渔的才智。

说"结构"

《闲情偶寄·词曲部·结构第一》长篇"小序"第二部分（自"填词首重音律，而予独先结构"至前言终了约七百字），专谈结构问题。李渔是一个喜欢"自我作古"、敢于反传统的人。这段文字比较突出地表现了李渔的理论独创性。当然，反传统不是不要传统，独创不是瞎创。在李渔之前，也有人谈到戏曲结构。最著名的就是明代王骥德《曲律》之《论章法》中的一段话："作曲犹造宫室者然。工师之作室也，必先定规式，自前门而厅、而堂、而楼，或三进、或五进、或七进，又自两厢而及轩寮，以至廪庾、庖湢、藩垣、苑榭之类，前后、左右、高低、远近，尺寸无不了然胸中，而后可施斤斲。作曲者，亦必先分段数，以何意起，何意接，何意作中段敷衍，何意作后段收煞，整整在目，而后可施结撰。"[①] 还有凌濛初《谭曲杂札》："戏曲搭架（即指结构、布局——引者），亦是要事，不妥则全传可憎矣。"[②] 祁彪佳《曲品》："作南传奇者，构局为难，曲白次之。"[③] 但是，他们谈的，一是比较简略，一是往往把戏曲当作诗文，以诗文例解戏曲，而不把戏曲作为一门独立的艺术看待，没有突出戏曲的特点。李渔显然吸收了他的前辈的某些优秀论点而加以发展、创造。李渔的"独先结构"，不是像前人那样摆脱不掉诗文"情结"，而是高举着戏曲独立（不同于诗文甚至小说）的大旗，自觉而充分地考虑到戏曲作为舞台叙事艺术的特点。因为戏曲不是或主要不是案头文字，它重在演出。演员要面对着观众，当场表演给他们看，唱给他们听。所以戏曲结构既要紧凑、简练，又要曲折动人，总之，要具有能够抓住人的手段和魅力。这就要求戏曲作家从立意、构思的时候起即煞费苦心，在考虑词采、音律等问题之

① 《中国古典戏曲论著集成》四，第123页。
② 同上书，第258页。
③ 《中国古典戏曲论著集成》六，第58页。

前首先就特别讲究结构、布局，即李渔所谓"如造物之赋形，当其精血初凝，胞胎未就，先为制定全形，使点血而具五官百骸之势"；"袖手于前，始能疾书于后"；"有奇事，方有奇文"，"命题"佳，才能"扬为绣口"。钱塘陆圻（字丽京，一字景宣，号讲山）对李渔"独先结构"这一段文字作眉批赞道："此等妙语，惟心花笔花合而为一，开成并蒂者能之。他人即具此锦心，亦不能为此绣口。"

紧接着"独先结构"，李渔又对"词采"与"音律"作了比较，说了一番词采应"置音律之前"的道理，认为二者"有才技之分"："文词稍胜者即号才人，音律极精者终为艺士。"尤侗（展成）眉批："此论极允。不则张打油塞满世界矣。"但我认为"结构"、"词采"、"音律"之排列，更应视为是指时间的先后和程序的次第，而不是价值之高低。

最近在网上读到华南师范大学中国古代文学专业硕士研究生钟筱涵的毕业论文《李渔戏曲结构论》（指导老师是周国雄先生），觉得相当有见地。该文认为：在中国戏曲发展史上，李渔是第一个明确提出"结构第一"理论并付之于艺术实践的艺术家。过去，人们多热衷于李渔的结构理论研究，极少结合其戏剧作品进行结构分析。该文从李渔的结构理论出发，以其剧本为依据，以舞台效果为主要参照，联系李渔的文艺思想和人生观，系统考察李渔的结构思想、结构艺术和结构成因。李渔从他自身体味的艺术规律出发，确立了以"登场"为目的，以"主脑"为核心，以创新为动力，以"针线紧密"、"文情专一"为要求的结构原则。在这个原则指导下，李渔创造出以"奇意"为灵魂，以"一人一事"为枢纽，以"奇事"、"奇情"为表现，众多人物网式联系，多条线索交叉叙事，格局场景异彩纷呈的独特艺术结构。同时，李渔比前人更熟练、巧妙地运用了"血脉相连"法、"郑五歇后"法、偶然巧合法、错认误会法和双重游戏法等多种结构技法，大大增强了其戏剧结构的生动性和影响力。李渔能成为清代首屈一指的"当行"曲家，并创造出"为一朝之冠"的结构艺术，主要原因在于他既有"顺性、顺情、顺世"的自适人生观，又存在"卖赋以糊其口"的生计需要，以及他生长在一个戏剧艺术空前繁荣的时代。

虽然作者的某些理论观点和论述还略显稚嫩，但作为一篇硕士论文，已见出其理论思维的敏感性和锐利性，阅后顿感后生可畏，欣慰之余，特写下上述一段话记之。

立主脑与减头绪

　　"立主脑"与"减头绪"是李渔戏曲结构论的两个主要观念，二者实则是一体两面：从正面说是"立主脑"，从反面说则是"减头绪"。

　　李渔之"主脑"，有两个意思：一是"作者立言之本意"（今之所谓"主题"、"主旨"）；一是选择"一人一事"（今之所谓中心人物、中心事件）作为主干。这符合戏曲艺术的本性。众所周知，中国戏曲和外国戏剧都要受舞台空间和表演时间的双重限制，单就这一点而言，远不如小说那般自由。正如狄德罗在《论戏剧诗》中所说："小说家有的是时间和空间，而戏剧作家正缺乏这些东西。"① 而中国戏曲咿咿呀呀一唱就是半天，费时更多，也就更要惜时。所以，戏曲作家个个都是"吝啬鬼"，他们总是以寸时寸金的态度，在有限的时空里，在小小的舞台上，十分节省、十分有效地运用自己的艺术手段，最大限度地发挥自己的艺术魅力。在戏曲结构上，就要求比小说更加单纯、洗练、凝聚、紧缩。李渔"立主脑"、"一人一事"的主张于是应运而生。

　　李渔此论，真真是"中国特色"。西方古典剧论也有自己的主张，与中国可谓异曲同工，这就是"古典主义"的"三一律"。曹禺在1979年第3期《人民戏剧》上《曹禺谈〈雷雨〉》中说道："'三一律'不是完全没有道理。《雷雨》这个戏的时间，发生在不到二十四小时之内，时间统一，可以写得很集中。故事发生的地点是在一个城市里，这样容易写一些，而且显得紧张。还有一个动作统一，就是在几个人物当中同时挖一个动作、一种结构，动作在统一的结构里头，不乱搞一套，东一句、西一句弄得人家不爱看。"

　　要求戏曲结构单纯、洗练，另一面即减头绪。李渔说："头绪繁多，传奇之大病也。《荆》、《刘》、《拜》、《杀》（《荆钗记》、《刘知远》、《拜月亭》、《杀狗记》）之得传于后，止为一线到底，并无旁见侧出之情。三尺童子观演此剧，皆能了了于心，便便于口，以其始终无二事，贯串只一

---

　　① ［法］狄德罗：《论戏剧诗》，见《狄德罗美学论文选》，人民文学出版社1984年版，第159页。

人也。"显然，"减头绪"是"立主脑"的必要条件，不减头绪，无以立主脑。而贪枝节之"多"必然造成病患。精通医道的陆丽京对此作如下眉批："说得病透，下得药真，笠翁诚医国手！"

"立主脑"和"减头绪"就是要求作品必须"单纯"和"简练"，这正是许多大艺术家一贯的艺术追求，譬如契诃夫——他在 1886 年 10 月 29 日给基塞列娃的信中就强调"情节越单纯，那就越逼真，越诚恳，因而也就越好"①，在别的地方他还一再强调"简洁是才力的姊妹"、"写作的艺术就是提炼的艺术"、"写得有才华就是写得短"②，等等，而这种"单纯"、"简练"、"简洁"总是通过删改而取得的，许多朋友回忆契诃夫艺术创作的名言："写作的技巧，其实并不是写作的技巧，而是删掉写得不好的地方的技巧。""您知道应当怎样写才能写出好小说吗？在小说里不要有多余的东西，就像在战舰甲板上一样。"③

"减头绪"就是淘沙成金，就是通过"减少"而达到"增多"——世间往往只看到"加"是"增多"的手段，而没有看到"减"在某种情况下同样亦是"增多"的手段。沙里淘金即是如此：金在沙中，人们只见沙，不见金。按照常识，这时"只有"沙，"没有"金。淘金，就是不断"减"，减掉了沙子，"增加"了金；沙逐渐减少，金逐渐增多。炼铁也是如此。铁矿石在高炉里通过冶炼，最后"减"去了渣子，"增加"了铁。有成就的大艺术家每每谈到自己如何删改作品、淘沙成金的体会。列夫·托尔斯泰在 1852 年 3 月 27 日的《日记》中写道："应该毫不惋惜地删去一切含糊、冗长、不恰当的地方，总之，删去一切不能令人满意的地方，即使它们本身是很不错的。"在 1853—1854 年写的《文学的规则》中又说："写好作品的草稿后一再修改它，删去它的一切赘余而不增加分毫。……誊写一次，删去一切赘余并给予每一思想以真正的位置。"④

雕刻家把大理石中多余的部分去掉（"减"），形象就显现了，美就被

---

① ［俄］契诃夫：《论文学》，汝龙译，人民文学出版社 1958 年版，第 31 页。

② 契诃夫的话见于［俄］季莫菲也夫主编《俄罗斯古典作家论》，陈冰夷译，人民文学出版社 1958 年版，第 1139 页。

③ ［俄］契诃夫：《论文学》，第 404、409 页。

④ ［俄］列夫·托尔斯泰：1852 年 3 月 27 日《日记》及《文学的规则》（1853 年 12 月—1854 年 11 月），陈燊译，见《古典文艺理论译丛》，人民文学出版社 1961 年版，第 193、197 页。

创造出来了（"加"）。而且，这里简直不是从少到多，而是从无到有。在艺术中，常常是"加"了反而贫乏，"减"了反而丰富。

这就是艺术的"加"、"减"辩证法。"减头绪"中的"减"，应作如是观。

当然，立主脑、减头绪，也不能绝对化。一绝对化，变成公式，则成谬误。

我还想指出一点，李渔的"立主脑"、"减头绪"及其他有关戏曲结构的主张，与他之前传统文论的重大不同在于，这是地地道道的戏曲叙事理论。说到这里，我想顺便提及中国古典文论的三个发展阶段：明中叶以前，主要是以诗文为主体的抒情文学理论，此为第一阶段；明中叶以后，自李贽、叶昼起到清初的金圣叹诸人，建立并发展了叙事艺术理论，但那主要是叙事文学（小说）理论，此为第二阶段；至李渔，才真正建立和发展了叙事戏曲理论，此为第三阶段。此后，这三者同时发展，并互相影响。

"主脑"这个术语，在中国古典剧论中为李渔第一个使用（明王骥德《曲律》、徐复祚《三家村老委谈》中有"头脑"一词，与笠翁之《闲情偶寄·词曲部·结构第一》所说"主脑"虽有联系而不相同），创建之功，不可磨灭。

密针线

"密针线"是一个极妙的比喻。君不见那些笨婆娘做的针线活乎？粗针大线，歪歪扭扭，裂裂斜斜，针脚忽大忽小，裤腿一长一短，袖口一肥一瘦，肩膀一高一低，顾了前襟忘了后腰，顾了肥瘦忘了身高。再看那些精心制作的高档服装则不同：不但纵观整体，裁剪得体，随体赋形；而且每一个细部也极为精致考究。即使针脚，也有严格规定，假如你有兴趣，可以数一数世界名牌服装的缝线，每一寸缝几针，数目相同，丝毫不差。

进行戏曲创作乃至一切艺术创作，也是如此。特别是叙事艺术作品，其结构得精不精，布局得巧不巧，情节发展转换是否自然，人物相互关系是否入理……最终表现在针线是否紧密上。按照李渔《闲情偶寄·词曲部》"密针线"的说法，"编戏有如缝衣"，其间有一个"剪碎"、"凑成"

的过程，"凑成之工，全在针线紧密"，不然"一节偶疏，全篇之破绽出矣"；"一笔稍差便虑神情不似，一针偶缺即防花鸟变形"。这里还需要"前顾"、"后顾"："顾前者欲其照映，顾后者便于埋伏。"其实，这个道理，古今中外普遍适用。亚里斯多德《诗学》中就批评卡耳喀诺斯的剧本"有失照顾"，"剧本因此失败了"①。狄德罗《论戏剧诗》中要求戏剧作家："更要注意，切勿安排没有着落的线索：你对我暗示一个关键而它终不出现，结果你会分散我的注意力。"② 还有一位戏剧理论家说，如果开始时你在舞台上放上一支枪，剧终前你一定要让它放响。李渔在《词曲部·词采第二》"重机趣"条中也对戏曲创作提出明确要求："一出接一出，一人顶一人，务使承上接下，血脉相连；即于情事截然、绝不相关之处，亦有连环细笋，伏于其中，看到后来，方知其妙，如藕于未切之时，先长暗丝以待，丝于络成之后，才知作茧之精。"李渔自己的传奇作品，就很注意照映、埋伏。《风筝误》第三出，爱娟挖苦淑娟："妹子，你聪明似我，我丑陋似你。你明日做了夫人皇后，带挈我些就是了。"到第三十出，淑娟的一段台词还照映前面那段话："你当初说我做了夫人须要带挈你带挈，谁想我还不曾做夫人，你倒先做了夫人，我还不曾带挈你，你倒带挈我陶了那一夜好气。"针线紧密的另一个例子是后于李渔的清代传奇作家孔尚任的名剧《桃花扇》。作者要"借离合之情，写兴亡之感"，他以李香君、侯方域爱情上的悲欢离合为主线，苦心运筹，精巧安排，细针密线，将众多的人物、纷沓的事件、繁多的头绪、错杂的矛盾，组织成一个井井有条、错落有致的有机艺术整体，恍若天成，不见斧迹，表现了作者卓越的结构布局、穿针引线的才能。

元杂剧的成就，被公认在中国古典戏曲史上是最高的。但李渔指出，元剧"独于埋伏照映处"粗疏，无论"大关"还是"小节"，纰漏甚多。他以《琵琶记》为例作了详尽分析，指出其穿插联络的悖谬。并且为了弥补其不足，还亲自改写了《琵琶记·寻夫》和《明珠记·煎茶》，附于《演习部·变调第二》之中。然而，李渔只指出其然而没说出其所以然。在二百六十余年以后，王国维在《宋元戏曲考》第十二章《元剧之文章》

---

① ［古希腊］亚里斯多德：《诗学》，罗念生译，人民文学出版社1962年版，第55—56页。
② ［法］狄德罗：《论戏剧诗》，见《狄德罗美学论文选》，第155页。

中，对"元剧关目之拙"及其原因作了中肯的分析。他说，"元剧之佳处何在？一言以蔽之，曰：自然而已矣。古今之大文学，无不以自然胜，而莫著于元曲。盖元剧之作者，其人均非有名位学问也。其作剧也，非有藏之名山，传之其人之意也。彼以意兴之所至为之，以自娱娱人。关目之拙劣，所不问也；思想之卑陋，所不讳也；人物之矛盾，所不顾也。彼但摹写其胸中之感想与时代之情状，而真挚之理与秀杰之气，时流露于其间。故谓元曲为中国最自然之文学，无不可也。若其文字之自然，则又为其必然之结果，抑其次也。"① 这就是说，元剧率意而为，不精心于关目，故其疏也。

但是最近谷歌网上也有学者指出关汉卿杂剧结构紧密，说关汉卿的杂剧，在艺术上的明显特色还表现在戏剧结构完整，即四折之间联系紧密，开头不拖沓，结尾不松懈。在戏剧史上，无论是短至四折的元杂剧，还是长达数十出的明传奇，都常有结构松散的缺点。但关剧大多数结构紧凑，折与折之间在情节上有着不可分的联系。《单刀会》中，关羽在第三折出场，第一折、第二折分别由乔公和司马徽向鲁肃介绍关羽超人的勇武和赤壁之战的经过。从故事发展上看，这两折似乎是多余，但事实上它们又都是必要的，因为它们起了向观众（包括不熟知三国故事的观众）介绍关羽的经历，在观众的心目中树立关羽的英雄形象，为第三、四折的高潮进行铺垫的作用。《望江亭》的结构也很紧凑，场次安排颇有匠心，贯穿全剧的谭记儿和杨衙内的冲突，到第三折里才用急促的节奏去着力描写。前两折中却用舒缓的笔调描写谭记儿和白士中的相见、相识和成婚后的美满生活。这样就为以后谭记儿为了保卫自己的美满生活，而勇于斗争打下了基础。

可备一说而已。

中西戏剧结构之比较

谈到戏剧的"结构"、"布局"和"格局"，中国戏曲与西洋戏剧虽有

---

① 王国维：《宋元戏曲考》，见《王国维文集》第一卷，中国文史出版社 1997 年版，第 389 页。

某些相近的地方，但又显出自己的民族特色。前已引述，有人说"中国戏曲不太注重西方戏剧所特别重视的矛盾冲突的刻画，具有非情节性和散文化的特征；没有太过强烈的矛盾冲突，亦无曲折的情节，但往往具有传奇性特征"云云；近日又读到台湾"中央大学"教授孙玫《跨文化语境下中国传统戏曲表演体系之研究》一文："众所周知，东方/亚洲传统戏剧与西方传统戏剧有着不同的美学原则和艺术特征。相较于西方传统戏剧重文学性（准确说应是，重情节、重哲思）的特征，亚洲传统戏剧则是以歌舞化的戏剧表演（戏剧化的歌舞表演）见长。西方文艺理论的鼻祖亚里士多德，在构成戏剧的诸种要素之中，大力突出情节的重要性，他还特别强调情节结构的整一性。与西方传统戏剧不同，亚洲传统戏剧，无论是中国的京剧和昆曲，还是日本的能乐和印度的库提亚特姆，基本上都没有什么复杂的情节和人物，常常也没有什么强烈的戏剧冲突。它们的剧本，并非一定要以文本的形式存在，有时只是以演出者的身体为载体。仍以中国的京剧和昆曲为观察点，它们的情节大都为观众所熟知，其结构中通常隐含着可供表演者挥洒的空间（而这种表演者的发挥往往是以歌舞的形式出现）；观众看戏，与其说是被未知的剧情所吸引，还不如说是为表演者独到的阐释方式所迷恋。换言之，观众通常不是从未知的情节中，而是从表演者对已知故事和人物别具一格的阐释中，获得充分的审美享受。"① 这些说法从某种程度上说是有一定道理的。但是，切不可绝对化。

　　一部完整的戏剧，总是有"开端"、"进展"、"高潮"、"结尾"等几个部分，无论中国戏曲还是西洋戏剧大致都如此。但是如何"开端"，如何"进展"，"高潮"是怎样的，"结尾"又是何种样态，中、西方又有明显的不同。李渔《闲情偶寄·词曲部·格局第六》中所谈五款"家门"、"冲场"、"出脚色"、"小收煞"、"大收煞"，总结的纯粹是中国戏曲的艺术经验。其中，"家门"和"冲场"，谈戏曲的"开端"；"出脚色"涉及戏曲"进展"中的问题；"小收煞"和"大收煞"谈戏曲的"结尾"。与西洋戏剧相比，不但这里所用的术语很特别，而且内涵也大相径庭。

　　我们不妨将二者加以对照。

---

　　① 　孙玫：《跨文化语境下中国传统戏曲表演体系之研究》，见 2009 年 11 月 12 日《文艺报》第 7 版。

西洋戏剧的所谓"开端"，是指"戏剧冲突的开端"，而不是中国人习惯的那种"故事的开端"。开端之后随着冲突的迅速展开和进展很快就达到高潮，而高潮是冲突的顶点，也就意味着冲突的很快解决，于是跟着高潮马上就是结尾。例如古希腊著名悲剧《俄狄浦斯王》，开端是忒拜城发生大瘟疫，冲突很快展开并迅速进展，马上就要查出造成瘟疫的原因——找到杀死前国王的凶手，而找到凶手（俄狄浦斯王自己），也就是高潮，紧接着就是结尾，全剧结束，显得十分紧凑。至于故事的全过程，冲突的"前史"，如俄狄浦斯王从出生到弑父、娶母、生儿育女……则在剧情发展中通过人物之口补叙。易卜生的《玩偶之家》更是善于从收场处开幕，然后再用简短的台词说明过去的事件。全剧从开端到结尾，写了两天多一点时间，冲突展开得很迅速，高潮后也不拖泥带水。一部西洋戏剧，其舞台时间一般都只有两三个小时，戏剧家就要让观众在这两三个小时内，看到一个戏剧冲突从开端到结尾的全过程。所以，西方戏剧家写戏，认为关键在于找到戏剧冲突，特别要抓住冲突的高潮。而高潮又总是连着结尾。找到冲突的高潮和冲突的解决（结尾），一部戏剧自然也就瓜熟蒂落。因此，西方戏剧家往往从结尾写起。美国剧论家约翰·霍华德·劳逊在《戏剧与电影的剧作理论与技巧》中介绍了一些戏剧作家的写作经验谈。小仲马说："除非你已经完全想妥了最后一场的运动和对话，否则不应动笔。"伊·李果夫说："你问我怎样写戏。回答是从结尾开始。"皮·惠尔特说："在结尾处开始，再回溯到开场处，然后再动笔。"[①] 这样写出来的戏，其格局的各个环节自然连接得十分紧密。

但是，中国人的审美习惯则不同。中国人喜欢看有头有尾的故事。所以，中国戏曲作家写戏，往往着重寻找一个有趣的、有意义的故事，而不是像洋戏剧家那样着眼于冲突。中国戏曲当然不是不要冲突，而是让冲突包含在故事之中；西洋戏剧当然也不是不要故事，而是在冲突中附带展开故事。由此，中国戏曲的开场（开端）往往不是像西洋戏剧那样从戏剧冲突的开端开始，而是从整个故事的开端开始。李渔所说的"家门"、"冲场"，就是通过演员出场自报家门和定场诗、定场白，或"明说"或"暗

---

① 参见［美］约翰·霍华德·劳逊《戏剧与电影的剧作理论与技巧》，中国电影出版社1961年版，第229页。

射"，以引起故事的开头。中国戏曲，特别是宋元南戏和明清传奇，叙述故事总是从开天辟地讲起，而且故事情节进展较慢，开端离高潮相当远，结尾又离高潮相当远，一部传奇往往数十出，还要分上半部、下半部，整部戏演完，费时十天半月是常事，这就像中国数千年的农业社会那样漫长。例如，李渔自己的传奇《比目鱼》，从开端到矛盾冲突展开到高潮（谭楚玉、刘藐姑二人双双殉情），演了整整十六出戏；然而达到高潮只是戏的上半部，高潮之后又敷衍出许多情节，最后才走到结尾——这下半部又是整整十六出戏。所以，看中国戏，性急不得，你得慢悠悠耐着性子来，骑驴看唱本——慢慢走来慢慢瞧。正因为中国戏曲从开头到结尾如此漫长，并且分上半部、下半部，所以，在上半部之末，有一个小结尾，"暂摄精神，略收锣鼓，名为小收煞"，并且，通过"小收煞"留下一个"悬念"、"扣子"，"令人揣摩下文"，增加吸引力。这在西洋戏剧中是根本没有的。在全剧终了，又有一个总的结尾，叫做"大收煞"。中国人喜欢看大团圆的结局，因此，"大收煞"如李渔所说要追求"团圆之趣"，所谓"一部之内，要紧脚色共有五人，其先东西南北各自分开，到此必须会合"。这种大团圆结局一般是一种喜剧结局，即使是悲剧，也往往硬是来一个喜剧结尾。何以如此？也许是因为中国人的心太善，看不得悲惨场面，最向往美好结局；也许与中国传统中一贯追求的"中和"境界有关。不管怎样，在这一点上，中国戏曲与西洋戏剧讲究对立斗争、喜爱悲剧又有明显不同。中国戏曲多喜剧、多喜剧结尾，而西洋戏剧多悲剧、多悲剧结尾。

　　说到中国追求"中和"而西方讲究"对立"，又引出中国戏曲与西洋戏剧"高潮"的差别。因追求"中和"，中国戏曲的"高潮"，往往更多地表现为矛盾激化中情感运行的内涵式的"情感高潮"；因讲究"对立"，西洋戏剧的"高潮"，往往更多地表现为戏剧冲突逻辑发展中外露型的"逻辑高潮"。细细考察，中西戏剧的一系列差别，深深扎根于它们各自民族文化和审美心理结构的底层差异。

　　这是一个大题目，需要专门研究。

脱窠臼,倡尖新

李渔《闲情偶寄·词曲部·脱窠臼》中说:"窠臼不脱,难语填词!"

其实,何止填词(戏曲创作)如此,一切艺术创造活动乃至一切学术创造活动①皆然。因为,在李渔看来求新是艺术的本性。李渔说:"人惟求旧,物惟求新。新也者,天下事物之美称也。而文章一道,较之他物,尤加倍焉。戛戛乎陈言务去,求新之谓也。"李渔一生艺术创作也是不断求新的过程。他在《与陈学山少宰》中说:"渔自解觅梨枣以来,谬以作者自许。鸿文大篇,非吾敢道,若诗歌词曲以及稗官野史,则实有微长。不效美妇一颦,不拾名流一唾,当世耳目,为我一新。"②

窠臼就是老俗套,旧公式,陈芝麻,烂谷子,用人家用了八百遍的比喻,讲一个令人耳朵起茧的老掉牙的故事。人们常说,第一个用花比喻女人的是天才,第二个是庸才,第三个是蠢才。那"第二个"和"第三个"(庸才和蠢才)的问题,就在于蹈袭窠臼,向为真正的艺术家所不为。艺术家应该是"第一个"(天才),在艺术大旗上写着的,永远是"第一"!德国古典美学第一人康德在《判断力批判》上卷第46节至第50节中,关于天才说了许多惊世骇俗(今天看来也许有点极端)的话,但我认为十分精彩。他给天才下的定义是:"天才就是:一个主体在他的认识诸机能的自由运用里表现着他的天赋才能的典范式的独创性。"又说,"独创性必须是它的第一特性","天才是和摹仿的精神完全对立着的"。这就是说,真正的艺术家(天才),创造性、独创性是他的"第一特性"、本性;而"摹仿"(更甭说蹈袭窠臼了)同他"完全对立",是他的天敌。艺术家必须不断创新,不但不能重复别人,而且也不能重复自己。在艺术家的眼里,已经存在的作品,不论是别人的还是自己的,都是旧的。李渔说:

---

① 国学大师陈寅恪有"四不讲":古人讲过的不讲,近人讲过的不讲,外国人讲过的不讲,自己已讲过的也不讲。这样,他每一次讲演或授课,或者每一次写作,都是新的,创造性的。这是国学大师的风范,我佩服得五体投地;但如我等平庸之辈很难做到。

② (清)李渔:《与陈学山少宰》,《李渔全集》第一卷,第164页。所谓"稗官野史(bài guān yě shǐ)"之"稗官",原是古代专给帝王搜集街谈巷语,道听途说,以供省览的一种小官,后小说或小说家称之。《汉书·艺文志》有"小说家者流,盖出于稗官,街谈巷语,道听途说者之所造也"的话。

"非特前人所作，于今为旧；即出我一人之手，今之视昨亦有间也。"于是，艺术创作就要"弃旧图新"。

在《闲情偶寄·词曲部·结构第一》"脱窠臼"中，李渔作为传奇作家特别强调传奇尤其要创新，他认为"传奇"之名，就是"非奇不传"的意思。在李渔之前已有"非奇不传"之说，如明代倪倬《二奇缘小引》："传奇，纪异之书也，无传不奇，无奇不传"①；茅瑛《题牡丹亭记》："传奇者，事不奇幻不传，辞不奇艳不传"，"新即奇之别名也"②。李渔继承并发扬之，而且一有机会他必张扬创新。在《闲情偶寄·词曲部·宾白第四》"意取尖新"中他又倡"尖新"："同一话也，以尖新出之，则令人眉扬目展，有如闻所未闻；以老实出之，则令人意懒心灰，有如听所不必听。白有尖新之文，文有尖新之句，句有尖新之字，则列之案头，不观则已，观则欲罢不能；奏之场上，不听则已，听则求归不得。尤物足以移人，尖新二字，即文中之尤物也。"

大家看到李渔在这里竭力鼓吹戏曲作家应该注意遣词造句时选取"尖新"字眼儿。"尖新"虽是李渔在论宾白时提出的要求，其实它何尝不适宜于唱词？李渔所谓"尖新"，是对"老实"而言。显然，所谓"尖新"者，一方面是指语言要新鲜而不陈腐，另一方面是指语言要生动活泼，富有表现力、吸引力和感染力。李渔之"尖新"，含有王骥德之"溜亮"、"轻俊"、"新采"、"芳润"③等意思在内，趣味十足，令人眉扬目展。好的戏剧，其语言都应该是"机趣"、"尖新"的。例如老舍《茶馆》第二幕中一段台词：唐铁嘴对王利发说："我已经不抽大烟了！"王利发对此很惊讶："真的？你可要发财了！"接下去唐铁嘴的台词可谓"尖新"、"机趣"："我改抽'白面'啦。你看，哈德门烟又长又松，一顿就空出一大块，正好放'白面儿'。大英帝国的烟，日本的'白面儿'，两大强国侍

---

① （明）倪倬：《二奇缘小引》，吴许恒撰、倪倬校：《初刻笔来斋订定二奇缘》，载《中国古典戏曲序跋汇编》二，齐鲁书社 1989 年版，第 1383 页。

② （明）茅瑛：《题牡丹亭记》，载明泰昌间朱墨套印刊茅瑛批点本《牡丹亭》，该文收入隗芾、吴毓华编：《古典戏曲美学资料集》，文化艺术出版社 1992 年版。

③ （明）王骥德《曲律·论句法第十七》（《中国古典戏曲论著集成》四，第 123—124 页）中指出：戏剧语言"宜溜亮不宜艰涩，宜轻俊不宜重滞，宜新采不宜陈腐，宜摆脱不宜堆垛，宜温雅不宜激烈，宜细腻不宜粗率，宜芳润不宜噍杀；又总之，宜自然不宜生造"。所论虽不尽对，然亦有许多可取之处。

候着我一个人，这点福气还小吗?"再如，关肃霜主演的京剧《铁弓缘》，许多台词也很有机趣，可称尖新。剧中老太太回答那个官宦恶少求婚时说："蚊子叮了泥菩萨——你认错人了!"这是一句歇后语，用在这里十分贴切，令观众开怀、捧腹。

创新不是一味地为求新而求新，也不是与寻常事物绝对隔绝、不食人间烟火、不合人情物理的奇异之物，而是"耳目之前"与"闻见之外"的辩证统一。

李渔在为他朋友的《香草亭传奇》作序时提出，创作传奇必须"既出寻常视听之外，又在人情物理之中"。在《闲情偶寄·词曲部·结构第一》"戒荒唐"中又说："凡作传奇，只当求于耳目之前，不当索诸闻见之外。"李渔坚决反对以荒诞不经材料的手段创作传奇。尤侗眉批："昔人传奇，今则传怪矣。笠翁此论，真斩蛟手!"

的确，李渔所言，可谓至理名言!

在艺术创作中，新奇与寻常、"耳目之前"与"闻见之外"，既是对立的，又是统一的。因为"世间奇事无多，常事为多；物理易尽，人情难尽"。而那"奇事"就包含在"常事"之中；那"难尽"的"人情"就包含在"易尽"的"物理"之中。若在"常事"之外去寻求"奇事"，在"易尽"的"物理"之外去寻求"难尽"的"人情"，就必然走上"荒唐怪异"的邪路。真真切切实实在在的寻常生活本身永远会有"变化不穷"、"日新月异"的奇事。戏曲作家就应该寻找那些"寻常"的"奇事"、"真实"的"新奇"。

三百多年前李渔对新奇与真实的关系有如此辩证的认识，难得、难得。

明末清初在戏曲创作和理论上存在着要么蹈袭窠臼、要么"一味趋新"的两种偏向。陈多先生在1980年湖南人民出版社注释本《李笠翁曲话》中解释《脱窠臼》时，引述了明末清初倪倬《二奇缘小引》、茅瑛《题牡丹亭记》、张岱《答袁箨庵（袁于令）书》、周裕度《天马媒题辞》、朴斋主人《风筝误·总评》中的有关材料，介绍了他们对这两种倾向、特别是"一味趋新"的倾向的看法。有些人的意见与李渔相近。例如，张岱批评说，某些传奇"怪幻极矣，生甫登场，即思易姓；且方出色，便要改装。兼以非想非因，无头无绪。只求热闹，不论根由；但要出奇，不顾文理"；他认为"布帛菽粟之中，自有许多滋味，咀嚼不尽，传之久远。愈久愈新，愈淡愈远"。周裕度说："尝谬论天下，有愈奇则愈传者。有愈实则愈奇者。奇而传者，不出之事是也。实而奇者，传事之情是也。"朴斋主人指出，"近来牛鬼蛇神之剧，充塞宇内，使庆贺宴集之家，终日见鬼遇怪，谓非此不足以悚夫观听"；"讵知家中常事，尽有绝好戏文未经做到"。他认为，传奇之"所谓奇者，皆理之极平；新者，皆事之常有"。可以参考。

"把我掰碎了成你"

由"尖新"我想到了艺术的继承和创新。想到了现代戏曲艺术家袁世海和他的老师郝寿臣。

袁世海当年拜郝寿臣为师，郝寿臣问：你准备怎么跟我学？是把你掰碎了成我，还是把我掰碎了成你？袁世海说：把我掰碎了成你。郝寿臣说：那不行，那样你就不是袁世海了，而成了袁寿臣了；我也有缺点，不能连缺点什么都拿去，而是把我好的东西拿去。所以，不是要把你掰碎了成我，而是要把我掰碎了成你。

后来，袁世海收杨赤为徒，也把当年郝寿臣对他说的那番话对杨赤说了，要杨赤把自己掰碎了成为杨赤（据2002年12月24日中央电视台1套《东方时空》袁世海专集）。

郝寿臣、袁世海这些中国艺术大师的话，使我想起英国18世纪著名诗人爱德华·扬格《试论独创性作品》中反复阐述的一个思想："学习大师是为了成为你自己"，"对著名的古人，我们越不模仿他们，就越像他们"。扬格说："让他们（古典大师）滋养而不是消灭我们自己的思想。我们读书时，让他们的优点点燃我们的想象；我们写作时，让我们的理智把他们关在思想的门外。连对待荷马本人，也要像那位玩世不恭者对待崇拜荷马的君主一样：叫他站开点，不要挡住我们的作品，使它受不到我们自己天才的光芒的照耀；因为在别的太阳光下，没有什么独创性的东西能够生长，没有什么不朽的东西能够成熟的。"① 当然，听扬格的话，你会觉

---

① ［英］爱德华·扬格：《试论独创性作品》，袁可嘉译，人民文学出版社1998年版，第86页。

得太不"中国"了——没有中国传统艺人那种亲如父子的师生情谊，那种舍身为人的高尚情怀。然而，理儿还是相通的。

而且，这个理儿管得很宽，人类要想生存、要想发展，一切事业和所有个人都要归顺在这个理儿之下。

"能于浅处见才，方是文章高手"

李渔《闲情偶寄·词曲部·词采第二》"贵显浅"中说：

> 曲文之词采，与诗文之词采非但不同，且要判然相反。何也？诗文之词采，贵典雅而贱粗俗，宜蕴藉而忌分明。词曲不然，话则本之街谈巷议，事则取其直说明言。（着重号为引者所加）

"贵显浅"是李渔对戏曲语言最先提出的要求。此款与后面的"戒浮泛"、"忌填塞"又是一体两面，可以参照阅读。李渔的"显浅"包含着好几重意思。其一，"显浅"是让普通观众（读书的与不读书的男女老幼）一听就懂的通俗性。"凡读传奇而有令人费解，或初阅不见其佳，深思而后得其意之所在者，便非绝妙好词。"汤显祖《牡丹亭》作为案头文字可谓"绝妙好词"；可惜许多段落太深奥、欠明爽，"止可作文字观，不得作传奇观"。其二，"显浅"不是"粗俗"、满口脏话（如今天某些小说出口即在肚脐眼儿之下），也不是"借浅以文其不深"，而是"以其深而出之以浅"，也就是"意深"而"词浅"。"能于浅处见才，方是文章高手。"其三，"显浅"就是"绝无一毫书本气"、"忌填塞"。无书本气不是要戏曲作家不读书，相反，无论经传子史、诗赋古文、道家佛氏、九流百工、《千字文》、《百家姓》……都当读；但是，读书不是叫你掉书袋，不是"借典核以明博雅，假脂粉以见风姿，取现成以免思索"；而是必须胸中有书而笔下不见书，"至于形之笔端，落于纸上，则宜洗濯殆尽"，即使用典，亦应做到"信手拈来，无心巧合，竟似古人寻我，并非我觅古人"，令人绝无"填塞"之感。

李渔论"词采"，尤其在谈"贵显浅"时，处处以"今曲"（李渔当时之戏曲）与"元曲"对比，认为元曲词采之成就极高，而"今曲"则去之甚远，连汤显祖离元曲也有相当大的距离。此乃明清曲家公论。臧懋循在《〈元曲选〉序二》中就指出元曲"事肖其本色，境无旁溢，语无外假"，"本色"几乎成了元曲语言以至一切优秀剧作的标志。徐渭《南词叙录》中赞扬南戏时，就说"句句是本色语"，认为"曲本取于感发人心，歌之使奴童妇女皆喻，乃为得体"。王骥德《曲律》中也说"曲之始，止本色一家"。"本色"的主要含义是要求质朴无华而又准确真切、活泼生动地描绘人物场景的本来面目。李渔继承了前人关于"本色"的思想，而又加以发展，使之具体化。"贵显浅"就是"本色"的一个方面。

要"显浅"，就要流畅，就不能"填塞"。李渔《闲情偶寄·词曲部·词采第二》"忌填塞"有云：

> 填塞之病有三：多引古事，迭用人名，直书成句。其所以致病之由亦有三：借典核以明博雅，假脂粉以见风姿，取现成以免思索。而总此三病与致病之由之故，则在一语。一语维何？曰：从未经人道破；一经道破，则俗语云"说破不值半文钱"，再犯此病者鲜矣。古来填词之家，未尝不引古事，未尝不用人名，未尝不书现成之句，而所引所用与所书者，则有别焉：其事不取幽深，其人不搜隐僻，其句则采街谈巷议，即有时偶涉诗书，亦系耳根听熟之语，舌端调惯之文，虽出诗书，实与街谈巷议无别者。总而言之，传奇不比文章。文章做与读书人看，故不怪其深；戏文做与读书人与不读书人同看，又与不读书之妇人小儿同看，故贵浅不贵深。使文章之设，亦为与读书人、不读书人及妇人小儿同看，则古来圣贤所作之经传，亦只浅而不深，如今世之为小说矣。人曰：文人之作传奇与著书无别，假此以见其才也，浅则才于何见？予曰：能于浅处见才，方是文章高手。施耐庵①之《水浒》，王实甫之《西厢》，世人尽作戏文小说看，金圣叹②特标其名曰"五才子书"、"六才子书"者，其意何居？盖愤天下之小视其道，不知为古今来绝大文章，故作此等惊人语以标其目。噫，知

---

① 施耐庵：《水浒传》作者。大概是元末明初人。关于他的情况，迄无定论。

② 金圣叹：名采，字若采，明亡后改名人瑞，字圣叹。清初文学家、文学批评家，评点《水浒》、《西厢》、《离骚》、《庄子》、《史记》、杜诗，称为六才子书。

言哉！（陆梯霞眉批："惊人语"三字，剖出圣叹心肝。立言之意，端的如此。）（着重号为引者所加）

元杂剧壁画

"忌填塞"主旨同"贵浅显"一样，亦是提倡戏剧语言的通俗化、群众化。但"贵浅显"重在正面地倡导，而"忌填塞"则从反面告诫，所以"忌填塞"款一上来即直点其三个病状及病根。

李渔要求戏曲"词采"通俗易懂、通畅顺达、而不可"艰深隐晦"，显然是发扬了明人关于曲的语言要"本色"的有关主张。然而，细细考察，李渔的"贵显浅"与明人的提倡"本色"，虽相近而又不完全相同。明人主张"本色"，当然含有要求戏剧语言通俗明白的意思在内，例如徐渭在《南词叙录》中赞扬南戏的许多作品语言"句句是本色语，无今人时文气"，批评邵文明《香囊记》传奇"以时文为南曲"，生用典故和古书语句，"终非本色"。但是，所谓"本色"还有另外的意思，即语言的质朴和描摹的恰当。王骥德在《曲律·论家数第十四》中是把"本色"与"文词"、"藻缋"相对而言的，说"自《香囊记》以儒门手脚为之，遂滥觞而有文词家一体"。他还指出："夫曲以模写物情，体贴人理，所取委曲宛转，以代说词，一涉藻缋，便蔽本来。"① 臧懋循在《〈元曲选〉序二》中，也要求"填词者必须人习其方言，事肖其本色"②。总之，"本色"的主要含义就是要求质朴无华而又准确真切地描绘事物的本来面目。这个思想当然是好的，戏剧也应符合这个要求。相比之下，李渔适应舞台表演的需要，更重视、更强调戏曲语言的通俗、易懂、晓畅、顺达。他认为曲文之词采要"其事不取幽深，其人不搜隐僻，其句则采街谈巷议，即有时偶涉诗书，亦系耳根听熟之语，舌端调惯之文，虽出诗书，实与街谈巷议无别者"（按：着重号为引者所加）。为什么非如此不可呢？因为"传奇不比文章，文章做与读书人看，故不怪其深；戏文做与读书人与不读书人同看，又与不读书之妇人小儿同看，故贵浅不贵深"。传奇要"借优人说法与大众齐听"，包括与那些"认字知书少"的"愚夫愚妇"们"齐听"。因此。戏剧艺术的这种广泛的群众性，不能不要求它的语言的通俗化、群众化。那些深知戏剧特点的艺术家、美学家，大都是如此主张的。西班牙的维迦就强调戏剧语言要"明白了当，舒展自如"，要"采取人们的习惯说法，而不是高级社会那种雕琢华丽抑扬顿挫的词句。不要引经据典，搜求怪僻，故作艰深"③。

如何做到意深词浅、晓畅如话？根本在于思想流畅，在此基础上才能达到语言文字流畅。我非常欣赏古今中外那些伟大作家艺术家如日月经天、江河泻地、行云流水、自然天成的文章，它们行其当行，止其所止，仿佛天造地设，神斧化工。这就需要写作者通过社会实践、审美实践和思想修养所锻炼出来的发现问题、捕捉形象、凝聚情思、冶炼文字的能力和水平，高度的审美敏感性和艺术技巧。

戏曲作家当然也应如此。

第一，戏曲作家必须从现实生活的群众口语和俗语中汲取营养，提炼戏剧语言。李渔之极力称赞元曲语言，就是因为元曲中的优秀作品，如《西厢记》等，是将街谈巷议的群众口语、俗语进行提炼、加工，从而创造出自己通俗优美、词浅意深、脍炙人口的戏剧语言，充分体现了现实生

---

① （明）王骥德：《曲律》，《中国古典戏曲论著集成》四，第121—122 页。

② 郭绍虞主编：《中国历代文论选》中册，中华书局1962 年版，第364 页。

③ ［西班牙］维迦：《当代写喜剧的新艺术》，《戏剧理论译文集》第9 辑，中国戏剧出版社1962 年版，第9 页。

活语言本身的鲜亮、活泼、生动并富有表现力的特点。

第二，李渔认为戏曲作家也应该多读书，然而多读书绝非要戏剧作家掉书袋，生吞活剥地到处引用，弄得满纸"书本气"；而是要求戏剧作家"寝食其中"，"为其所化"，变为自己语言血肉之一部分。他坚决反对"多引古事，迭用人名，直书成句"，致使传奇语言"满纸皆书"，造成填塞堆垛之病。李渔主张在读书之后，当"形之笔端，落于纸上，则宜洗濯殆尽"；即使偶用成语、旧事，"妙在信手拈来，无心巧合，竟似古人寻我，并非我觅古人"。也即如王骥德所说："用在句中，令人不觉，如禅家所谓撮盐水中，饮水乃知咸味，方是妙手。"①

李渔上述观点，直到今天也是有价值的，对提高我们的戏剧语言水平很有益处。

"机趣"：智慧的笑

李渔《闲情偶寄·词曲部·词采第二》中有很重要的一款，叫做"重机趣"，认为"'机'者，传奇之精神；'趣'者，传奇之风致"。

古代学者和近代学者中也有许多人谈"机趣"、"趣"、"趣味"。袁宏道《袁中郎全集·狂言·癖嗜录叙》②曰："夫趣，生于无所倚，则圣人一生，亦不外乎趣。趣者，其天地间至妙至妙者与！"其《袁中郎全集·叙陈正甫会心集》又云："世人所难得者唯趣。趣如山上之色，水中之味，花中之光，女中之态，虽善说者不能下一语，唯会心者知之。今之人，慕趣之名，求趣之似，于是有辨说书画，涉猎古董，以为清；寄意玄虚，脱迹尘纷，以为远。又其下，则有如苏州之烧香煮茶者。此等皆趣之皮毛，何关神情！夫趣得之自然者深，得之学问者浅。当其为童子也，不知有趣，然无往而非趣也。面无端容，目无定睛；口喃喃而欲语，足跳跃而不定；人生之至乐，真无逾于此时者。孟子所谓不失赤子，老子所谓能婴儿，盖指此也，趣之正等正觉最上乘也。山林之人，无拘无缚，得自在度

---

① （明）王骥德：《曲律》，《中国古典戏曲论著集成》四，第127页。

② （明）袁宏道《袁中郎全集》，四十卷，凡文集二十五卷，诗集十五卷，有明万历间刻本，今有钱伯诚笺校本《袁宏道集笺校》，上海古籍出版社1981年版。

日，故虽不求趣而趣近之。愚不肖之近趣也，以无品也。"

近代学者梁启超后期美学思想的一个核心范畴就是"趣味"，文学研究所博士后金雅教授专门对此做了研究，指出梁启超在《趣味教育与教育趣味》、《学问之趣味》、《为学与做人》、《敬业与乐业》、《人生观与科学》、《知命与努力》等多篇文章中，突出了"趣味"的命题，从不同的侧面阐述了趣味的本质、特征、实践途径及其在人生中的意蕴，构筑了一个趣味主义的人生理想与美学理想。在本质上，梁启超的"趣味"是一种广义的生命意趣。梁启超将趣味视为生命的本质和生活的意义，趣味也是梁启超对美的本体体认。在梁启超，趣味就是一种特定的生命精神和据以实现的具体生命状态（境界）。梁启超强调了趣味的三个内在要素——情感的激发、生命的活力、创造的自由，也谈到趣味实现的一个基本前提——内发情感和外受环境的交媾。趣味是由情感、生命、创造所熔铸的独特而富有魅力的主客会通的特定生命状态。在趣味之境中，感性个体的自由创化与众生、宇宙之整体运化融为一体。主体因为与客体的完美契合而使个体生命（情感与创造）获得了最佳状态的释放，从而进入充满意趣的精神自由之境，体味酣畅淋漓之生命"春意"。

这些，对我们理解"机趣"是有益的。

"机趣"乃与"板腐"相对，"机趣"就是不"板腐"。什么是"板腐"？可以老年间的穷酸秀才喻之：他满脸严肃，一身死灰，不露半点笑容，犹如"泥人土马"；他书读得不少，生活懂得不多，如鲁迅小说中的孔乙己，满口之乎者也，"多乎哉，不多也"，但对外在世界既不了解，也不适应；他口中一本正经说出来的话，陈腐古板。就叫"板腐"。

"机趣"亦可与"八股"相对，"机趣"就是不"八股"。无论是古代八股（封建时代科举所用的八股）还是现代八股，无论土八股还是洋八股、乃至党八股，都是死板的公式、俗套，无机、无趣，如毛泽东在《反对党八股》中列举党八股罪状时所说，"语言无味，像个瘪三"。

"板腐"和"八股"常常与李渔在《窥词管见》第八则中所批评的"道学气"、"书本气"、"禅和子气"结下不解之缘。

但是，道学家有的时候却又恰恰不板腐，如李渔所举王阳明之说"良知"。一愚人问："请问'良知'这件东西，还是白的？还是黑的？"王阳明答："也不白，也不黑，只是一点带赤的，便是良知了。"假如真的像这样来写戏，就绝不会板腐，而是一字一句都充满机趣。

李渔解"机趣"为"'机'者，传奇之精神；'趣'者，传奇之风致"，说的是"机趣"对于传奇的重要意义，而未对"机趣"本身作更多解释。如果要我来解说，我宁愿把"机"看作是机智、智慧，把趣看作是风趣、趣味、笑。如果用一句话来说，"机趣"就是智慧的笑。

"机趣"不讨厌"滑稽"，但更亲近"幽默"。如果说它和"滑稽"只是一般的朋友，那么它和"幽默"则可以成为亲密的情人；因为"机趣"和"幽默"都是高度智慧（思想智慧、生活智慧）的结晶，而"滑稽"只具有中等智力水平。"滑稽"、"机趣"、"幽默"中都有笑；但如果说"滑稽"的笑是"三家村"中村人的笑，那么"机趣"和"幽默"的笑则是"理想国"里哲人的笑。因此，"机趣"和"幽默"的笑是比"滑稽"更高的笑，是更理性的笑、更智慧的笑、更有意味的笑、更深刻的笑。

"机趣"是天生的吗？李渔说："予又谓填词种子，要在性中带来；性中无此，做杀不佳。"依此言，似乎艺术天赋，包括"机趣"在内，乃"性中带来"。此言不可不信，但切不可全信。不可不信者，艺术天赋似乎在某些人身上确实存在；不可全信者，世上又从未有过天生的艺术家。艺术才情不是父母生成的，而是社会造就的。

我宁可认为："机趣"大半是后天磨练出来的。

"繁"与"简"

李渔《闲情偶寄·词曲部·宾白第四》中有两个小题目："词别繁减"和"文贵洁净"。这两款前后照应，谈宾白如何做到"繁"、"简"得当，其中道理也适用于整个戏曲和一切文章的写作。我又一次惊服李渔的高明！他的许多观点拿到今天也是十分精彩的。

何为"繁"？何为"简"？这不能简单地以文字多少而论。李渔有一句话说得特别好："多而不觉其多者，多即是洁；少而尚病其多者，少亦近芜。"譬如，由《诗》三百一般四言数句之"简"，到"楚辞"，特别是屈原《离骚》一般六言、七言，数十句、数百句之"繁"；由《左传》、《国语》每事数行、每语数字之"简"，到《史记》、《汉书》一事数百行，洋洋千言、万言之"繁"，人们既不感到前者太"少"，也并不觉得后者太

"多"，这就是它们写得都很"洁净"、精粹，话说得得当，恰到好处，没有多余的东西。清代古文家刘大櫆《论文偶记》①曰："文贵简，凡文笔老则简，意真则简，辞切则简，理当则简，味淡则简，所藏则简，品贵则简，神远而含藏不尽则简。故简为文章尽境。"清代大学者钱大昕②在《与友人论文书》中说："文有繁有简，繁者不可减之使少，犹之简者不可增之使多也。《左氏》之繁，胜于《公》、《榖》之简，《史记》、《汉书》，互有繁简。"高明的文学家、史学家大都惜墨如金，如欧阳修即是。《唐宋八家丛话》③记述这样一个故事：欧阳公在翰林日，与同院出游，有奔马毙犬于道。公曰："试书其事。"同院曰："有犬卧通衢，逸马蹄而死之。"公曰："使子修史，万卷未已也。"曰："内翰以为何如？"曰："逸马杀犬于道。"朱熹《朱子语类》记载：欧公文亦多是修改到妙处。顷有人买得他《醉翁亭记》稿，初说滁州四面有山，凡数十字。末后改定，只曰："环滁皆山也。"五字而已。④

如果以为话说得愈多愈好，文章写得愈长愈好，"唱沙作米"、"强凫变鹤"，杂芜散漫，废话连篇，如现在某些电视连续剧那样，一集的内容硬拉为两集、三集，一部连续剧非要数十集、上百集才完，那真是读者和观众的灾难！

必须学会以"意则期多，字惟求少"的标准删改文章。李渔说："每作一段，即自删一段，万不可删者始存，稍有可删者即去。""凡作传奇，当于开笔之初，以至脱稿之后，隔日一删，逾月一改，始能淘沙得金……"鲁迅和许多外国大作家也说过差不多同样的话。鲁迅主张把一切多余的字、词、句都毫不可惜地删去，并且尽量不用形容词；宁肯把小说压缩为速写，绝不肯把速写拉成小说。⑤列夫·托尔斯泰说，"应该毫不惋

---

① 刘大櫆（1698—1779），清代散文家，字才甫，一字耕南，号海峰。桐城人，一生笔耕不辍，有《海峰先生文集》10 卷、《海峰先生诗集》6 卷、《论文偶记》1 卷、《古文约选》48 卷、《历朝诗约选》93 卷等。其《论文偶记》，人民文学出版社 1998 年版。

② 钱大昕（1728—1804），清代史学家、汉学家、学者、诗文家。字晓徵，一字及之，号辛楣，又号竹汀，晚号潜研老人。江苏嘉定（今上海嘉定人）。一生著述甚富，后世辑为《潜研堂丛书》刊行。上海古籍出版社 2009 年出版《潜研堂集》。

③ ［日］增田贡撰：《唐宋八家丛话》（铅印本），日本明治二十五年（1892）。

④ （宋）朱熹：《朱子语类》卷一百三十九，中华书局 1986 年版。

⑤ 鲁迅：《答北斗杂志社问》，见《鲁迅论文学》，人民文学出版社 1959 年版，第 176 页。

惜地删去一切含糊、冗长、不恰当的地方"；"紧凑常常能使叙述显得更精彩。如果读者听到的是废话，他对它就不会注意了"①。契诃夫说："写作的技巧，其实并不是写作的技巧，而是……删掉写得不好的地方的技巧。""把每篇小说都改写五次，缩短它。"②

修改和删节的结果，就是使得每个字、每个词、每句话，都用得是地方，即李渔所谓"犬夜鸡晨，鸣乎其所当鸣，默乎其所不得不默"；而且使作品没有多余的东西存在。明代吴纳《文章辨体序说》③说："篇中不可有冗章，章中不可有冗句，句中不可有冗字，亦不可有龃龉处。"有的作者老是怕读者听不明白，说了又说，讲了又讲。其实，有时候，说不如不说，多说不如少说。列夫·托尔斯泰说："与其说得过分，不如说得不全。"④语言的锤炼功夫是一个很苦的过程。福楼拜谈到他写作的情况时这样说："转折的地方，只有八行……却费了我三天。""已经快一个月了，我在寻找那恰当的四五句话。"⑤中国古代诗人为了锤炼语言也费尽心机："两句三年得，一吟双泪流"（贾岛），"只将五字句，用破一生心"（李频），"吟安一个字，拈断数茎须"（卢延让），"日日为诗苦，谁论春与秋"（归仁和尚）。还有那个为写诗而呕心沥血的李贺。《新唐书·李贺传》中说，李贺每天一早骑一瘦马出门，一路吟哦，得句便写在纸条上投入囊中，暮归，再补足成一首首诗。他母亲十分心疼，说："是儿要呕出心乃已耳。"

说"务头"

关于"务头"之说，向来众说纷纭。

---

① 〔俄〕列夫·托尔斯泰：《日记》（1852年3月27日），《文艺理论译丛》1958年第二册，人民文学出版社1958年版；列夫·托尔斯泰：《1908年的一次谈话》，见布罗茨基主编《俄国文学史》中，蒋路、孙玮译，人民文学出版社1957年版，第1047页。

② 〔俄〕契诃夫：《论文学》，汝龙译，人民文学出版社1958年版，第15、409页。

③ （明）吴纳：《文章辨体序说》，于北山校点，人民文学出版社1962年版。

④ 〔俄〕列夫·托尔斯泰：《给克拉斯若夫的信》（1919年8月24日），《文艺理论译丛》1957年第一册，人民文学出版社1957年版。

⑤ 〔法〕福楼拜：《给路易丝·克里》（1846），转引自季莫菲也夫《文学原理》，查良铮译，平明出版社1955年版，第220页。

　　据我所知，"务头"较早见于元代周德清《中原音韵》。该书《作词十法》之第七法即"务头"："要知某调、某句、某字是务头，可施俊语于其上，后注于定格各调内。"① 究竟"务头"是什么，周德清并未给出一个明确的答案，也许读者可从"施俊语于其上"几个字体会之，或曰"务头"即为"俊语"？亦未可知。总之，语焉不详，且语焉不定，叫人摸不着头脑。所谓"后注于定格各调内"，是指在《作词十法》的第十法"定格"中，举出四十首曲子作为例证，点出何为"务头"，但对"务头"这一术语的内涵，也没有明确的解说；且如何确定某字某句为"务头"，为何确定其为"务头"，没有一个可以操作的标准。例如，有的曲子某几句是"务头"，如《山羊坡》："云松螺髻，香温鸳鸯被，掩春闺一觉伤春睡。柳花飞，小琼姬，一片声雪下呈祥瑞，把团圆梦儿生唤起。谁？不做美。呸！却是你！"周德清点出"务头在第七句至尾"。有的曲子某一句是"务头"，如《醉中天》："疑是杨妃在，怎脱马嵬灾？曾与明皇捧砚来。美脸风流杀，叵奈挥毫李白，觑着娇态，洒松烟点破桃腮。"周德清评曰"第四句、末句是务头"。有的曲子某一词或一字是"务头"，如《寄生草·饮》"长醉后方何碍？不醒时有何思？糟腌两个功名字，醅渰千古兴亡事，曲埋万丈虹霓志。不达时皆笑屈原非，但知音尽说陶潜是"中，"虹霓志"、"陶潜"是"务头"；《朝天子·庐山》"早霞，晚霞，妆点庐山画。仙翁何处炼丹砂？一缕白云下。客去斋余，人来茶罢。叹浮生指落花。楚家，汉家，做了渔樵话"中"人"是"务头"。有的曲子某一字的平仄声调是"务头"，如《凭栏人·章台行》"花阵赢输随馒生，桃扇炎凉逐世情。双郎空藏瓶，小卿一块冰"中"妙在'小'字'上'声，务头在'上'"；《满庭芳·春晚》"知音到此，舞雩点也，修禊羲之。海棠春已无多事，雨洗胭脂。谁感慨兰亭古纸？自沉吟桃扇新词。急管催银子，哀弦玉指，忙过赏花时"中"'扇'字'去'声取务头"②，等等。

　　此后，明初宁献王朱权在其《太和正音谱》序中说，他从现存剧本中"蒐猎群语，辑为四卷，名之曰《务头集韵》……为乐府楷式"③，其"务

---

　　① （元）周德清：《中原音韵》，《中国古典戏曲论著集成》一，第236页。

　　② 同上书，第238、240、241、242、244、248页。

　　③ （明）朱权：《太和正音谱》，《中国古典戏曲论著集成》三，第11页。

头"，大概重在曲子之音韵方面。明隆庆期间成书的《墨娥小录》① 卷十四之"行院声嗽"，诠释务头为"喝采"，作为佐证，可参见一百二十回本《水浒传》第五十一回有关的描写："那白秀英唱到务头，这白玉乔按喝道：'虽无买马博金艺，要动聪明鉴事人。看官喝采道是过去了。我儿且回一回，下来便是衬交鼓儿的院本。'"《袁中郎全集·解脱集》中《江南子》诗之三也说到"务头"："蜘蛛生来解织罗，吴儿十五能娇歌。旧曲嘹厉商声紧，新腔哗缓务头多。"王世贞《曲藻》中将"务头"与"板眼、撺抢、紧缓"并列。② 程明善《啸余谱》③ 一书的《凡例》中，也说"以平声用阴阳各当者为务头"，具体说，即"盖轻清处当用阴字，重浊处当用阳字"。王骥德《曲律》之《论务头第九》则给"务头"下定义曰："务头之说，《中原音韵》于北曲胪列甚详，南曲则绝无人语及之者。然南北一法，系是调中最紧要句字，凡曲遇揭起其音，而宛转其调，如俗之所谓做腔处。每调或一句，或二三句，每句或一字，或二三字，即是务头。"④

但是，我还是倾向于李渔《闲情偶寄·词曲部·音律第三》"别解务头"的看法。李渔批评《啸余谱》说，单指出某句某字为"务头"，"俊语可施于上"云云，"嗳嚅其词，吞多吐少，何所取义而称为务头，绝无一字之诠释"，仍然是一头雾水，糊里糊涂。于是，李渔以"不解解之"的方法解说务头，我觉得这倒更为实在。务头是什么？就是"曲眼"。棋有"棋眼"，诗有"诗眼"，词有"词眼"，曲也有"曲眼"："一曲有一曲之务头，一句有一句之务头。字不聱牙，音不泛调，一曲中得此一句，即使全曲皆灵；一句中得此一二字，即使全句皆健者，务头也。"换句话说，"务头"就是曲中"警策"（陆机语）之句，句中"警策"之字；或者说是曲中发光的句子，句中发光的词或字。"山不在高，有仙则名；水

① 《墨娥小录》十四卷，是一部杂录性质的著作，据考，大约元末明初成书。作者未详。现有1959年中国书店据明隆庆五年（1571）吴氏聚好堂刻本影印本。

② （明）王世贞：《曲藻》，《中国古典戏曲论著集成》四，第37页。

③ 《啸余谱》，明程明善编，有明万历刊本，又有清康熙时张汉的校刊本，此书收入著作十二种，其中与戏曲有关的计四种。

④ （明）王骥德：《曲律》，见《中国古典戏曲论著集成》四，第114页。当代学者袁震宇先生《务头考辨》［百度网"中国论文下载中心"（08－08－24　16：21：00）］对中国曲论史上关于"务头"的种种说法作了相当清晰的梳理和比较中肯的评述，颇显功力。我有关"务头"的文字多处参考了袁文，特此说明，并致谢。

不在深，有龙则灵。"务头，就是一曲或一句中的"仙"和"龙"。但是，需要特别指出的是，"务头"绝不是可以离开整体的孤零零的发光体，而是整体的一个有机组成部分。有了"务头"，可以使"全句皆健"，"全曲皆灵"。如果作为"务头"的某句、某字，可以离开"全曲"或"全句"而独自发光，那就只能是孤芳自赏，也就不是该曲或该句的"务头"；而且，一旦离开有机整体，它自身也必然枯萎。

李渔之后，清人论及务头者颇多。例如孔尚任《桃花扇》传奇第二出《传歌》，借剧中人物曲师苏昆生之口，说《牡丹亭·惊梦》〔皂罗袍〕曲"良辰美景奈何天，赏心乐事谁家院，朝飞暮卷，云霞翠轩，雨丝风片"中，"'丝'字是务头，要在嗓子内唱"。即〔皂罗袍〕曲的务头应是第七句的第二字——"丝"字阴平，齐齿呼，这儿却必须在"嗓子内唱"才合务头的唱法。与《桃花扇》所说相近，刘熙载《艺概·词曲概》认为："辨小令之当行与否，尤在辨其务头。盖腔之高低，节之迟速，此为关锁。故但看其务头深稳浏亮者，必作家也。俗手不问本调务头在何句何字，只管平塌填去，关锁之地既差，全阕为之减色矣。"①

也有些曲家明显不同意李渔对于"务头"的解释。如清末民初的吴梅《顾曲麈谈·原曲》②"要明务头"条批评说："李笠翁'别解务头'曰：凡一曲中最易动听之处③，是为务头，此论尤难辨别，试问以笛管度曲，高低抑扬，焉有不动人听者乎？况北词闪赚抗坠，更较南词易于入耳，则所谓最易动听四字，亦殊无据。"吴梅对"务头"作出了自己的定义："务头者，曲中平、上、去三声联串之处也。如七字句，则第三、第四、第五之三字，不可用同一之音；大抵阳去与阴上相连、阴上与阴平相连，或阴去与阳上相连、阳上与阴平相连亦可。每一曲中必须有三音相连之一、二语或二音（或去上、或去平、或上平，看牌名以定之）相连之一、二语，此即为务头处。"

吴梅当然是曲中大家。但他对务头的解说，我总觉得格局太小。吴梅

---

① （清）刘熙载：《艺概》，上海古籍出版社1978年版，第128页。

② 吴梅《顾曲麈谈》有1916年商务印书馆排印本，中国戏剧出版社1983年版《吴梅戏曲论文集》收此著。

③ 吴梅所引笠翁语有误，李渔《闲情偶寄》原话不是"动听"，而是"看者动情"，"唱者发调"。

似乎没有着眼于整体的戏曲美的创造，而是斤斤玩味于某字某词的平仄清浊。他这样一解说，务头完全变成了音律学上的一种技术术语，从操作的角度说，甚至成了一种纯粹的技术规程。一比较，单就这个问题而言，我觉得还是三百年前的李渔更高明。

包括戏曲在内的艺术活动，从根本上说乃是一种心灵的创造，情感的迸发，精神的升华，其中常常充满着灵感的袭击，无意识、非理性的捉弄。有时候，有心栽花花不开，无心插柳柳成荫。"感应之会，通塞之纪，来不可遏，去不可止"（陆机）；"意静神王，佳句纵横，若不可遏，宛若神助"（皎然）；"文之为物，自然灵气，惚恍而来，不思而至"（李德裕）；"文章本天成，妙手偶得之"（陆游）；"有时忽得惊人句，费尽心机做不成"（戴复古）；"得之在俄顷，积之在平日"（袁守定）；"到老始知非力取，三分人事七分天"（赵翼）；等等。技巧在这里须完全化为灵气；至于机械的技术因素，几乎没有什么地位。

回来说到吴梅的主张。即使戏曲作家完全按照吴梅关于务头的"技术"要求去做了，就一定能够创造出声情并茂的作品来么？我想未必。

"说何人，肖何人"

语言和动作是戏剧刻画人物、创造艺术美的两个最重要的手段。除了哑剧只靠动作之外，戏剧的其他种类，包括西方的话剧、歌剧，中国的戏曲，等等，都离不开语言，要通过语言塑造人物性格。而语言必须个性化。没有个性化的语言，塑造不出性格鲜明、形象丰满的人物。人物语言除了要有时代色彩和社会阶层色彩之外，还要通过语言表现出人物的秉性、年龄、出身、经历、文化修养、身份地位以及气质，表现出人物特有的思想和感情方式、说话的语调、语气和神态，等等。法国18世纪"百科全书"派首领狄德罗在《论戏剧诗》中称赞莫里哀喜剧"每个人只管说自己的话，可是所说的话符合于他的性格，刻画了他的性格"①。俄国大作家高尔基20世纪30年代在《论剧本》一文中说，戏剧要求"每个剧中人物用自己的语言和行动来表现自己的特征"，"剧中人物之被创造出来，仅

---

① ［法］狄德罗：《论戏剧诗》，载《狄德罗美学论文选》，第200页。

仅是依靠他们的台词，即纯粹的口语，而不是叙述的语言"，这就"必须使每个人物的台词具有严格的独特性和充分的表现力"。他批评某些戏剧的缺点"在于作者的语言的贫乏、枯燥、贫血和没有个性，一切剧中人物都说结构相同的话，单调的陈词滥调讨厌到了惊人的程度"①。明代臧懋循在《〈元曲选〉序二》中谈到戏曲的"当行"问题，其中就包含着如何用个性化的语言刻画人物的意思。他说："行家者，随所妆演，无不摹拟曲尽，宛若身当其处，而几忘其事之乌有；能使人快者掀髯，愤者扼腕，悲者掩泣，羡者色飞，是惟优孟衣冠，然后可与于此。故称曲上乘首曰当行。"② 我国现代大作家、《茶馆》作者老舍在 1959 年第 10 期《剧本》上谈《我的经验》时说，戏剧必须"借着对话写出性格来"。看来，重视戏剧语言并要求戏剧语言个性化，古今中外皆然。

　　李渔剧论的重要成就之一就是对戏曲语言个性化问题作了很精彩的阐述（《闲情偶寄·词曲部·词采第二》"戒浮泛"）。我认为李渔论戏曲语言个性化的高明之处，不仅在于他指出戏曲语言必须个性化（所谓"说何人，肖何人，议某事，切某事"；"说张三要像张三，难通融于李四"；"生旦有生旦之体，净丑有净丑之腔"，等等），而且特别在于指出戏曲语言如何个性化。如何个性化？当然可以有多种方法，但关键的一条，是先摸透人物的"心"，才能真正准确地写出他的"言"。李渔说："言者，心之声也，欲代此一人立言，先宜代此一人立心。"这里的"心"，指人物的精神风貌，包括人物的心理、思想、情感等一切性格特点。只有掌握他性格特点，才能写出符合他性格特点的个性化语言；反过来，也只有通过个性化语言，也才能更好地表现出他的性格特点。像李渔自己的第一部传奇《怜香伴》，在人物语言个性化方面就有许多值得称道的地方，如剧中两位青年女子崔笺云和曹语花的特殊心理情态，一些下层官员和士人（如江都教谕汪仲襄和中进士之前的曹有容）的穷酸模样，还有那帮青年秀才的世态情貌……都通过他们自己的符合其内心世界的个性化语言，刻画得有声有色、细致生动；而恶棍混混周公梦一系列令人作呕的行径也通过其独有的语言行为，描写得活灵活现。这就要求戏剧家下一番苦工夫。大家

---

① ［俄］高尔基：《论文学》，第 57—58 页。
② （明）臧懋循：《〈元曲选〉序二》，见《元曲选》第一册，中华书局 1979 年版。

知道现代著名剧作家曹禺《日出》第三幕写妓女写得极为生动，语言是充分个性化的。你可知道为了写好这些妓女，曹禺受了不少罪。江苏文艺出版社出版的《曹禺自传》①中，说到他费了好大劲，吃了好多苦，到下等妓院体验生活。"我去了无数次这些地方，看到这些人，我真觉得可怜，假如我跟她们真诚地谈话，而非玩弄性质，她们真愿意偷偷背着老鸨告诉我她们的真心话。"这样，曹禺先掌握了她们的"心"，为她们立了"心"。

人物的"心"，是在人的生活践履中，在社会磨难下生成的。戏剧家不可不知之，作家不可不知之。我们可以国学大师吴宓为例。吴先生一岁丧母，"对生母之声音笑貌，衣服仪容，并其行事待人，毫无所知，亦绝不能想象，自引为终身之恨云"。这种遭遇使他常怀"悲天悯人之心"，对草木生灵寄予爱怜之情。《吴宓自编年谱》②中记述了他的这种性情，其中一段是这样的："驾辕之骡黄而牡，则年甚老而体已衰。其尾骨之上面……露出血淋漓之肉与骨。车夫不与医治，且利用之。每当上坡、登山、过险、出泥，必须大用力之处，车夫安坐辕上，只须用右手第二、三指，在骡尾上此一块轻轻挖掘，则骡痛极……惟有更努力曳车向前急行……"这匹老骡几经折磨，终于倒地，即使"痛受鞭击"，亦不能站立，只好"放声作长鸣，自表之所苦，哀动行路"。一时或路过或休息之骡马，"约共三四十匹，一齐作哀声以和之"，"亦使宓悲感甚深"！

只有了解了人物的这种生活经历，才能掌握他的"心"，才能写出他的个性化的语言。

"戏曲"中之"宾白"

中国戏曲既是带"唱"的话剧，又是带"说"的歌剧，唱、念（说）、做、打，熔为一炉，有着十分丰富的艺术表现手段。"说"即"念白"，也即"宾白"。中国戏曲中"宾白"与"曲文"并现，是我们的民

---

① 《曹禺自传》，江苏文艺出版社1996年版。
② 《吴宓自编年谱》（1894—1925），生活·读书·新知三联书店1998年版。

族特色，为西洋戏剧所无。西洋话剧只说不唱，西洋歌剧只唱不说；中国戏曲则兼而有之，又唱又说，这是中国特有的戏曲传统。

在先秦时代或再前推若干世纪，我们祖先那里曾经是乐、舞、诗混沌一体的；后来才逐渐分立，各自成为独立的艺术门类。然而，事物常常是分久必合、合久必分，宋元时代正式形成的戏曲，实际上是把乐、舞、诗（再加上词和文等）合在一起而成的艺术新品种。并且据有的学者考证，当时就有了"戏曲"之术语。宋末元初人刘埙①《水云村稿》之《词人吴用章传》就说："至咸淳，永嘉戏曲出，泼少年化之，而后淫哇盛、正音歇。"之后，元代陶宗仪《南村辍耕录》亦提及"戏曲"，说："唐有传奇，宋有戏曲、唱诨、词说，金有院本、杂剧、诸宫调。院本、杂剧其实一也，国朝院本、杂剧始厘而二之。"②虽然此时"戏曲"与今天我们所说之"戏曲"可能略有差异，但已具今之基本含意，其发展为今天泛指中国传统戏剧形式之"戏曲"，乃顺理成章。在"戏曲"里，乐、舞、诗、词、文等并不是机械地凑合在一起，而是如化学反应那样化合在一起。"戏曲"，其中有乐而不是乐，其中有舞而不是舞，其中有诗而不是诗，其中有词而不是词，其中有文而不是文……；它是乐、舞、诗、词、文……放在一个大熔炉里冶炼而产生的全新品种。它的名字只能叫做："戏曲"。

"说"何以叫做"宾白"？有三种说法。（一）明代李诩《戒庵漫笔》③曰："两人对说曰宾，一人自说曰白。"就是说，宾是对话，白是自白。（二）徐渭在《南词叙录》中说："唱为主，白为宾，故曰宾白，言其明白易晓也。"④凌濛初的观点与这种说法相近，他在《谭曲杂札》中说：

---

① 刘埙（1240—1319），字起潜，江西南丰人，宋亡后隐居，著有《隐居通议》等书（《四库全书》收录）。其《水云村稿》（《四库全书》珍本）中收有《词人吴用章传》。参见胡忌、洛地《一条极珍贵资料发现——"戏曲"和"永嘉戏曲"的首见》，浙江艺术研究所编《艺术研究》第十一辑。

② （元）陶宗仪：《南村辍耕录》卷二十五《院本名目》。

③ （明）李诩撰《戒庵漫笔》或称《戒庵老人漫笔》，中华书局1982年出版了魏连科点校本《戒庵老人漫笔》。李诩（1506—1593），字原德，著有《世德堂吟稿》、《名山大川记》、《心学摘要》、《真率窝吟》、《牡丹谱》、《孝思便览》等，以上各书大都亡佚，流传下来的只有这部《戒庵漫笔》和少量诗文。（参见《读书》1984年第1期张耀宗《李诩其人》）

④ （明）徐渭：《南词叙录》，《中国古典戏曲论著集成》三，第246页。

"白谓之'宾白'，盖曲为主也。"① 就是说，宾乃与"主"相对的"宾客"之"宾"，即曲为主，白为宾。（三）李渔所持的是第三种意见。他不同意凌濛初等人"曲"（"唱"）、"白"的主次之分，而是认为"传奇一事也，其中义理，分为三项：曲也，白也，穿插联络之关目也"，三项并重。

李渔认为："故知宾白一道，当与曲文等视。有最得意之曲文，即当有最得意之宾白。"李渔之前、之后的一些曲家也有与李渔意见相同或相近者。如明代王骥德《曲律·论宾白第三十四》中说，宾白"其难不下于曲"，"句子长短平仄，须调停得好，令情意宛转，音调铿锵，虽不是曲，却要美听"②。明代柳浪馆《批评玉茗堂紫钗记·总评》认为，传奇的"曲、白、介、诨"四个要素中，"词是肉，介是筋骨，白、诨是颜色。如《紫钗》者，第有肉耳，如何转动，却不是一块肉尸而何！此词家所大忌"。柳浪馆是袁宏道在家乡公安县所建别墅，他在这里做学问，颇有建树，汤显祖《还魂记》（即《牡丹亭》）、《紫钗记》的柳浪馆刻本即是其中之一。柳浪馆《批评玉茗堂紫钗记·总评》这段文字，见于明末柳浪馆刻本《批评玉茗堂紫钗记》卷首。清代黄振《石榴记·凡例》说道："词曲譬画家之颜色，科白则勾染处也。勾染不清，不几将花之瓣、鸟之翎混而为一乎？故折中如彼此应答，前后线索转弯承接处，必挑剔得如，须眉毕露，不敢稍有模棱，致多沉晦。"《石榴记》传奇乃清代乾隆年间戏曲作家黄振所作，现存有清乾隆三十七年柴湾村舍刻本和清嘉庆四年拥书楼重刻本。其《石榴记·凡例》即见于该书之首。

对于中国的戏曲来说，曲、白、科（介）、诨，唱、念、做、打……都是戏曲美创造中不可缺少的有机环节，各司其职，哪一个都不能忽视。李渔也并非不重视曲词，也非不重视诗文，然戏曲、稗官更需倾目。他曾

① （明）凌濛初《谭曲杂札》中引了上面《戒庵漫笔》"两人对说曰宾，一人自说曰白"那句话后，说"未必确。古戏之白，皆直截道意而已；惟《琵琶》始作四六偶句，然皆浅浅易晓"，然后说"白谓之'宾白'，盖曲为主也"。见于《中国古典戏曲论著集成》四，第259页。凌濛初（1580—1644），明末小说家、戏曲家，字玄房，一字元方，号初成、雅成、迪知子，别号即空观主人，乌程仁舍（今湖州市仁舍乡）人，著作有拟话本小说集《拍案惊奇》初刻和二刻（《二刻拍案惊奇》），戏曲《虬髯翁》、《颠倒姻缘》、《北红拂》、《乔合衫襟记》和《蓦忽姻缘》等。

② （明）王骥德：《曲律·论宾白第三十四》，《中国古典戏曲论著集成》四，第141页。

自谓："余于诗文非不究心，然得志愉快，总不敢以稗官为末技。"① 所以从李渔时代由"抒情中心"向"叙事中心"转移的意义上，李渔特别重视戏曲，特别重视充分表现戏曲叙事性特点的宾白，是一个历史性进步，甚至是一种戏曲美学史上的开创性的行为。对此更应该予以高度评价。

李渔当年所说的"宾白"，乃与"曲文"相对；如果说"曲文"是"唱"出来的，那么"宾白"就是"说"（"念"）出来的。宾白既是念白、说白，那么"念"、"说"易乎？非也。听李渔在《闲情偶寄·演习部·教白第四》的"高低抑扬"、"缓急顿挫"两款中谈念白的奥妙和教习的秘诀，的确大长见识。李渔认为，不但"唱"要讲韵律美，"说"同样也要讲韵律美。本以为唱曲难、念白易，却原来念白比唱曲更难。为什么？因为唱曲有曲谱可依，而念白则无腔板可按，全凭实践体验、暗中摸索。难怪梨园行中"善唱曲者十中必有二三，工说白者百中仅可一二"。念白必须念出高低抑扬、缓急顿挫，要"高低相错，缓急得宜"。李渔根据自己长期的实践经验，总结出念白的一些要领，譬如，一句念白，要分出"正"、"衬"，"主"、"客"，"主"高而扬，"客"低而抑；一段念白，要找出"断"、"连"的地方，当断则断，应连即连。大约两三句话只说一事，当一气赶下；若言两事，则当稍断，不可竟连。此中奥妙，往往只可意会，难以言传。

现代的诗朗诵也借鉴了戏曲念白的许多经验。我的一位老师、著名朗诵诗人高兰教授讲诗朗诵时，就要求朗诵者学习戏曲演员念白时抑扬、顿挫的方法和换气的要领。他指出若几句诗表达一个意思时，要一气赶下，速度应稍快；若强调某一句诗，则它的前一句应稍低，则念到这一句时声音提高，自然就突现出来。他还强调朗诵时一定要根据诗情，朗诵出波澜，朗诵出层次，不可平铺直叙。有时声音低，听起来印象反而深；若一味高声大嗓、激昂慷慨，甚至手舞足蹈，则反而淹没了该强调之处，费力不讨好。他举过一个例子。抗战时在武汉，有人朗诵鲁迅的《狂人日记》，一路高亢，且手势不断，精彩处反而表现不出来。事后，他对朗诵者说，你不像朗诵《狂人日记》，倒像狂人朗诵《日记》。

---

① 李渔的话，见杜濬为李渔《十二楼》所作的《序》。有的本子为："余于诗文非不究心，然得志愉快，总不敢以小说为末技。"该书现代版本很多，江苏古籍出版社1991年版较细。

现代京剧念白一般分为两种：一是"韵白"，用湖广音、中州音，青衣、花脸、老生、老旦说的就是韵白；一是"京白"，用北京话说，常带"儿"音，通常由小丑、太监、花旦、彩旦用之。如《法门寺》中小丑贾桂念状纸的一大段"贯口白"，以及贾桂和大太监刘瑾之间的大段对白，就是用的北京话。那段"贯口白"越念越快，表现了演员的高超技巧；那段对白声色俱妙，味道十足，酣畅淋漓地刻画出人物性格。京剧念白继承了数百年来戏曲念白的经验，并加以发展，甚至形成了专工念白的所谓"念工戏"。如《连升店》就是由扮演秀才的小生和扮演店主的小丑之间长篇对白作为主要部分。有的演员念白达到炉火纯青的地步。如现代京剧表演艺术家周信芳在《四进士》中扮演的小吏宋士杰，在公堂上与赃官的唇枪舌剑，大段念白精妙绝伦，堪称绝"唱"。俗话说，说的比唱的还好听。周先生的这段"说"，的确比"唱"的好听。

戴着镣铐的跳舞

李渔《闲情偶寄·词曲部·音律第三》中曾诉说填词之"苦"。李渔所诉之"苦"，无非是说创作传奇要受音律之"法"的限制，而且强调传奇的音律之"法"比其他种类（诗、词、文、赋）更为苛刻，是一种"苛法"，因此，"最苦""莫如填词"。其实，诗、词、文、赋，各有各的苦处和难处，岂独填词制曲？读者玩味这段文字，当体察笠翁苦心：把"填词"说得越难，就越能显出戏曲家才能之高，所谓"能于此种艰难文字显出奇能，字字在声音律法之中，言言无资格拘挛之苦，如莲花生在火上，仙叟弈于桔中，始为盘根错节之才，八面玲珑之笔"者也。

李渔所说"莲花生在火上，仙叟弈于桔中"之美的创造，是以深刻掌握和熟练运用汉语音韵声调规律为基础的。在汉语中，当组合一个句子的时候，字的四声、平仄、清浊、轻重等不同，读出来，不但意思大不相同；而且听起来或逆耳或顺耳，美感享受判然有别。字、词、句子的读音"轻重"、"清浊"，这在外国语言如英语、俄语中也有，没什么稀罕；但"四声"、"平仄"，则纯属中国特色。在《闲情偶寄·词曲部·宾白第四》"声务铿锵"中，李渔正是谈如何运用"四声"、"平仄"使得宾白铿锵动听。

中国古代很早就讲究音律。《左传·襄公二十九年》① 季札观乐，当听到《颂》时，就有"五声和，八风平，节有度，守有序"之赞。《左传·昭公二十五年》子产论礼，也谈到"为九歌、八风、七音、六律，以奉五声"。《国语·郑语》中史伯也有"和六律以聪耳"和"声一无听"之论。《吕氏春秋·仲夏纪》② 论"适音"曰："何为适？衷音之适也。何为衷？大不出钧，重不过石，大小轻重之衷也。黄钟之宫，音之本也，清浊之衷也。衷也者，适也。以适听适则和矣。"刘向《说苑·修文》③ 中说："言语顺，应对给，则民之耳悦矣。"陆机《文赋》④ 说："暨音声之迭代，若五色之相宣。"范晔《狱中与诸甥侄书》⑤ 说："性别宫商，识清浊，斯自然也。"到沈约，中国的语言音律学臻于完备，其《宋书》卷六十七列传第二十七《谢灵运》中说："夫五色相宣，八音协畅，由乎玄黄律吕，各适物宜。欲使宫羽相变，低昂互节。若前有浮声，则后须切响。一简之内，音韵尽殊，两句之中，轻重悉异。妙达此旨，始可言文。"这为中国文学语言讲究音韵、律调、四声、平仄等奠定了基础。中国诗、词、歌、赋、戏曲等的韵律美，正是通过"四声"、"平仄"等创造出来的。戏曲常常讲"声情并茂"，那"声茂"，就是韵律美；而且，不但"唱"要讲韵律美，"说"（"白"）同样也要讲韵律美。京剧大师周信芳的道白之美，堪称一绝，那真是声情并茂。其情茂姑且不论；其声茂，那就是运用字音的四声、平仄、清浊、轻重、缓急、顿挫、高低、抑扬而创造出来的韵律美。如前面所指出的，听他《宋士杰》等戏中的道白，比听唱还过瘾。不但古典诗词戏曲讲究韵律美，而且现代诗也应该讲究韵律美。闻一多的诗之韵律，就常常令人陶醉。我的一位老师高兰教授是现代著名的朗诵诗人，他就专门研究诗朗诵中，如何通过掌握语言的发声规律，平上去入、清浊轻重，选配得当，从而创造出高低抑扬、缓急顿挫的韵律美。他不但有理论，而且有实践。抗战时，他写了许多优秀的朗诵诗，在民众中朗

---

① （周）左丘明：《左传》，有中华书局1990年版杨伯峻编著《春秋左传注》。

② （秦）吕不韦：《吕氏春秋》，有1991年中华书局据经训堂丛书本影印本。

③ （汉）刘向：《说苑》，有1987年中华书局《说苑校证》（向宗鲁校证）。

④ （晋）陆机：《文赋》，载《昭明文选》卷十七，今有1999年中州出版社《昭明文选》（唐代李善的注本）。

⑤ （南北朝宋）范晔：《狱中与诸甥侄书》，见《宋书·范晔传》，《后汉书》亦附之。

诵，常催人泪下。有一次他朗诵《哭亡女苏菲》，满座唏嘘，他自己也泣不成声。直到新中国成立后，在给我们讲课时，还常常在课堂上朗诵。那真是一种美的享受。

但是，要知道，这种美，却是如李渔所说，是于"艰难文字"之中显出的"奇能"，是"字字在声音律法之中，言言无资格拘挛之苦，如莲花生在火上，仙叟弈于桔中"，从而表现出的"盘根错节之才，八面玲珑之笔"。

说到这里，使我想起现代大诗人闻一多先生关于写诗的一个著名比喻：戴着镣铐跳舞。其实，不只写诗如此；填词、制曲、作文、画画，没有一件不是戴着镣铐跳舞。再扩而大之，人按照规则做事，没有一件不是戴着镣铐跳舞。再扩而大之，人类一切文明活动，无一不是戴着镣铐跳舞。人类诞生之前的大自然，其本身作为纯粹的"天"，没有"镣铐"，但也没有文明；一有了"人"，为了利于人类的生存和发展，便有了维护生存和发展的人为的规则，即"镣铐"，但这"镣铐"（规则）却是文明的标志。这是多么无可奈何的事情啊！有人不喜欢文明"镣铐"的制约。如庄子认为"马四足"，是"天"，没有"镣铐"；"牛穿鼻"，是"人"（即荀子所说的"伪"，即人为），加上了"镣铐"；他反对"牛穿鼻"而赞赏"马四足"，主张返璞归真，回归自然。奥地利心理学家弗洛伊德也把文明（"人"）与本能（"天"）对立起来，认为心理疾病常常是"超我"的理性（即文明的"镣铐"）对"本我"的非理性（即自然本能）的压抑、束缚的结果。西方马克思主义代表人物之一马尔库塞写了一本书叫做《爱欲与文明》，吸收并修正了弗洛伊德的思想；提出有一部分"文明"（理性、规则、"镣铐"）并不与人的"爱欲"（非理性、原始的本能）相矛盾，文明并不必定压抑本能。但，这是将来的事，未来社会将会有一种没有压抑的文明、与本能相一致的文明诞生出来。然而迄今为止的人类，却一直是以文明规则（"镣铐"）去制约、规范、束缚自然本能，从而求得发展和进步。人类文明的历史，就是戴着越来越精致的镣铐跳舞的历史，而且是跳得越来越自由的历史。

但愿人们不会误认为我是在鼓吹或赞美"奴隶思想"。我只是不想自己提着自己的头发离开地球而已。

古来填词制曲者，确实有戴着镣铐跳舞而跳得很自由、很美的。譬如马致远杂剧《汉宫秋》第三折这段唱词：

> 【梅花酒】……他他他，伤心辞汉主；我我我，携手上河梁。他部从入穷荒，我銮舆返咸阳。返咸阳，过宫墙；过宫墙，绕回廊；绕回廊，近椒房；近椒房，月昏黄；月昏黄，夜生凉；夜生凉，泣寒螿；泣寒螿，绿纱窗；绿纱窗，不思量！【收江南】呀！不思量，除是铁心肠，铁心肠，也愁泪滴千行。

这里的叠字和重句，用得多好！韵也押得贴。字字铿锵，句句悦耳，而且一句紧似一句，步步紧逼，丝丝紧扣，非常真切地表现了主人公的神情。

还有王实甫《西厢记·哭宴》中莺莺这段唱：

> 【正宫·端正好】碧云天，黄花地，西风紧，北雁南飞。晓来谁染霜林醉？总是离人泪。

金圣叹《第六才子书》（金批《西厢》）中在这段唱词后面批道："绝妙好辞。"的确是绝妙好辞！用字，用词，音律，才性，写景，抒情……浑若天成，可谓千古绝唱。

也有戴着镣铐跳舞跳得不好的。如李渔认为李日华所改编之《南西厢》便是"玷西厢名目者此人，坏词场矩度者此人，误天下后世之苍生者，亦此人也"。李渔之前之后，还有陆采、徐复祚、李调元诸人，对李日华《南西厢》亦颇有微词。

但是，也有为李日华辩护者，明末《衡曲麈谈》中说："王实甫《西厢》……日华翻之为南，时论颇弗取。不知其翻变之巧，顿能洗尽北习，调协自然，笔墨中之炉冶，非人官所易及也。"[①] 从历史事实看，李日华《南西厢》不但数百年来频频上演，而且屡被选本（《六十种曲》等）所收，通行于世。

这段公案之是非，清官难断，姑且置之弗论；此处我想说的是，由

---

① （明）张琦：《衡曲麈谭》，《中国古典戏曲论著集成》四，第269页。

"南"、"北"对举及"南"、"北"翻改，倒引起我另外的两点体味，就教于诸君。

其一，南曲、北曲之差别。明清学者对此多有探索，而青木正儿《中国近世戏曲史》第十四章加以总括，颇为精彩，今录之，以飨读者：（一）北主劲切雄丽；南主清峭柔远。（二）北气易粗；南气易弱。（三）北力在弦；南力在板。（四）北字多而调促，促处见筋；南字少而调缓，缓处见眼。（五）北则辞情多而声情少；南则辞情少而声情多。（六）北宜合歌；南宜独奏。

其二，翻改或续书，大多费力不讨好。李渔那个时候有改《西厢》、续《水浒》者；今天有续《红楼》、续《围城》者。我之认为《水浒》、《红楼》不可续，倒不是李渔所谓"续貂蛇足"，而是因为它不符合艺术创作的规律。艺术是创造，是"自我作古"，是"第一次"。"续"者，沿着别人走过的路走，照着别人的样子描，与艺术本性相悖。这样的人，如李渔所说，"止可冒斋饭吃，不能成佛作祖"，成不了大气候。

何不自己另外创造全新的作品？

残忍的美

"戴着镣铐跳舞"的美是一种残忍的美，而那制造残忍美的"镣铐"，如上节所述，即是"音律"。

所谓"音律"者，实则含有两个内容：其一是音韵，即填词制曲的用韵（按照字的韵脚押韵）问题；其二是曲律，即填词制曲的合律（符合曲谱规定的宫调、平仄、词牌、句式）问题。这里涉及戏曲音律学的许多非常专门的学问，然而李渔以其丰富的实践经验，从应用的角度，把某些高深而又专门的学问讲得浅近易懂、便于操作，实在难得，非高手不能达此境界。

李渔《闲情偶寄·音律第三》中有五款是谈音韵的，即《恪守词韵》、《鱼模当分》、《廉监宜避》、《合韵易重》、《少填入韵》。如果用闻一多先生的比喻音律是"镣铐"，那么音律之中的音韵即是"脚镣"——因为中国的诗词歌赋曲文押韵，极少句首或句中押韵，而主要是句末押韵，即押脚韵，故，这脚韵不是"脚镣"是什么？

　　戴着脚镣跳舞，是十分别扭的事。所以毛泽东在1957年1月给臧克家的信中说，"旧诗""不宜在青年中提倡，因为这种体裁束缚思想，又不易学"，"怕谬种流传，贻误青年"，这其中自然也包括旧诗的押韵太费事。但是，事情总有两面。押韵押得好，又给戏曲诗词等增加了音韵美。而且这是别的手段所取代不了的；音韵的审美效果也是别的手段所创造不出了的。试想，假若戏曲的唱词，如前面我们所举《汉宫秋》中那段《梅花酒》和《西厢记》中那段《正宫·端正好》，没有押韵，演员唱出来会是什么效果？观众听起来会是什么感受？

　　既然如此，那么还是让戏曲戴着脚镣跳舞吧。

　　多么"残忍"！真正的艺术家却甘愿承受这种"残忍"。有一次在一个电视节目中，为了说明芭蕾舞演员之不易，主持人让一位芭蕾舞女演员露出了她的脚，看后我倒抽一口凉气：她的大脚趾完全变形了，几乎是横在那里。她为她心爱的芭蕾艺术而作出了牺牲。还有广州军区政治部文工团的杂技芭蕾舞剧《天鹅湖》两位主角，"王子"魏葆华和"天鹅"吴正丹，他们的"肩上芭蕾"和"头上芭蕾"成为东西方艺术杂交之后创造出的新品种，一种艺术"绝活"，给人以美的享受。但是我在"艺术人生"节目听他们讲述排练过程，真有点惨不忍听和惨不忍睹：男主角的肩和头被女主角的足尖儿像锥子似的往下拧，肉皮都烂掉了！为了美的艺术和艺术的美，他们甘愿忍受这一切。

　　而且还有比"脚镣"更加"残忍"的。日本电影《望乡》的女主角，不是为了创造出一个受蹂躏的老年妓女的情状，拔掉了几颗牙齿吗？相比之下有的女演员为了创造角色的需要，把一头美发剃光，根本不算什么牺牲。

　　有时候，艺术美真是一种"残忍"的美！

　　有时候，艺术真是一种"残忍"的事业！

　　然而，杰出的艺术家正是在这种"残忍"中创造了奇迹，取得了辉煌的成就。中国的戏曲艺术家们，包括京剧的四大名旦，评剧的筱白玉霜，豫剧的常香玉……哪一个不是通过艰苦卓绝的"残忍"磨炼才达到他们的艺术极致！台上三分钟，台下十年功。

"有口"与"无口","死音"与"活曲"

李渔可谓真精通音律者也。从《闲情偶寄·演习部·授曲第三》"调熟字音"、"字忌模糊"以及"解明曲意"等款来看,他摸透了汉字的发声规律,并且非常贴切地运用于戏曲演员的演唱与念白之中,这就是所谓"有口"与"无口","死音"与"活曲"的理论。

"字忌模糊"款所说的"有口"与"无口",是说演员演唱时出口要分明,吐字要清楚。他说:"学唱之人,勿论巧拙,只看有口无口;听曲之人,慢讲精粗,先问有字无字。字从口出,有字即有口。如出口不分明,有字若无字,是说话有口,唱曲无口,与哑人何异哉?……舌本生成,似难强造,然于开口学曲之初,先能净其齿颊,使出口之际,字字分明,然后使工腔板,此回天大力,无异点铁成金,然百中遇一,不能多也。"这就需要演员刻苦学习和训练基本功,夏练三伏,冬练三九,一刻不能放松,这样练到一定程度,就会使演员唱出来的每一个字,令观众听得真真切切,清清爽爽。但是今天有的流行歌手却故意让人听不清他唱的是什么字,而且有人居然对此倍加赞赏,说这是他的特有风格乃至其迷人之处。真是见了鬼了!

如果说"有口"与"无口"是着重从如何发音吐字的技术层面着眼,那么"解明曲意"款所说的"死音"与"活曲",则着重于对曲意的理解和把握。李渔认为,那种不解曲意,"口唱而心不唱,口中有曲而面上身上无曲,此之谓无情之曲",也即"死音";只有解明曲意,全身心地、全神贯注地演唱,才是"活曲"。这里的"死"、"活"二字,道出了艺术的真谛。在我看来,艺术(审美)本来就是一种生命活动。它是人类生命的一种存在方式,是人类生命的一种活动形式。"活"是生命的显著标志;"死"则意味着生命的消失。"死音",犹如行尸走肉,无生命可言,无美可言,自然也即无艺术可言;只有"活曲",有生命流注其中,才美,才是真正的艺术。真正的艺术家,是把自己的生命投入艺术之中的,他的艺术就是他的生命的一部分。据古德济《托尔斯泰评传》记述,俄国大作家列夫·托尔斯泰说过:"只有当你每次浸下了笔,就像把一块肉浸到墨水瓶里的时候，你才应该写作。"① 演员的表演亦如是。清代著名小生演员徐小香有"活公瑾"之称，为什么？因为他用自己的生命去演周瑜，因而把人物演活了；即使"冠上雉尾"，也流注着生命，"观者咸觉其栩栩欲活"。现代著名武生演员盖叫天有"活武松"之称，也是因为他把自己的生命化为角色（武松）的生命。

"调熟字音"款既谈唱曲，也谈念白。李渔说："调平仄，别阴阳，学歌之首务也。然世上歌童解此二事者，百不得一。不过口传心授，依样葫芦，求其师不甚谬，则习而不察，亦可以混过一生。独有必不可少之一事，较阴阳平仄为稍难，又不得因其难而忽视者，则为'出口'、'收音'二诀窍。世间有一字，即有一字之头，所谓出口者是也；有一字，即有一字之尾，所谓收音者是也。尾后又有余音，收煞此字，方能了局。譬如吹箫、姓萧诸'箫'字，本音为箫，其出口之字头与收音之字尾，并不是'箫'。若出口作'箫'，收音作'箫'，其中间一段正音并不是'箫'，而反为别一字之音矣。（余澹心云：门外汉那得知！）且出口作'箫'，其音一泄而尽，曲之缓者，如何接得下板？故必有一字为之头，以备出口之用，有一字为之尾，以备收音之用，又有一字为余音，以备煞板之用。字头为何？'西'字是也。字尾为何？'夭'字是也。尾后余音为何？'乌'字是也。字字皆然，不能枚纪。《弦索辨讹》② 等书载此颇详，阅之自得。要知此等字头、字尾及余音，乃天造地设，自然而然，非后人扭捏成者也，但观切字之法，即知之矣。（尤展成云：妙喻！）《篇海》、《字汇》③ 等书，逐字载有注脚，以两字切成一字。其两字者，上一字即为字头，出口者也；下一字即为字尾，收音者也；但不及余音之一字耳。无此上下二字，切不出中间一字，其为天造地设可知。"李渔此论，只有真正的戏曲行家才能说得出来，至今仍有实际的指导作用。

关于唱曲，前面已经有所论述，此处着重谈念白。李渔之前也有人对念白提出过很好的见解，如明代沈宠绥《度曲须知》就谈到字的发音可以

① ［俄］古德济：《托尔斯泰评传》，朱笄译，时代出版社 1954 年版，第 160 页。
② 《弦索辨讹》：一部研究戏曲演唱格律的专著，明代沈宠绥著，见《中国古典戏曲论著集成》五。
③ 《篇海》、《字汇》：《篇海》即《四声篇海》，韵书，金代韩孝彦著；《字汇》即明代梅膺祚著的一部字书。

有"头、腹、尾"三个成分，例如，"箫"字的"头"是"西"，"腹"是"鏖"，"尾"是"呜"。唱"箫"字时，要把上述三个成分唱出来，不过，"尾音十居五六，腹音十有二三，若字头之音，则十且不能及一"。李渔吸收、继承了沈氏的思想，提出曲文每个字的演唱要注意"出口"（"字头"）、"收音"（"字尾"）、"余音"（"尾后"）。如唱"箫"字时，"出口"（"字头"）是"西"，"收音"（"字尾"）是"夭"，"余音"（"尾后"）是"乌"。熟悉演唱的人一比较就会知道，李渔所提出的"出口"、"收音"、"余音"的演唱发声方法，比沈宠绥的方法，令观众听起来更清晰。因为，沈氏的"尾"、"腹"、"头"的时间比例不尽合理。

李渔所提出"调熟字音"及前面所说"有口"、"无口"等，对今天的话剧演员也极有用，即演员说台词一定要出口分明，吐字清清爽爽。这使我想起当年周总理对北京人民艺术剧院演员提出的要求："你们的台词要让观众听清楚。"据人艺著名演员刁光覃回忆，周总理对某些演员语言基本功差、声音不响亮、吐字不清楚，是不满意的，他要演员注意台词不清而影响演出效果的问题。今天的演员，不论是话剧演员还是戏曲演员，都应该借鉴李渔的思想，提高自己的演出水平。

科诨非小道

戏曲中插科打诨并非"小道"，也非易事。李渔《闲情偶寄·词曲部·科诨第五》中把它比作"看戏之人参汤"，乃取其"养精益神"之意。这个比喻虽不甚确切，却很有味道。

科诨是什么？表面看来，就是逗乐、调笑；但是，往内里想想，其中有深意存焉。人生有悲有喜，有哭有笑。悲和哭固然是免不了的，喜和笑也是不可缺少的。试想，如果一个人不会笑、不懂得笑，那将何等悲哀，何等乏味？现在姑娘们找对象，就常常喜欢找那种有幽默感的。因此，会笑乃是人生的一种财富。戏剧的功能之一就是娱乐性；娱乐，就不能没有笑。戏曲中的笑（包括某部戏中的插科打诨，也包括整部喜剧），说到底也是基于人的本性。但是，观众笑什么？为什么笑？如何引他们发笑（总不能像相声里所说的，观众本不想笑，硬是去胳肢他让他发笑吧）？这里面大有学问。笑有不同种类、不同性质、不同内涵。譬如有纯生理的笑，刚出生不久的婴儿的笑、用手胳肢使人发笑等即属此类；但人的大多数笑都有社会的、文化的意义。有无意识、下意识的笑，但大多数笑是有意识的。有肯定性的、赞许的笑，但有相当多的笑是否定性的，像刀子一样尖利的。有的笑是爱，有的笑是恨。有的笑是笑自己，有的笑是笑别人。有的自以为是笑别人，实际上是笑自己，果戈理《钦差大臣》演到最后，演员指着满场笑着的观众说："你们是在笑自己！"笑的样子也几乎是无穷无尽的：微笑、大笑、狂笑、傻笑、抿着嘴笑、咧开口笑、低着头笑、仰着脸笑、捧腹而笑、击掌而笑、嘻嘻而笑、吃吃而笑、强笑、苦笑、讪笑、淫笑、冷笑、阴笑、奸笑、蠢笑、天真的笑、羞涩的笑、会心的笑、得意的笑、放肆的笑、无聊的笑、刻薄的笑、挖苦的笑、忧郁的笑、开心的笑、皮笑肉不笑、含着眼泪笑、低三下四的笑、无可奈何的笑、连讽带刺的嘲笑、歇斯底里的疯笑……那么，戏曲中的笑是什么样的笑？我想，这种笑就其种类、性质、内涵和形态来说，应该是比较宽泛的；现实中自然状态的一切笑都可以作为它的原料。但是，它有一个最低限，那就是经过戏曲家的艺术创造，它必须是具有审美意味的、对人类无害有益的。这是戏曲中笑的起跑线。从这里起跑，戏曲家有着无限广阔的创造天地，可以是低级的滑稽，可以是高级的幽默，可以是正剧里偶尔出现的笑谑（插科打诨），可以是整部精彩的喜剧……当然，不管是什么情况，观众期盼的都是艺术精品，是戏曲作家和演员的"绝活"。

李渔在《闲情偶寄·词曲部·科诨第五》的四款中所探讨的就是这个范围里的部分问题。前两款，"戒淫亵"和"忌俗恶"，是从反面对科诨提出的要求，要避免低级下流和庸俗不堪——这个问题现在仍然是需要注意的，有的戏，喜欢用些"脏话"和"脏事"（不堪入目的动作）来引人发笑，实在是应该禁戒的恶习。后两款，"重关系"和"贵自然"，是从正面对科诨提出的要求，要提倡寓意深刻和自然天成，"我本无心说笑话，谁知笑话逼人来"。他所举"简雍之说淫具"和"东方朔之笑彭祖面长"，雅俗共赏，非常有趣，的确是令人捧腹的好例子。

中西音乐：一个外行人的外行话

"丝竹"者，弦乐与管乐也。李渔认为"丝竹"可以使女子变化情性，陶冶情操。关于"丝",李渔提到琴、瑟、蕉桐、琵琶、弦索、提琴（非现在所谓西方之提琴），等等，他认为最宜于女子学习的是弦索和提琴；关于"竹"，李渔提到箫、笛、笙，等等，他认为最宜于女子学习的是箫。今天管弦乐队的乐器，品种当然要多得多，一个大型乐队可以占满一个大舞台，可以演奏规模宏阔的大型乐曲，各种交响乐、奏鸣曲——不过，这是后话；李渔当时所谈的只是家庭娱乐时的抚琴吹箫而已。

中国古代的琴瑟之乐，乃是文人墨客陶冶性情的雅乐，极富雅趣，就像他们赋诗作画一样。因此，人们总是把琴棋书画并称。古代的知识分子（士大夫阶层），常常达则兼济天下、穷则独善其身。他们平时讲究修身养性，自我完善，而丝竹之乐就成为他们以娱乐的形式进行修身养性的手段。

说到这里，笔者忽然感到应该思考思考中国音乐与西方音乐的某种差别——笔者说的只是一个外行人的皮毛的、浮浅的感受，还没有深入到理性的层次，贻笑大方。鄙人姑妄言之，诸君姑妄听之。

笔者认为，中国古典音乐从总体上说是一种潺潺流水式的、平和的、温文尔雅的、充满着中庸之道的音乐，是更多地带着某种女人气质的柔性音乐、阴性音乐，是像春风吹到人身上似的音乐，是像细雨打到人头上似的音乐，是像中秋节银色月光洒满大地似的音乐，是像处女微笑似的音乐，是像寡妇夜哭似的音乐。讲究中和是它的突出特点。《春江花月夜》、《梅花三弄》以及流传至今受到挚爱的广东音乐、江南丝竹，等等，都是如此。而像《十面埋伏》那样激烈的乐曲，则较少。

西方古典音乐从总体上说是一种大江大河急流澎湃式的、激烈的、充满矛盾的音乐，是更多地带着某种男人气质的刚性音乐、阳性音乐，是像狂风吹折大树似的音乐，是像暴雨冲刷大地似的音乐，是像阿尔卑斯山那样白雪皑皑、雄浑强健的音乐，是像骑士骑马挎剑似的音乐，是像西班牙斗牛士般的音乐，强调冲突是它的突出特点。贝多芬的《英雄交响曲》及其他交响曲是它的代表性风格。即使是舞曲，也常常让人听出里面带有骑士的脚步。

西方音乐由于感情的激昂和激烈，矛盾冲突的尖锐，音乐家的生命耗费过大，因而音乐家往往是短命的。

而中国音乐，由于追求平和、中庸，通过音乐修身养性进而益寿延年，如同通过绘画、书法修身养性一样，因而没有听说过中国古代的音乐家像西方音乐家那样短寿。

导演艺术：二度创作

李渔《闲情偶寄·演习部》中所谓《选剧》、《变调》、《授曲》、《教白》、《脱套》五个部分所谈，相当于今天我们所说的导演所要面对和所要处理的问题。导演艺术是对原剧文本进行再创造的二度创作艺术。所谓二度创作，一是指要把剧作家用文字创造的形象（它只能通过读者的阅读在想象中呈现出来）变成可视、可听、活动着的舞台形象，即在导演领导下，以演员的表演（如戏曲舞台上的唱、念、做、打，等等）为中心，调动音乐、舞美、服装、道具、灯光、效果等各方面的艺术力量，协同作战，熔为一炉，创造出看得见、听得到、摸得着的综合性的舞台艺术形象。二是指通过导演独特的艺术构思和辛勤劳动，使这种综合性的舞台艺术形象体现出导演、演员等新的艺术创造：或者是遵循剧作家的原有思路而使原剧文本得到丰富、深化、升华；或者是对原剧文本进行部分改变，弥补纰漏、突出精粹；或者是加进原剧文本所没有的新的内容。但是无论进行怎样的导演处理，都必须尊重原作，使其更加完美；而不是损害原作，使其面目全非。

具体讲来，一个导演，首先要选择一个好的适合于他的剧本。《闲情偶寄·演习部·选剧第一》中所谓"别古今"和"剂冷热"，就是李渔当时提出的选剧标准。"别古今"主要从教率歌童的角度着眼，提出要选取那些经过长期磨炼、"精而益求其精"、腔板纯正的古本作为歌童学习的教材。这也是由中国戏曲特殊教育方式和长期形成的程式化特点所决定的。一方面，中国古代没有戏曲学校，教戏都是通过师傅带徒弟的方式进行，老师一招一式、一字一句地教，学生也就一招一式、一字一句地学，可能还要一面教学、一面演出，因此，就必须找可靠的戏曲范本。另一方面，中国戏曲的程式化要求十分严格，生、旦、净、末，唱、念、做、打，出场、下场，服装、切末（道具），音乐、效果，等等，都有自己的"死"规定，一旦哪个地方出点差错，内行的观众就可能叫倒好。这样，也就要求选择久经考验的"古本"作为模范。"剂冷热"则是要求在选剧时就要考虑到演出，即要从演出角度着眼，选择那些雅俗共赏的剧目上演。在这里，李渔有一个观点是十分高明的："予谓传奇无冷热，只怕不合人情。如其离合悲欢，皆为人情所必至，能使人哭，能使人笑，能使人怒发冲冠，能使人惊魂欲绝，即使鼓板不动，场上寂然，而观者叫绝之声，反能震天动地。"所以，选择剧目不能只图"热闹"，而要注重其是否"为人情所必至"；戏曲作家则更应以这个标准要求自己的创作。现在有些戏剧、电影、电视剧作品，只顾"热闹"，不管"人情"，难道不值得深思吗？

《变调第二》，说的是导演对原剧文本进行"缩长为短"和"变旧为新"的导演处理。李渔关于对原剧文本进行导演处理的意见，与现代导演学的有关思想相近。他在《闲情偶寄·演习部》提出八字方针："仍其体质，变其丰姿。"即对原剧文本的主体如"曲文与大段关目"，不要改变，以示对原作的尊重；而对原剧文本的枝节部分如"科诨与细微说白"，则可作适当变动，以适应新的审美需要。其实，李渔所谓导演可作变动者，不只"科诨与细微说白"，还包括原作的"缺略不全之事，刺谬难解之情"，即原作的某些纰漏，不合理的情节布局和人物形象。如李渔指出《琵琶记》中赵五娘这样一个"桃夭新妇"千里独行，《明珠记》中写一男子塞鸿为无双小姐煎茶，都不尽合理。他根据自己长期的导演经验，对这些缺略之处进行了弥补，写出了《琵琶记·寻夫》改本和《明珠记·煎茶》改本（实际上是导演脚本）附于《变调第二》之后，为同行如何进行导演处理提供了一个例证和样本。李渔关于对原剧文本进行导演处理的上述意见，有一个总的目的，即如何创造良好的舞台效果以适应观众的审美需要，这是十分可贵的，至今仍有重要参考价值。我国现代大导演焦菊隐在《导演的构思》[①] 一文中曾说："戏是演给广大观众看的，检验演出效果的好坏，首先应该是广大观众。因此，导演构思一个剧本的舞台处理，心目中永远要有广大观众，要不断从普通观众的角度来考虑舞台上的艺术处理，检查表现手法，看看一般的普通观众是否能接受，能欣赏。"当然，关于对原剧文本进行导演处理时导演究竟有多大"权限"，仍存在不同意见。一个明显的例子是最近关于电视连续剧《雷雨》对话剧《雷雨》导演处理是否得当的争论。我的朋友中，就有两种截然相反的意见。有的认为电视剧导演严重"越权"，撇开《雷雨》原作另行一套，是对曹

---

① 见《焦菊隐戏剧论文集》，上海文艺出版社1979年版。

禺的大不敬，导演是失败的；有的认为电视剧导演富于创造精神，丰富了原作的艺术内涵并加以发展，富有新意，导演是成功的。孰是孰非，有待方家高见。

这一节的精彩之处不仅仅在于李渔所提出的导演工作的一般原则；而尤其在于三百多年前提出这些原则时所具有的戏剧心理学的眼光。在今天，戏剧心理学、观众心理学乃至一般的艺术心理学，几乎已经成为导演、演员的常识，甚至普通观众和读者也都略知一二；然而在三百多年前的清初，能从戏剧心理学、观众心理学的角度提出问题，却并非易事。要知道，心理学作为一门学科的建立，就世界范围来说，从德国的冯特算起不过一百二三十年的历史；而艺术心理学、戏剧心理学、观众心理学、读者心理学的出现，则是 20 世纪的事情，甚至是晚近的事情。上述学科作为西学的一部分东渐到中国，更是晚了半拍甚至一拍。而李渔则在心理学、艺术心理学、戏剧心理学、观众心理学等学科建立并介绍到中国来之前很久，就从戏剧心理学、观众心理学甚至剧场心理学的角度对中国戏曲的导演和表演提出要求。譬如，首先，李渔注意到了日场演出和夜场演出对观众接受所造成的不同心理效果。艺术不同于其他事物，它有一种朦胧美。戏曲亦不例外，李渔在《闲情偶寄·演习部·变调第二》"缩长为短"条中认为它"妙在隐隐跃跃之间"，"观场之事，宜晦不宜明"。限于当时的灯光照明和剧场环境，日场演出，太觉分明，观众心理上不容易唤起朦胧的审美效果，此其一；其二，大白天，难施幻巧，演员表演"十分音容"，观众"止作得五分观听"，这是因为从心理学上讲，"耳目声音散而不聚故也"；其三，白天，"无论富贵贫贱"，"尽有当行之事"，观众心理上往往有"妨时失事之虑"，而"抵暮登场，则主客心安"。其次，李渔体察到忙、闲两种不同的观众会有不同的观看心态。中国人的欣赏习惯是喜欢看有头有尾的故事，但一整部传奇往往太长，需演数日以至十数日才能演完。若遇到闲人，一部传奇可以数日看下去而心安理得；若是忙人，必然有头无尾，留下深深遗憾。正是考虑到这两种观众的不同心理，李渔认为应该预备两套演出方案：对清闲无事之人，可演全本；对忙人，则将情节可省者省去，"与其长而不终，无宁短而有尾"。在其他地方，李渔也讲到戏剧心理学方面许多问题。例如谈"出脚色"，提出主要脚色不应出得太迟；太迟，主角可能被认为是配角，而配角反误为主角。讲开头，提出要做到"开卷之初，当以奇句夺目，使之一见而惊，不敢弃去"。讲"小收煞"，提出"宜作郑五歇后，令人揣摩下文"，"使人想不到、猜不着"；若能猜破，"则观者索然，作者赧然"。谈"大收煞"，提出要能"勾魂摄魄"，"使人看过数日，而犹觉声音在耳、情形在目"，等等。这些思想由一个距今三百多年前的古人说出来，实在令人佩服。

《授曲第三》、《教白第四》主要讲导演如何教授和指导演员排练。这就是"优师"要做的工作——在李渔那里，导演兼任"优师"。

李渔集戏曲作家、戏班班主、"优师"、导演于一身，有着丰富的艺术经验。他《闲情偶寄》中自称"曲中之老奴，歌中之黠婢"，凭借"作一生柳七，交无数周郎"的阅历和体验，道出常人所道不出的精彩见解。其实，不只言传身教，而且无形的熏陶也会使人受益无穷，演员在李渔这样的"优师"和导演身边长期生活，近朱者赤、近墨者黑，潜移默化，自有长进。

然而，亦需演员自己刻苦磨炼，才能成为真正的表演艺术家。明李开先《词谑·词乐》中记载了颜容刻苦练功的故事。颜容实际上是一个"下海"的票友："……乃良家子，性好为戏，每登场，务备极情态；喉音响亮，又足以助之。尝与众扮《赵氏孤儿》戏文，容为公孙杵臼，见听者无戚容，归即左手捋须，右手打其两颊尽赤，取一穿衣镜，抱一木雕孤儿，说一番，唱一番，哭一番，其孤苦感怆，真有可怜之色，难已之情。异日复为此戏，千百人哭皆失声。归，又至镜前，含笑深揖曰：'颜容，真可观矣！'"[①] 倘若没有在穿衣镜前，怀抱木雕孤儿，说一番、唱一番、哭一番的训练和如此投入的情感体验，绝不会有"千百人哭皆失声"的巨大成功。还有一个例子。明末清初的侯方域《马伶传》写南京一个名叫马锦的演员，因演《鸣凤记》中严嵩这个奸臣而不如别的演员演得好，便到京城一个相国（也是奸臣）家，为其门卒三年，服侍相国，察其举止，聆其语言，揣摩其形态，体验其心理。三年后重新扮演严嵩这个角色，大获成功，连三年前扮演严嵩比他强的那个演员，也要拜他为师。[②] 为了演好一

---

① （明）李开先：《词谑》，《中国古典戏曲论著集成》三，第353—354页。

② （清）侯方域：《马伶传》，载《壮悔堂文集》卷五。《侯方域集校笺》（上册为《壮悔堂文集》12卷），中州古籍出版社1992年版。

个角色，刻苦磨炼三年，令人钦佩！

　　戏曲是综合性的艺术，其综合性的好坏就表现在舞台上的各个成分是否配合默契，这也是导演职责范围之内的事情。李渔在"吹合宜低"款中论述了合唱与独唱的"分合"，戏场锣鼓的协调，丝、竹、肉（演唱与伴奏）的一致等问题。成功的导演，应该像一个优秀的钢琴家，十个指头左移右挪、按下抬上、此起彼伏、相得益彰，把各个音符组合成一支美妙的乐曲。如果一个指头按的不是地方，或者拍节不对，都是对有机整体的破坏。然而，将舞台上所有这些因素都配合有致，的确不太容易。有一次我们在开封开会，正赶上中秋节，主人热情地为我们组织了一台晚会。古筝演奏、二胡演奏、琵琶演奏、男声独唱、女声独唱，都很精彩，演员的确是用自己的心在演奏、在歌唱；但美中不足在伴奏和锣鼓。场地本来不大，观众也不足百人；可锣鼓却震耳欲聋，伴奏也常常盖过了歌声。这正犯了李渔当年所批评的戏场锣鼓"当敲不敲，不当敲而敲"，"宜重而轻，宜轻反重"，锣鼓"盖过声音"，"戏房吹合之声高于场上之曲"的毛病。

　　李渔在"吹合宜低"款中，还谈到优师教演员唱曲的方法。这里又使我想起李开先《词谑》中所写优师周全授徒的情形："徐州人周全，善唱南北词……曾授二徒：一徐锁，一王明，皆兖人也，亦能传其妙。人每有从之者，先令唱一两曲，其声属宫属商，则就其近似者而教之。教必以昏夜，师徒对坐，点一炷香，师执之，高举则声随之高，香住则声住，低亦如是。盖唱词惟在抑扬中节，非香，则用口说，一心听说，一心唱词，未免相夺；若以目视香，词则心口相应也。"[①]在当时的条件下，周全可谓一个善于因材施教，而且方法巧妙的戏曲教师；即使今天，亦可列入优秀。

　　此外，李渔作为导演特别重视正舞台之台风，即涤除表演上的恶习。《闲情偶寄·演习部·脱套第五》"衣冠恶习"、"声音恶习"、"语言恶习"、"科诨恶习"等数款，对当时戏曲舞台上的某些鄙俗表现和低劣风气痛加针砭，准确而深刻，得到同道者强烈共鸣。余怀眉批："余向有此三疑，今得笠翁喝破，若披雾而睹天矣。然此物误人不浅，即以花面着之，亦不为过，但恐着青衫者未必尽君子耳。"我看，李渔所言在今天仍有现实意义。这实际上是树什么样的舞台台风的问题。李渔谈到当时的演员不

---

　　① （明）李开先：《词谑》，《中国古典戏曲论著集成》三，第353页。

论何种场合都喜欢说"呀"、"且住"等语言恶习。今天某些流行歌星的"语言恶习"比起李渔那时简直有过之而无不及。现在，时代"进步"了，社会"发展"了，倒是不说"呀"、"且住"之类了，而改说"哇"、"谢谢"、"希望你喜欢"；而且不论何种场合，什么时间，说这些话时都要用港味儿普通话，港味儿越浓越好；说的时候越是嗲声嗲气越好，越是对观众表现出媚态越好；说"谢谢"，不是演出完毕谢幕时，而是在演出之前，献媚之态可掬。李渔在谈"科诨恶习"时，批评了当时演员为了博观众一笑常常做出"以臀相向"等猥亵动作。今天的某些相声演员或小品演员，不是也常常以不太高雅的动作来取笑吗？不是常常以生理缺陷作为噱头吗？不是常常以人们平时难以出口的下流语言制造"效果"吗？真真是连"科诨恶习"也"现代化"了。我希望对舞台恶习进行一次大扫除。

"取材"与"正音"

这里还要补充谈谈李渔关于选择演员和培养演员问题的论述。

对于李渔这个戏曲家来说，教习歌舞根本是为了登场演剧。就此，他在《闲情偶寄·声容部·习技第四》"歌舞"中从三个方面谈到了如何教习演员：一曰"取材"，即因材施教，根据演员的自然条件来决定对他（她）的培养方向——是旦、是生、是净、是末；二曰"正音"，即纠正演员不规范的方言土音；三曰"习态"，即培养演员的舞台做派。这三个方面，李渔都谈出了很有见地的意见，甚至可以说谈得十分精彩。而我最感兴趣的是第二点，而且我的兴奋点还不是在教习演员的问题上。是什么？是语言学问题，更具体说，是语音学问题，是方言问题。中国社会科学院有一个语言研究所，那里有专门研究语音问题的专家，特别是研究方言的专家，他们常常到各地作方言调查；笔者的母校山东大学有几位老师也专作方言研究，五六十年代我上学的时候，他们还领学生下去进行方言调查，并且写了文章在学报上发表。而李渔谈"正音"，正是对方言问题提出了很有学术价值的意见。因为李渔走南闯北，见多识广，对各地的方言都有接触，而有的方言，他还能深入其"骨髓"，把握得十分准确，不逊于现代的方言专家。譬如，对秦晋两地方言的特点，李渔就说得特别到位，令今人也不得不叹服。他说："秦音无'东钟'，晋音无'真文'；秦音呼'东钟'为'真文',晋音呼'真文'为'东钟'。"用现在的专业术语来说,秦音中没有 eng(亨的韵母)、ing(英)、ueng(翁)、ong(轰的韵母)、iong(雍)等韵,当遇到这些韵的时候一律读成 en(恩)、in(音)、uen(文)、un(晕)等韵。相反,晋音中没有 en(恩)、in(音)、uen(文)、un(晕)等韵,当遇到这些韵的时候,一律读成 eng(亨的韵母)、ing(英)、ueng(翁)、ong(轰的韵母)、iong(雍)等韵。李渔举例说,秦人呼"中"为"肫",呼"红"为"魂";而晋人则呼"孙"为"松",呼"昆"为"空"。我对秦晋两地的人有所接触,我的感受同李渔完全一样。比较一下他们的发音,你会感到李渔说的真是到家了!三百年前的李渔有如此精到的见解,真了不起!

中国地广人多、方言各异的状况,李渔认为极不易交往,对政治、文化(当时还没有谈到经济)的发展非常不利。他提出应该统一语音。他在《闲情偶寄·声容部·习技第四》"歌舞"条谈"正音"时说:"至于身在青云,有率吏临民之责者,更宜洗涤方音,讲求韵学,务使开口出言,人人可晓。常有官说话而吏不知,民辨冤而官不解,以致误施鞭扑,倒用劝惩者。声音之误人,岂浅鲜哉!"

由李渔的意见,也可以见到今天推广普通话是多么必要和重要啊!

文化

《闲情偶寄·声容部·习技第四》"文艺"这一款是讲通过识字、学文、知理,提高人(李渔主要是指女子)的文化素养的问题。李渔说:"学技必先学文。非曰先难后易,正欲先易而后难也。天下万事万物,尽有开门之锁钥。锁钥维何?文理二字是也。寻常锁钥,一钥止开一锁,一锁止管一门;而文理二字之为锁钥,其所管者不止千门万户。盖合天上地下,万国九州,其大至于无外,其小至于无内,一切当行当学之事,无不握其枢纽,而司其出入者也。此论之发,不独为妇人女子,通天下之士农工贾,三教九流,百工技艺,皆当作如是观。以许大世界,摄入文理二字之中,可谓约矣,不知二字之中,又分宾主。凡学文者,非为学文,但欲明此理也。此理既明,则文字又属敲门之砖,可以废而不用矣。天下技艺无穷,其源头止出一理。明理之人学技,与不明理之人学技,其难易判若天渊。"

人是文化的动物。文化是人之所以为人的基本标志。世界上的现象无非分为两类：自然的，文化的。用《庄子·秋水》中的话来说，即"天"（自然）与"人"（文化）。何为天？何为人？《庄子·秋水》① 中说："牛马四足，是谓天；落马首，穿牛鼻，是谓人。"就是说，天就是事物的自然（天然）状态，像牛与马本来就长着四只足；而人，则是指人为、人化，像络住马头、穿着牛鼻，以便于人驾驭它们。简单地说，天即自然，人即文化。不过，庄子有一种反文化的倾向，他主张"无以人灭天"，提倡"反其真"，退回到自然状态。与庄子相比，荀子的思想态度是积极的。《荀子·礼运》② 中说："性者，本始材朴也；伪者，文理隆盛也。无性则伪之无所加；无伪则性不能自美。"这里的"性"，就是事物本来的样子，即自然；这里的"伪"，就是人为，就是人的思维、学理、行为、活动、创造，即文化。假如没有"性"，没有自然，人的活动就没有对象，没有依托；假如没有"伪"，没有文化，自然就永远是死的自然，没有生气、没有美。荀子主张"化性而起伪"，即通过人的活动变革自然而使之成为文化。人类的历史就是"化伪而起性"的历史，就是自然的人化的历史，也就是文化史。文化并非如庄子所说是要不得的，是坏事；相反，是人之为人的必不可缺的根本素质，是好事。倘若没有文化，"前人类"就永远成不了人，它就永远停留在茹毛饮血的动物阶段；人类也就根本不会存在。

因此，人聪明还是愚钝，高雅还是粗俗，美还是丑，善还是恶，等等，不决定于自然，而决定于文化。文化素质的高低，是后天的学习和培养的过程，是自我修养和锻炼的过程。李渔讲的正是这个道理。他在《闲情偶寄·声容部·习技第四》"文艺"条中认为，"文理"就像开门的锁钥。不过它不只管一门一锁，而是"合天上地下，万国九州，其大至于无外，其小至于无内，一切当行当学之事，无不握其枢纽，而司其出入者也"。所以，李渔提出"学技必先学文"，而"学文"，是为了"明理"，只有明理，天下事才能事事精通，而且一通百通。

李渔所讲的这个道理是对的。

---

① 孙通海译注：《庄子》（中华经典藏书），中华书局 2007 年版。
② （清）王先谦：《荀子集解》，中华书局 1988 年版。

第二章　园林篇

题记

中国的园林艺术是组织空间、创造空间的艺术，而它之组织空间、创造空间又与西方园林乃至一般的西方造型艺术有很大不同。中国古代造园艺术家和理论家对自己的园林艺术实践进行了理论总结，形成了中华民族独特的园林美学。

中国园林，如李渔《闲情偶寄·居室部》所说，特别讲究"不拘成见"、"出自己裁"，即独创性和艺术个性，特别重视艺术意境和韵味，特别提倡虚实结合、时空浑然一体。中国园林建筑艺术中，"隔"与"通"，"实"与"虚"，相互勾结，相互联合，相辅相成，使你感到意味无穷，而窗子和栏杆的"隔离"起到至关重要的作用，造成奇特的美感效果。借景是中国园林艺术中创造艺术空间、扩大艺术空间的一种精深思维方式和绝妙美学手段；它是中国的"国粹"，"独此一家，别无分店"——外国的园林艺术实践找不到"借景"，外国的园林美学中也找不到借景理论。

中国的园林艺术家精心构思自己的园林作品，如林语堂《吾国与吾民·居室与庭园》①所说，"当其计划自己的花园时，有些意境近乎宗教的热情和祠神的虔诚"。这里举两个例子。一个是明末的祁彪佳，他少年得志，17岁中举，21岁中进士，进入仕途，曾巡按苏松，颇有政绩，后被排挤降俸，辞官回乡（今浙江绍兴）筑寓山别业，寄情山水。其《寓山注·自序》记述筑园构思曰："卜筑之初，仅欲三五楹而止，客有指点之音，某可亭，某可榭，予听之漠然，以为意不及此。及于徘徊数回，不觉

① 林语堂：《吾国与吾民》，陕西师范大学出版社2006年版。

问客之言耿耿胸次，某亭某榭果有不可无者。前役未罢，辄于胸怀所及，不觉领异拔新，迫之而出。每至路穷径险，则极虑穷思，形诸梦寐，便有别辟之境地，若为天开。以故兴愈鼓，趣亦愈浓，朝而出，暮而归。偶有家冗，皆于烛下了之。枕上望晨光乍吐，即呼奚奴驾舟，三里之遥，恨不促之于跬步，祈寒盛暑，体粟汗浃，不以为苦，虽遇大风雨，舟未尝一日不出。摸索床头金尽，略有懊丧意。及于抵山盘旋，则购石庀材，犹怪其少。以故两年以来，囊中如洗。予亦病而愈，愈而复病，此开园之痴癖也。园尽有山之三面，其下平田十余亩，水石半之，室庐与花木半之。为堂者二，为亭者三，为廊者四，为台与阁者二，为堤者三。其他轩与斋类，而幽敞各极其致，居与庵类，而纡广不一其形；室与山房类，而高下分标其胜。与夫为桥为榭，为径为峰，参差点缀，委折波漏，大抵虚者实之，实者虚之，聚者散之，散者聚之，险者夷之，夷者险之。如良医之治病，攻补互投；如良将之用兵，奇正并用；若名手作书，不使一笔不灵；若名流作文，不使一语不韵，此开园之营构也。"①

另一个是生活于清乾隆年间多才多艺的穷秀才沈复（三白），其《浮生六记》卷二《闲情记趣》中有一段关于中国园林特点的概说，相当精到："若夫园亭楼阁，套室回廊，叠石成山，栽花取势，又在大中见小，小中见大，虚中有实，实中有虚，或藏或露，或浅或深。不仅在'周回曲折'四字，又不在地广石多徒烦工费。或掘地堆土成山，间以块石，杂以花草，篱用梅编，墙以藤引，则无山而成山矣。大中见小者，散漫处植易长之竹，编易茂之梅以屏。小中见大者，窄院之墙宜凹凸其形，饰以绿色，引以藤蔓；嵌大石，凿字作碑记形；推窗如临石壁，便觉峻峭无穷。虚中有实者，或山穷水尽处，一折而豁然开朗；或轩阁设厨处，一开而通别院。实中有虚者，开门于不通之院，映以竹石，如有实无也；设矮栏于墙头，如上有月台而实虚也。贫士屋少人多，当仿吾乡太平船后梢之位置，再加转移。其间台级为床，前后借凑，可作三榻，间以板而裱以纸，则前后上下皆越绝，譬之如行长路，即不觉其窄矣。"②

---

① （明）祁彪佳：《寓山注》，见《祁彪佳集》卷七，中华书局1960年版。
② 《浮生六记》是清代沈复（字三白，号梅逸）的自传体散文，作于嘉庆十三年（1808），以手抄本流传，上海闻尊阁铅印本刊行于1877年，之后书商和出版社争相刊刻，据统计，一百多年来，中外已有120多个版本刊行。

李渔晚于祁彪佳十数年而早于沈复数十年，其《闲情偶寄》正是中国古典园林美学的一部标志性著作。中华民族园林美学的许多重要思想，你都可以在《闲情偶寄》中找到精彩论述。

李渔称"置造园亭"乃其"绝技"之一

李渔在《闲情偶寄·居室部·房舍第一》中自称"生平有两绝技"："一则辨审音乐，一则置造园亭。"这两个绝技，不但有实践，而且有理论。

"辨审音乐"的实践有《笠翁十种曲》的创作和家庭剧团的演出可资证明，李渔集剧作家、导演、"优师"于一身，对于音律绝对是行家里手，在他的同时代恐怕没有人能同他比肩，甚至在他之后，终有清一代也鲜有过其右者。"辨审音乐"的理论则有《闲情偶寄》的《词曲部》、《演习部》、《声容部》的大量理论文字告白于世，他对音律的理论阐述，至今仍放射着光彩。对此，前面我们已略述一二。

"置造园亭"的实践至今在某些书籍中仍然有迹可寻。位于北京弓弦胡同的半亩园就是李渔的园林作品。从保存在清代麟庆《鸿雪因缘图记》中的半亩园图可以看到，李渔构思高妙，房舍庭树、山石水池安排得紧凑而不局促，虽在半亩之内，却流利舒畅、清秀恬静。① 李渔的另一园林作品是金陵的芥子园，园址在今南京的韩家潭，是李渔移家金陵后于康熙七年前后营造的。此园在当时人们心目中已经十分有名，据李渔的朋友方文在《三月三日邀孙鲁山侍郎饮李笠翁园即事作歌》云："因问园亭谁氏好？城南李生富辞藻。其家小园有幽趣，垒石为山种香草。"② 由方文所谓"小

---

① （清）朱一新撰：《京师坊巷志稿》（上）："牛排子胡同　麟庆鸿雪因缘图说：半亩园在弓弦胡同内，本贾中丞汉复宅。李笠翁客贾幕时，为葺新园，垒石成山，引水作沼，平台曲室，奥如旷如。乾隆初杨韩庵员外得之，又归春馥园观察，道光辛丑始归十余。"（北京占籍出版社 1982 年版）

② 该诗见于《嵞山续集》卷二。方文的《嵞山集》、《嵞山续集》、《嵞山再续集》有北京出版社 1998 年的影印本。作者方文（1612—1669），字尔止，号嵞（音 tú）山，安徽安庆府桐城人。著有《嵞山集》十二卷，续集《四游草》四卷（北游、徐杭游、鲁游、西江游合一卷），又续集五卷，共二十一卷。方文之诗以甲申之变为界分前后两期，前期学杜，多苍老之作；后期专学白居易，明白如话，长于叙事。

园"、"幽趣"、"垒石"、"香草"可以想见此园特点。从李渔自己在《芥子园杂联序》、《闲情偶寄》和其他诗文中的描绘可知，该园不满三亩，却能以小胜大，含蓄有余。园内有名为"浮白轩"①的书房，有名曰"来山阁"的楼阁，有赏月的"月榭"，有排练和观赏戏曲的"歌台"，有与房屋相连"屋与洞混而为一"的假山石洞"栖云谷"，有种植着芙蕖（荷花）的池水，有"植于怪石之旁"的盆中茶花小树，有"最能持久愈开愈盛"的石榴红花……除这两处小巧玲珑的园林之外，李渔还有两处规模较大的园林作品，即早年在家乡建造的伊园和晚年在杭州建造的层园。它们也都是园林中的上乘之作。伊园在其家乡本不知名的伊山之麓，李渔在《卖山券》②一文中自述，此山"舆志不载，邑乘不登，高才三十余丈，广不溢百亩"，既无"寿山美箭"，也不见"诡石飞湍"；但是李渔在这里却发现了"清泉流淌、山色宜人"的美，而且又进一步"山麓新开一草堂，容身小屋及肩墙"，创造了人造园林之美。根据李渔自己有关伊园的一些诗（如《伊园杂咏》③、《伊园十二宜》④、《伊山别业成寄同社五首》⑤等）的描述，我们可略窥其景致："对面好山才别去，当头明月又相留"，"水淡山浓瀑布寒，不须登眺自然宽"，"听罢松涛观水面，残红皱处又成章"，"溪山多少空濛色，付与诗人独自看"……他还给园中亭台起了许多颇有情致的名字并配诗，如"迁径"："小山深复深，曲径折还折"；"燕又堂"："有时访客去，抽断路边桥"；"停舸"："海外有仙舟，风波不能险"；"宛转桥"："桥从户外斜，影向波间浴"；"踏影廊"："手捻数茎髭，足踏鲜花影"，等等。他对伊园自我评价是："虽不敢上希蓬岛，下比桃源，方之辋川、剡溪诸胜境，也不至多让。"⑥虽然显得自负了些，但可见其自己非常满意。晚年在杭州吴山之麓购山筑园，自谓此山"由麓至巅，不知历几十级也"，故名"层园"。它依山而面湖，挽城而抱水，"碧波千

---

① （清）李渔在《闲情偶寄·居室部》中把芥子园中楹联匾额如"来山阁"、"浮白轩"、"栖云谷"、"仿佛舟行三峡里，俨然身在万山中"，等等，画图印出。

② （清）李渔：《卖山券》，见《笠翁文集》卷二，《李渔全集》第一卷，第128—129页。

③ 《伊园杂咏》，见《笠翁诗集》卷三，《李渔全集》第二卷，第260页。

④ 《伊园十二宜》，见《笠翁诗集》卷三，《李渔全集》第二卷，第313页。

⑤ 《伊山别业成寄同社五首》，见《笠翁诗集》卷二，《李渔全集》第二卷，第165页。

⑥ 语见（清）李渔《十二楼·闻过楼》，《李渔全集》第九卷，第274页。

顷，环映几席，两峰、六桥，不必启户始见，日在卧榻之前，伺余动定"①。李渔曾自题一联，曰："尽收城郭归檐下，全贮湖山在目中。"② 李渔友人丁澎为《一家言》所作的《序》之中曾引述李渔自己描述层园之状貌的话："高其甍③，有堂坳然，危楼居其巅，四面而涵虚。其欂栌则有卷曲若蠖者，牖则有纳景如绘者，棁则有若蛛丝大石弓者，户则有杌而兽者，檐则有蜿蜒下垂而欲跃者，或俯或仰，倏忽烟云吐纳于其际。小而视之，特市城中一抔土耳。凡江涛之汹涌，巀峰之崛岉，西湖之襟带，与夫奇禽嘉树之所颉颃，寒暑惨舒，星辰摇荡，风霆雨瀑之所磅礴，举骇于目而动于心者，靡不环拱而收之几案之间。"④ 很可惜，这些园林作品我们今天已经无法看到了。

至于"置造园亭"的理论，则有《闲情偶寄》的《居室部》、《种植部》、《器玩部》洋洋数万言的文字流传于世，尤其是《居室部》，可谓集中表现了李渔关于房屋建筑和"置造园亭"的美学思想。《居室部》共五个部分，"房舍第一"谈房舍及园林地址的选择、方位的确定，屋檐的实用和审美效果，天花板的艺术设计，园林的空间处理，庭院的地面铺设，等等。"窗栏第二"谈窗栏设计的美学原则及方法，窗户对园林的美学意义，其中还附有李渔设计的各种窗栏图样。"墙壁第三"专谈墙壁在园林中的审美作用，以及不同的墙壁（界墙、女墙、厅壁、书房壁）的艺术处理方法。"联匾第四"谈中国房舍和园林中特有的一种艺术因素"联匾"的美学特征，以及它对于创造园林艺术意境和房舍的诗情画意所起的重要作用；李渔还独出心裁创造了许多联匾式样，并绘图示范。"山石第五"专谈山石在园林中的美学品格、价值和作用，以及用山石造景的艺术方法。

---

① （清）李渔：《〈今又园诗集〉序》，《笠翁文集》卷一，《李渔全集》第一卷，第39页。

② 见《芥子园画传》初集《序》。《芥子园画传》有康熙版、乾隆版等各种版本，国家图书馆、上海图书馆等均有收藏。

③ 甍：音 méng，屋脊也。

④ 李渔的话见丁澎《〈一家言〉序》，《李渔全集》第二卷，第3—4页。

贵在独创

"房舍第一"开头的一段小序，表现了李渔十分精彩的园林建筑美学思想。尤其是他关于房舍建筑和园林创作的艺术个性的阐述，至今仍有重要的学术价值。艺术贵在独创，房舍建筑和园林既然是一种艺术，当然也不例外。但是，无论李渔当时还是现在，却往往有许多人不懂这个道理。例如，现在的北京和其他绝大多数城市的民居，千篇一律，毫无个性。如若不信，你坐直升机在北京及其他城市上空转一转，你会看到到处都是批量生产的"火柴盒"，整齐划一地排列在地上，单调乏味，俗不可耐，几乎无美可言，无艺术性可言。李渔生活的当时，某些"通侯贵戚"造园，也不讲究艺术个性，而且以效仿名园为荣。有的事先就告诉大匠："亭则法某人之制，榭则遵谁氏之规，勿使稍异"；而主持造园的大匠也必以"立户开窗，安廊置阁，事事皆仿名园，丝毫不谬"而居功。李渔断然否定了这种"肖人之堂以为堂，窥人之户以立户，少有不合，不以为得，反以为耻"的错误观念。他以辛辣的口吻批评说："噫，陋矣！以构造园亭之胜事，上之不能自出手眼，如标新创异之文人；下之不能换尾移头，学套腐为新之庸笔，尚嚣嚣以鸣得意，何其自处之卑哉！"李渔提倡的是"不拘成见"，"出自己裁"，充分表现自己的艺术个性。他自称"性又不喜雷同，好为新异"，"葺居治宅"，必"创新异之篇"。他的那些园林作品，如层园、芥子园、伊园等，都表现出李渔自己的艺术个性。就拿李渔早年在家乡建造的伊园来说吧，李渔在《伊园十便·小序》中这样写道："伊园主人结庐山麓，杜门扫轨，弃世若遗，有客过而问之曰：子离群索居，静则静矣，其如取给未便何？对曰：余受山水自然之利，享花鸟殷勤之奉，其便实多，未能悉数，子何云之左也。"[1] 李渔按照自己的个性，就是要把伊园建成一个十分幽静的具有山林之趣的远离市嚣的别墅花园，所谓"拟向先人墟墓边，构间茅屋住苍烟。门开绿水桥通野，灶近清流竹引泉"[2]。还有李渔居住金陵期间根据自己的兴趣爱好和实际需要设计建造的

---

① （清）李渔：《伊园十便》，《笠翁诗集》卷三，《李渔全集》第二卷，第310页。
② （清）李渔：《拟构伊山别业未遂》，《笠翁诗集》卷二，《李渔全集》第二卷，第148页。

那个小小的三亩芥子园，"屋居其一，石居其一"①，再种上一些花草林木，实用、审美，二而一之，非常有个性，有特点。李渔所造之园，"一椽一桷，必令出自己裁，使经其地、入其室者，如读湖上笠翁之书，虽乏高才，颇饶别致"。

因地制宜

中国园林美学特别讲究因地制宜。这也是李渔的一个突出思想。

因地制宜的精义在于，园林艺术家必须顺应和利用自然之性而创造园林艺术之美。这就要讲到园林艺术创造中自然与人工的关系。创造园林美既不能没有自然更不能没有人工。园林当然离不开山石、林木、溪水等自然条件，但美是人化的结果，是人类客观历史实践的结果，园林美更是人的审美意识外化、对象化、物化的产物。同人毫无关系的自然，例如，人类诞生之前的山川日月、花木鸟兽，只是蛮荒世界，无美可言；只有有了人，才有了美。人类发展到一定阶段，才有了作为美的集中表现的艺术，包括园林艺术。园林艺术的创造正是园林艺术家以山石、花木、溪水等为物质手段，把自己心中的美外化出来，对象化出来。但是，人所创造出来的园林美，又要因地制宜而妙肖自然，假而真。沈复《浮生六记》卷四《浪游记快》中记述他在海宁所见之安澜园，即因地制宜，"人工而归于天然"："游陈氏安澜园，地占百亩，重楼复阁，夹道回廊；池甚广，桥作六曲形；石满藤萝，凿痕全掩；古木千章，皆有参天之势；鸟啼花落，如入深山。此人工而归于天然者。余所历平地之假石园亭，此为第一。曾于桂花楼中张宴，诸味尽为花气所夺，惟酱姜味不变。姜桂之性老而愈辣，以喻忠节之臣，洵不虚也。"

李渔在《闲情偶寄·居室部·房舍第一》"高下"款中所说的"因地制宜之法"，深刻论述了园林艺术创造中自然与人工关系如何处理的问题。他提出的原则是顺乎自然而施加人力，而人又起了关键性的作用。居宅、园圃，按常理是"前卑后高"，"然地不如是而强欲如是，亦病其拘"。怎

---

① （清）李渔：《闲情偶寄·种植部·木本第一》"石榴"款，见中国社会科学出版社2009年版校注本《闲情偶寄　窥词管见》，第188页。

么办？这就需要"因地制宜"：可以高者造屋、卑者建楼；可以卑者叠石为山，高者浚水为池；又可以因其高而愈高之、竖阁磊峰于峻坡之上，因其卑而愈卑之、穿塘凿井于下湿之区。但起主导作用的是人。所以，李渔的结论是："总无一定之法，神而明之，存乎其人。"

"因地制宜"的原则并非李渔首创，早于李渔的计成（1582—?）在所著《园冶》中就有所论述。计成说："园林巧于因借，精在体宜。"这里的"因"，就是"因地制宜"；"借"，就是"借景"（后面将会谈到）。计成还对"因借"作了具体说明："因者，随基势高下，体形之端正，碍木删桠，泉流石注，互相借资，宜亭斯亭，宜榭斯榭，不妨偏径，顿置婉转，斯为精而合宜者也。"[①]

"因地制宜"的原则又可以作广义的理解。可以"因山制宜"（有的园林以山石胜），"因水制宜"（有的园林以水胜），"因时制宜"（按照不同时令栽种不同花木），还可以包括"因材施用"（依物品不同特性而派不同用场）。我国优秀的园林艺术作品中不乏"因地制宜"的好例子。清代沈复《浮生六记》卷四《浪游记快》中所记用"重台叠馆"法所建的皖城王氏园即是："其地长于东西，短于南北。盖紧背城，南则临湖故也。既限于地，颇难位置，而观其结构，作重台叠馆之法。重台者，屋上作月台为庭院，叠石栽花于上，使游人不知脚下有屋。盖上叠石者则下实，上庭院者即下虚，故花木乃得地气而生也。叠馆者，楼上作轩，轩上再作平台，上下盘折，重叠四层，且有小池，水不滴泄，竟莫测其何虚何实……"正是"因地制宜"，才创造出了王氏园这样奇妙的园林作品。

组织空间 创造空间

李渔之造园，如"伊园"、"芥子园"、"半亩园"、"层园"等"不拘成见"、"出自己裁"的独特设计和实施，是一次次出色的组织空间、创造空间的艺术实践。并且李渔还总结出了一套中华民族特有的造园理论。我们高兴地看到，李渔的这些理论思想在现代学者（例如宗白华等人）那里

① （明）计成：《园冶》卷一《兴造论》。《园冶》原刻于明末（1634），今有陈植注本，中国建筑工业出版社1988年版。

得到了继承和发展。

　　现代著名美学家宗白华教授（他对李渔园林美学思想推崇备至），就对善于"组织空间、创造空间"的中国传统园林美学思想，有着极为深刻的论述。

扬州个园

　　中国的园林艺术之组织空间、创造空间，不论是建造大山、小山、石壁、石洞，还是修筑亭台、楼阁、水池、幽径，等等，与西方园林乃至一般的西方造型艺术有很大不同。这根本是由于中西哲学观念不同，宇宙意识、空间意识迥异，观察宇宙的视角不同所致。宗白华对中西之不同，作了鲜明而深刻的对比。他在《美学散步》中反复强调，中国人是飘在虚空中观察对象，而西方人则是立在实地上观察对象。"我们的诗和画中所表现的空间意识，不是像代表希腊空间感觉的有轮廓的立体雕像，不是像那表现埃及空间感觉的墓中的直线甬道，也不是那代表近代欧洲精神的伦勃朗的油画中渺茫无际追寻无着的深空，而是'俯仰自得'的节奏化的音乐化了的中国人的宇宙感。《易经》上说：'无往不复，天地际也。'这正是中国人的空间意识！这种空间意识是音乐性的（不是科学的算学的建筑性的）。它不是用几何、三角测算来的，而是由音乐舞蹈体验来的。"①

宗先生说得何等好啊！

西方人由几何、三角测算，故所构成的是透视学的空间。欧洲早期文艺复兴绘画艺术实践中，有一项重大的媒介变革，即"透视法"的发现，它在西方绘画史上、在西方审美文化史上，引起了一场了不起的革命。透视法的发现者是文艺复兴式建筑的创始人、意大利佛罗伦萨建筑家菲利波·布鲁内莱斯基（1377—1446）。英国著名艺术史家贡布里希在他的《艺术发展史》中认为，这项发现"支配着后来各个世纪的艺术……尽管希腊人通晓短缩法，希腊化时期的画家精于造成景深感，但是连他们也不知道物体在离开我们远去时看起来体积缩小是遵循什么数学法则。在此之前哪一个古典艺术家也没能画出那有名的林荫大道，那大道是一直往后退，导向画中，最后消失在地平线上。正是布鲁内莱斯基把解决这个问题的数学方法给予了艺术家；那一定在他的画友中间激起了极大的振奋"②。正是循着透视学原理；他们的艺术家才由固定角度透视深空，他们的视线失落于无穷，驰骋于无极——追寻、探索、冒险、一往无前且一去不返。透视法的发现和透视学空间的创造，成就了西方造型艺术的辉煌。没有透视学原理和透视法，不可能有文艺复兴三杰达·芬奇、米开朗基罗、拉斐尔，不可能有鲁本斯和伦勃朗，不可能有列宾和列维坦……也不可能出现法国凡尔赛宫等宫殿花园和沙皇俄国的"皇村"等皇家园林。

但那是西方艺术的辉煌。中国艺术则不同，它有自己独特的辉煌。正如宗白华先生所说："中国人于有限中见到无限，又于无限中回到有限。他的意趣不是一往不返，而是回旋往复的。中国人抚爱万物，与万物同其节奏：静而与阴同德，动而与阳同波。我们的宇宙既是一阴一阳、一虚一实的生命节奏，所以它根本上是虚灵的时空合一体，是流荡着的生动气

---

① 宗白华：《美学散步》，上海人民出版社1981年版，第83页。

② ［英］贡布里希：《艺术发展史》，范景中译，林夕校，天津人民美术出版社1998年版，第124页。

韵。"① 为什么中国画家可以把梅、兰、松、菊绘于一个画幅，让春、夏、秋、冬四季处于一时（扬州一座园林就在一个小小空间聚合四季）？因为在中国画家、艺术家眼里，它们是生命的循环往复。它们之中既有空间，亦有时间；时间融和于空间，空间融和于时间；时间渗透着空间，空间渗透着时间。对于中国人，"空间和时间是不能分割的。春夏秋冬配合着东南西北。这个意识表现在秦汉的哲学思想里。时间的节奏（一岁十二月二十四节气）率领着空间方位（东南西北等）以构成我们的宇宙。所以我们的空间感觉随着我们的时间感觉而节奏化了、音乐化了！画家在画面所欲表现的不只是一个建筑意味的空间'宇'而须同时具有音乐意味的时间节奏'宙'。一个充满音乐情趣的宇宙（时空合一体）是中国画家、诗人的艺术境界"②。

　　由此我们会理解为什么西方的园林建筑那么"实"、那么"真"。那里的山是真山，水是真水。游西方园林，你所看到的就是大自然本来应有的那个样子，那里没有变形、没有夸张、没有象征、没有虚实的变幻与勾连。你到圣彼得堡郊外的皇村，或者到伦敦海德公园，看到那一大片绿草坪，看到那一棵棵树木，看到那一片水面……当然也会感到很美；但它们与你在皇村之外的俄罗斯大地上所见到的自然风景，与你在海德公园之外、在英国原野上看到的绿草坪、树木、水面，等等，几乎没有两样，没有实质的差别。它们是自然本来状态的美。皇村或海德公园好像不过是把大自然中的这些实物、实景搬过来聚集在一起而已。一般的说，西方园林更重自然，而中国园林更重人为。中国园林是被精心组织起来的空间，是按照一定的审美理念创造出来的空间。中国园林富于象征性，它实中有虚、虚中有实、虚实结合，曲径通幽，意境无穷，如李渔《闲情偶寄》所说"一卷代山，一勺代水"，"能变城市为山林，招飞来峰使居平地"。你游苏州的拙政园、游扬州的个园、游北京的颐和园、游承德的避暑山庄，犹如读抒情诗、听交响乐。在中国的园林中，你会感到有韵律、有节奏，抑扬顿挫、急缓有度。李渔《闲情偶寄》还特别告诉你，当你看园林中的"大山"时，会感到"气魄胜人"，像读"唐宋诸大家"；你看园林中的

---

① 宗白华：《美学散步》，第95页。
② 同上书，第89页。

"小山"，欣赏其"透、漏、瘦"，会感受其空灵、剔透；你面临园林中的"石壁"，会觉得"劲竹孤桐"，"仰观如削，便与穷崖绝壑无异"；你置身园林中的"石洞"，能觉出"六月寒生，而谓真居幽谷"。

如果说那种更重自然本色是西方园林的魅力和特点；那么这种更重人为创造、虚实结合、时空浑然一体、精心组织起来的艺术空间，就是中国园林的魅力和特点。由于中西文化传统、审美心理结构不同，这两种不同形态的园林各有自身的长处和诱人之处，不必扬此抑彼，也不必扬彼抑此，它们都可以而且应该各美其美，发扬自己的优长，保持自己的民族特色；也可以互相学习、交流，使自己审美内涵更加丰富。作为欣赏者、接受者，也可以根据自己的审美趣味和爱好，选择自己的审美对象。有的西方游客很喜欢中国园林之精致巧思，对苏州、扬州、北京等地园林赞美备至；而也有的中国人对西方园林之本色自然颇为欣赏，盛赞美国黄石公园、洛基山公园等之雄阔豪爽。这是说的现代人的情况；即使中国古人，也并非都对中国古典园林一律称道。譬如清代乾隆年间的文人沈复（三白），就对他的家乡苏州的某些园林的过分人为化颇有微词。他在《浮生六记》卷四《浪游记快》中说："吾苏虎丘之胜，余取后山之千顷云一处，次则剑池而已。余皆半藉人工，且为脂粉所污，已失山林本相。即新起之白公祠、塔影桥，不过留名雅耳。其冶坊滨，余戏改为'野芳滨'，更不过脂乡粉队，徒形其妖冶而已。其在城中最著名之狮子林，虽曰云林手笔，且石质玲珑，中多古木；然以大势观之，竟同乱堆煤渣，积以苔藓，穿以蚁穴，全无山林气势。"三白先生所论不无道理。

窗栏：李渔与宗白华之比较

对于中国园林建筑美学来说，李渔所谈到的"窗栏二事"，意义大矣——虽然对这大意义，李渔当时还没有明确意识。

那么，这大意义"大"在哪里？

宗白华先生在《美学散步·中国美学史中重要问题的初步探索》中比较中国与埃及、希腊建筑艺术之不同时，曾经精辟地指出："埃及、希腊的建筑、雕刻是一种团块的造型。米开朗基罗说过：一个好的雕刻作品，就是从山上滚下来也滚不坏的，因为他们的雕刻是团块。中国就很不同。

中国古代艺术家要打破这团块，使它有虚有实，使它疏通。"① 宗先生一再强调中国园林建筑"注重布置空间、处理空间……以虚带实，以实带虚，实中有虚，虚实结合"；强调中国园林建筑要"有隔有通，也就是实中有虚"，说"中国人要求明亮，要求与外面广大世界相交通。如山西晋祠，一座大殿完全是透空的。《汉书》记载武帝建元元年有学者名公玉带，上黄帝时期明堂图，谓明堂中有四殿，四面无壁，水环宫垣，古语'堂厦'。'厦'即四面无墙的房子。这说明《离卦》的美学思想乃是虚实相生的美学，乃是内外通透的美学。" 如何实现内外通透、虚实结合？这就需要窗子，需要栏杆。宗先生说："窗子在园林建筑艺术中起着很重要的作用。有了窗子，内外就发生交流。窗外的竹子或青山，经过窗子的框框望去，就是一幅画。"② 明代计成《园冶》所谓"轩楹高爽，窗户邻虚，纳千顷之汪洋，收四时之烂漫"③，就是说窗户的内外疏通作用。

此外，宗先生在《美学散步·论文艺的空灵与充实》中还从"美感的养成"的角度谈到窗子和栏杆的作用："美感的养成在于能空，对物象造成距离，使自己不沾不滞，物象得以孤立绝缘，自成境界：舞台的帘幕，图画的框廓，雕像的石座，建筑的台阶、栏杆，诗的节奏、韵脚，从窗户看山水、黑夜笼罩下的灯火街市、明月下的幽淡小景，都是在距离化、间隔化条件下诞生的美景。"④ 这里强调的是窗子和栏杆的"隔离"作用从而造成美感效果。

当然，很遗憾，三百多年前的李渔还不可能像宗先生这样从中西对比中，从哲学的高度，精辟分析窗栏的美学作用；他更多的是着眼于表层的、实用的甚至是琐细的、技术性的层面，具体述说窗栏的设计原则（如"体制宜坚"）和制作图样（如"纵横格"、"欹斜格"、"屈曲体"），巧则巧也，所见小矣。

不过，李渔在下面谈"取景在借"时，却提出了很高明的见解——那是李渔园林美学的精华所在。

---

① 宗白华：《美学散步》，第41页。
② 同上书，第39—40、55页。
③ （明）计成：《园冶》卷一《园说》。
④ 宗白华：《美学散步》，第21页。

墙壁

在中国园林建筑艺术中，"隔"与"通"，"实"与"虚"，相互勾结，相互连合，相辅相成，使你感到意味无穷。游园时，你忽然遇到一堵墙，景致被堵塞，似乎山穷水尽疑无路；然而，穿过门、透过窗，豁然开朗，别有洞天，柳暗花明又一村。园林的实际面积并没有增加，但园林艺术空间却被骤然扩大了、伸展了。这是墙壁与窗栏相互为用，通过"隔"与"通"、"虚"与"实"的转换，创造和组织起来的艺术空间。这其间，如果说窗栏主要表现为"通"与"虚"，那么墙壁则主要表现为"隔"与"实"。关于窗栏及其作用，前面我们已经谈得很多，现在着重谈墙壁。

墙壁是内与外之间分别和隔离的界限，是人与自然（动物）之间分别和隔离的界限，也是人与我之间分别和隔离的界限。

自从人类从动物界走出来之后，他就有了双重身份：既是自然，又超越于自然因而区别于自然、隔离于自然，并且正因为他超越于自然、区别于自然、隔离于自然，他才真正成为"人"而不再是"动物"。人对自然、人对动物的超越、区别和隔离，可以表现在两个方面：从内在的精神方面说，人是文化的存在，人有自由自觉的意识和意志，他能自由自觉地进行物质活动和精神活动，他能自由自觉地制造、使用和保存工具，并把自己的文化思想传授给后代——这自由自觉的文化精神活动就是人超越自然（动物）并且与自然（动物）相区别、相隔离的标志；从外在的物质方面说，人通过有意识的自由自觉的物质实践活动改造和创造自己的物质活动空间，改造和创造自己的生活环境，建造城池、堡垒，建造房屋、殿堂，建造园林以及其他休闲娱乐场地，等等，这都是人与动物相区别的物质表现和标志。

人生活在自己所改造和创造的这种物质空间之中，既需要与外界相通——不相通就憋死了；又需要与外界相区别相隔离——不然就不能抵御严寒、酷暑、洪水猛兽等自然暴力。

如何相通？已经说了多少遍——通过窗子、栏杆，等等。

如何区别和隔离？则常常通过墙壁。城池和堡垒需要围墙；院落需要院墙；房屋和殿堂也需要外墙。而且这"围墙"、"院墙"、"外墙"还必须"实"，必须"坚固"，必须牢不可摧、固若金汤，不然就起不到它应有的作用，正如李渔《闲情偶寄·居室部》谈到墙壁时所说："国之宜固者城池，城池固而国始固；家之宜坚者墙壁，墙壁坚而家始坚。"从上述"围墙"、"院墙"、"外墙"的作用看，墙壁不仅是人与自然（动物）相区别、相隔离的物质屏障，而且在一定历史时期也是人与人、民族与民族、国与国、地区与地区相区别、相隔离的物质屏障，在他们之间相互敌对的时候尤其如此。中国的万里长城，东西德之间的"柏林墙"，以色列与巴勒斯坦之间的"隔离墙"，等等，就是典型例证。

目前的世界，在某些地方"隔"似乎不能避免；但是，必须要"通"。

而且，没有"隔"，也就没有"通"，所谓不隔不通、不塞不流者也。

对于艺术，特别是对于园林艺术，更是既需要"隔"，也需要"通"。园林或房屋建筑中那些"隔"（起"隔离"作用）的墙壁，一方面，如李渔所说它自身可以美化，如厅壁和书房壁的绘画、建造女墙和界墙时做出花样，等等；另一方面，而且是更重要的方面，是在园林艺术中由于墙壁的阻隔，会造成波澜、形成变化，使园林跌宕起伏、丰富多样。所以，"隔"是不可缺少的。但是，在园林中"隔"与"通"不能分离，它们是互为存在的前提和条件；如果只"隔"不"通"，那将失去生气，失去活力，也即失去美。所以在"隔"的同时必须强调"通"，而且时时不要忘记"通"。

一隔一通、一塞一流、一张一弛，才能形成韵律、形成节奏，才能抑扬顿挫，具有优美的音乐感。

就整个世界范围来说，今天国与国之间、民族与民族之间、地区与地区之间，"隔"得太厉害、"塞"得太厉害了。相对而言，我们的时代是更加需要扩大"交通"、扩大"融汇"的时代。世界只有在"通"和"流"中才能出现一个更美的环境，更美的自然景观和人文景观。德国美学家韦尔施所谓整个世界的普遍审美化景象，应该从世界之"通"和"流"中来创造。

借景

借景是中国园林艺术中创造艺术空间、扩大艺术空间的一种精深思维方式和绝妙美学手段。所谓借景，就是把园外的风景也"借来"变为园内风景的一部分。如陈从周先生《说园》①中说到北京的圆明园时，就说它是"因水成景，借景西山"，园内景物皆因水而筑，招西山入园，终成"万园之园"。借景是中国古典园林美学给我们留下的宝贵遗产。明代计成《园冶·兴造》对借景有较详细的论述："借者，园虽别内外，得景则无拘远近，晴峦耸秀，绀宇凌空，极目所至，俗则屏之，嘉则收之，不分町疃，尽为烟景，斯所谓巧而得体者也。"《园冶·借景》篇又说："夫借景，林园之最要者也。如远借，邻借，仰借，俯借，应时而借。然物情所逗，目寄心期，似意在笔先，庶几描写之尽哉。"继承古典美学的借景理论，宗白华先生《美学散步》中就随意举出远借、邻借、仰借、俯借、镜借以及隔景、分景等数种加以发挥，他谈到北京的颐和园可以远借玉泉山的塔，苏州留园的冠云楼可以远借虎丘山景——是为远借；拙政园靠墙的假山上建"两宜亭"，把隔墙的景色尽收眼底——是为邻借；王维诗句"隔窗云雾生衣上，卷幔山泉入镜中"，叶令仪诗句"帆影都从窗隙过，溪光合向镜中看"——此可谓镜借，等等。此外还有"分景"和"隔景"：颐和园的长廊，把一片风景隔成两个，一边是近于自然的广大湖山，一边是近于人工的楼台亭阁，游人可以两边眺望，丰富了美的印象——这是分景。颐和园中的谐趣园，自成院落，另辟一个空间，另是一种趣味，这种大园林中的小园林，叫做隔景。②

各个文化门类的道理是相通的，由园林中的"借景"，我一下子联想到武术中的"借力"——所谓"四两拨千斤"是也，即通过"借"，把对方的力转换成自己的力，以造成意想不到的特殊效果。这是中国文化、中国艺术的奇妙之处，也是中国人的绝顶聪明之处。究其根源，还是与中国独特的哲学观念联系在一起的。中国人看世界事物，一般都是综合的、联系的、融通的，而非分析的、隔离的、阻塞的；中国人的思维常常是"圆形思维"。《庄子·齐物论》云："枢始得其环中，以应无穷。"③《庄子·则阳》又说："冉相氏得其环中以随成。"④有的学者释"环中"曰："居

①　陈从周：《说园》，同济大学出版社 2007 年版。
②　宗白华：《美学散步》，第 56—57 页。
③　《庄子·内篇·齐物论》，见（清）王夫之《庄子解》，中华书局 1964 年版，第 17 页。
④　《庄子·杂篇·则阳》，见（清）王夫之《庄子解》，第 228 页。

空以随物而物自成。"（郭象）① 这都有道理。但我想更应该强调古人思维中内外融通、物我连接、主客一体、循环往复的特点；而循环往复，螺旋上升，也即构成"思维之园"或曰"圆形思维"。正是依据这种"思维之园"或"圆形思维"，在美学中就出现了司空图《二十四诗品》中所谓"超以象外，得其环中"，出现了他在《与李生论诗书》所谓"韵外之致""味外之旨"② 等理论。其思想要旨在于，必须把象内与象外联系起来、融而汇之，透过"象外"、"韵外"、"味外"，并且超越"象外"、"韵外"、"味外"，从而把握"环中"之精义和深层旨趣。这就是超乎言象之外而得其环中之妙，得其"韵外之致"、"味外之旨"。

　　正因为中国人的这种"圆形思维"，总是内外勾连、形神融通、超以象外、得其环中，所以很自然地，在园林艺术中出现了"借景"的审美实践，在中国美学中发展出"借景"的理论思想，真真美妙绝伦！

　　中国园林中，借景常常通过"窗栏"来实现。李渔在《闲情偶寄》"取景在借"条中所谈的，主要就是运用窗户来借景。他设计了各种窗户的样式：湖舫式、便面窗外推板装花式、便面窗花卉式、便面窗虫鸟式以及山水图窗、尺幅窗图式和梅窗，等等。他特别谈到，西湖游船左右作"便面窗"，游人坐于船中，则两岸之湖光山色、寺观浮屠、云烟竹树，以及往来之樵人牧竖、醉翁游女，连人带马尽入便面之中，作我天然图画。而且，因为船在行进之中，所以摇一橹，变一像，撑一篙，换一景。李渔还现身说法，说自己居住的房屋面对山水风景的一面，置一虚窗，人坐屋中，从窗户向外望去，便是一片美景，李渔称之为"尺幅窗"、"无心画"。这样，通过船上的"便面窗"，或者房屋的"尺幅窗"、"无心画"，就把船外或窗外的美景，"借来"船中或屋中了。宗先生在《美学散步》中谈窗子的作用时，就特别提到李渔的"尺幅窗"、"无心画"，说颐和园乐寿堂差不多四边都是窗子，周围粉墙列着许多小窗，面向湖景，每个窗子都等于一幅小画，这就是李渔所谓"尺幅窗，无心画"。而且同一个窗子，从不同的角度看出去，景色都不相同。这样，画的境界就无限地增

---

　　① （晋）郭象对《庄子·则阳》"环中"的注，参见王叔岷《郭象庄子注校记》，商务印书馆 1950 年版。

　　② （唐）司空图：《与李生论诗书》和《诗品》，见郭绍虞主编《中国历代文论选》（上），第 491、496 页。

多了。

窗户在这里还起了一种画框的作用。画框对于外在景物来说，是一种选择，是一种限定，也是一种间离。窗户从一定的角度选择了一定范围的景物，这也就是一种限定，同时，通过选择和限定，窗户也就把观者视线范围之内的景物同视线范围之外的景物间离开来。正是通过这种选择、限定、间离，把游人和观者置于一种审美情境之中。

"借景"是中国古典园林艺术创造和园林美学的"国粹"，而且"独此一家，别无分店"。外国的园林艺术实践和园林美学理论，找不到"借景"。

"磊石成山"别是一种学问

李渔《闲情偶寄·居室部》谈山石时说，"磊石成山，另是一种学问，别是一番智巧"。

诚如是也。因为绘画同叠山磊石虽然同是造型艺术，都要创造美的意境，但所用材料不同，手段不同，构思也不同，二者之间差异相当明显。那些专门叠山磊石的"山匠"，能够"随举一石，颠倒置之，无不苍古成文，纡回入画"；而一些"画水题山，顷刻千岩万壑"的画家，若请他"磊斋头片石，其技立穷"。对此，稍晚于李渔的清代文人张潮（山来）说得更为透彻："叠山垒石，另有一种学问，其胸中丘壑，较之画家为难。盖画则远近、高卑、疏密，可以自主；此则合地宜、因石性，多不当弃其有余，少不必补其不足，又必酌主人之贫富，随主人之性情，又必藉群工之手，是以难耳。况画家所长，不在蹊径，而在笔墨。予尝以画工之景作实景观，殊有不堪游览者，犹之诗中烟雨穷愁字面，在诗虽为佳句，然当之者殊苦也。若园亭之胜，则只赖布景得宜，不能乞灵于他物，岂画家可比乎？"[①]

造园家叠山磊石的特殊艺术禀赋和艺术技巧，主要表现在他观察、发

---

① 张潮的这段话，见于《虞初新志》卷六（清）吴伟业《张南垣传》后张潮评语"张山来曰：……"一段。《虞初新志》是短篇文言小说集，系模仿《虞初志》而成，收集明末清初诸家的文集，共20卷，清初张潮编辑。张潮，字出来，新安人。有康熙年间刻本和上海古籍出版社排印本。

现、选择、提炼山石之美的特殊审美眼光和见识上。在一般人视为平常的石头上，造园家可能发现了美，并且经过他的艺术处理成为精美的园林作品。差不多与李渔同时的造园家张南垣曾这样自述道："……惟夫平冈小坂，陵阜陂阤，版筑之功，可计日以就。然后错之以石，棋置其间，缭以短垣，翳以密篠，若似乎奇峰绝嶂，累累乎墙外而人或见之也。其石脉所奔注，伏而起，突而怒，为狮蹲，为兽攫，口鼻含牙，牙错距跃，决林莽，犯轩楹而不去，若似乎处大山之麓，截溪断谷，私此数石者为吾有也。"① 中央电视台"夕阳红"栏目，曾经介绍过北京曲艺团的一位老艺术家蔡建国用卵石作画的高超技艺。普通的卵石，在一般人那里，被视为死的石头，弃之不顾；但在他的眼里，却都一个个焕发出了生命，或是白发长髯的老寿星，或是含情脉脉的妙龄女郎，或是一只温顺的老山羊，或是一只凶猛的雄狮……总之，他在似乎没有生命的石头上发现了生命，在似乎没有美的地方发现了美，创造了美。

园林中有大山，有小山，有壁，有洞。

李渔认为园林之中的大山之美，如"名家墨迹，悬在中堂，隔寻丈而观之，不知何者为山、何者为水、何处是亭台树木，即字之笔画杳不能辨，而只览全幅规模，便足令人称许。何也？气魄胜人，而全体章法之不谬也"。这种气魄来自何处？一方面，来自作者胸臆之博大、精神之宏阔，这是根底；另一方面，来自构思之圆通雄浑，表现出一种大家气度，这是理路。

而小山，则要讲究"透、漏、瘦"，讲究玲珑剔透，讲究空灵、怪奇，讲究巧智，讲究情趣盎然。它们可在近处赏玩，细处品味。

从石壁之妙说到园林山石的多样化审美形态

石壁之妙，妙在其"势"：挺然直上，有如劲竹孤桐，其体嶙峋，仰观如削，造成万丈悬岩之势。石壁给人造成"穷崖绝壑"的这种审美感受，是一种崇高感，给人提气，激发人的昂扬的意志。一般园林多是优

---

① 张南垣的这段话，见于（清）吴梅村为张南垣写的传记《张南垣传》之中，载《虞初新志》卷六。

美，一有陡立如削的石壁，则多了一种审美品位，形成审美的多样化形态。

园林山石的审美形态，确实最是多样化的。除了优美与崇高之外，还有丑。石，常常是愈丑愈美，丑得美。陈从周先生《续说园》① 一文说："清龚自珍品人用'清丑'一辞，移以品石极善。"有一次到桂林七星岩参观奇石展览，我真惊奇大自然怎么会创造出那么多奇形怪状的石头，如兽，如鸟，如树，如云，如少女，如老翁，如狮吼，如牛饮……特别令人开心的是各种各样丑陋无比的丑石，它们丑得有个性，丑得不合逻辑，然而丑极则美极，个个都可谓石中之极品。

石头还有一种品性，即与人的平易亲近的关系。星空、皓月、白云、长虹，也很美，但总觉离人太远。而石，则可与人亲密无间。譬如李渔在"石洞"款中谈到，假山无论大小，其中皆可作洞。假如洞与居室相连，再有泪滴之声从上而下，真有如身居幽谷者。而且石不必定作假山。李渔在"零星小石"中说："一卷特立，安置有情，时时坐卧其旁，即可慰泉石膏肓之癖。"庭院之中，石头也亲切可人：平者可坐，斜者可倚，"使其肩背稍平，可置香炉茗具，则又可代几案"。

计成《园冶》卷二第八篇《掇山》，谈假山的形象要有逼真的感觉，"有真为假做假成真"，"多方胜景，咫尺山林，妙在得乎一人，雅从兼于半土"；并且要掌握形态、色泽、纹理、质地以及坚、润、粗、嫩等石性，然后依其性，各派用场：或宜于治假山，或宜于点盆景，或宜于做峰石，或宜于掇山景。其列举的所造山景有十七种之多，如厅山、楼山、阁山、书房山、池山、内室山、峭壁山……亦颇有见地。第九篇"选石"，例举太湖石、昆山石、宜兴石、龙潭石等有十六种之多，并且论述各种石之优长、特性，以及选石之标准。这些都可以与李渔相对照。

园林与楹联

中国的园林艺术是一种蕴涵深厚的审美现象，而园林中台榭楼阁上几乎不可或缺的制作即是极富文化底蕴和文化含量的楹联，它往往成为一座

---

① 陈从周：《续说园》，见陈从周著《说园》一书。

园林高雅品味的重要表现。尤其是作为一个民族符号和文化象征的历代骚人墨客所题楹联，更是增加审美魅力。例如，相传唐代大诗人李白描写洞庭美色的一副对联、挂在岳阳楼三楼：上联是"水天一色"，下联为"风月无边"。游客对照浩浩洞庭品赏这副对联，赏心悦目，感慨万千。

据清梁章钜《楹联丛话》："尝闻纪文达师言：楹联始于桃符。蜀孟昶余庆、长春一联最古，但宋以来，春帖子多用绝句，其必以对语、朱笺书之者，则不知始于何时也。按《蜀梼杌》云：蜀未归宋之前，一年岁除夕日，昶令学士辛寅逊题桃符版于寝门，以其词非工，自命笔云：新年纳余庆，嘉节号长春。后蜀平，朝廷以吕余庆知成都，而长春乃太祖诞节名也。此在当时为语谶，实后来楹帖之权舆。但未知其前尚有可考否耳。"① 其实，一些楹联研究者认为"其前尚有可考"，他们将楹联（对联）的萌芽追溯得很远，说是相传远在周代，就有用桃木来镇鬼驱邪的风俗。据传说，上古时有神荼、郁垒两神将善于抓鬼，于是民间就在每年过年时，于大门的左右两侧，各挂长约七八寸、宽约一寸余的桃木板，上画这两神将的像，以驱鬼压邪，即所谓"桃符"。另据《后汉书·礼仪志》："以桃印，长六寸，方三寸，五色书文如法，以施门户，止恶气。"② 东汉以来，又出现了在"桃符"上直接书写"元亨利贞"等表示吉祥如意词句的形式，名曰"题桃符"。后即演变为楹联。历史学者陈国华先生介绍说，楹联，它是由上、下两联组合而成，成双成对；每副联的字数多寡没有定规，若以单联字数计，则称一言、二言、三言、四言、五言、六言、七言等楹联，最多甚至有百言、二百言者。真是洋洋洒洒，令人叹为观止。最长的楹联，既不是挂在云南大观楼上那副单联九十字，上、下联合起来一百八十字长联，也不是立在成都望江楼的崇丽阁楹柱上那副单联一百零六字，上、下联合起来二百一十二字长联，也不是挂在四川青城山山门那副单联一百九十七字，上、下联合起来共三百九十四字长联。而是出自清末张之洞先生之手、为屈原湘妃祠所撰写的那副单联二百字，全联四百字长联。而最短的楹联，据《民间交际大全》③ 编者杨业荣先生披露，1931 年

---

① （清）梁章钜：《楹联丛话》卷一，见北京出版社 1996 年版《楹联丛话全编》。
② 《后汉书》卷十五《礼仪志第五·礼仪中》，上海古籍出版社、上海书店《二十五史》(2)，第 49 页。
③ 杨业荣编：《民间交际大全》，漓江出版社 1986 年版。

"九一八"惨案发生时，有人因国恨家仇，含恨写下一副挽联，上联只有一个"死"字，下联则是一个倒写的"生"字：宁可站着死，绝不倒着生（活）。

李渔是创作对子、楹联的好手，且有理论。他曾有《笠翁对韵》行世，还有《题芥子园别墅联》、《为庐山道观书联》① 为世所熟知，在《闲情偶寄·居室部·联匾第四》中，又亲手制作了"蕉叶联"、"此君联"、"碑文额"、"手卷额"、"册页匾"、"虚白匾"、"石光匾"、"秋叶匾" 等联匾示范作品，于此可见李渔才情一斑。以上八种匾额，有的是李渔朋友的作品，有的则出诸李渔自己的手笔。其效果当然不能像实境中那样能够尽显光彩，但是读者可以想象其中韵味儿。匾额作为一种艺术形式，完全是中国的，或者再加上受中华文化影响之日本、韩国、越南等民族的，即中华文化圈的。也许是我孤陋寡闻——我知道西方教堂或各种建筑物里有壁画，有挂在室内墙壁上的各种绘画或其他装饰品，教堂窗户上有玻璃画，有山墙上、门楣上或者广场上的雕刻……但我没有见过，也没有听说西方有匾额艺术。

不能想象：倘《红楼梦》大观园里没有那些匾额将会是什么样子，还能不能称为"大观园"？

另，据说李渔还有一副自挽联，联文是：

> 倘若魂升于天，问先世长吉仙人，作赋玉楼，到底是何笔墨；
> 漫云逝者其萎，想吾家白头老子，藏身母腹，于今始出胞胎。

此联见于宣统二年（1910）上海鸿文书局石印本《礼文汇》。该书是一部关于礼仪文字的工具书，其第十二、十三两卷即收对联。

器玩和日常用品之美

李渔《闲情偶寄·器玩部》专门探讨园林之中和居室之内器玩和各种用品，如几案、椅杌、床帐、橱柜、箱笼、古董、炉瓶、屏轴、茶具、酒

---

① 见《李渔全集》第一卷，第241、299页。

具、碗碟、灯烛、笺简等一系列实用和审美问题。读此部，有一点我感受颇深，即李渔的平民意识。这里所谈之物，都是平民百姓的最普通的日常用品，像床帐、桌椅、碗碟、灯烛之类，几乎须臾不可稍离。然而，一般文人雅士是不肯谈，也不屑于谈的；谈了，怕掉份儿。李渔则不然。他告诉你：茶壶之嘴宜直而酒壶之嘴曲直可以不论，因为酒无渣滓而茶叶有体，所以茶壶嘴直便于畅通。他告诉你：贮茗之瓶，只宜用锡，因为用锡作瓶，气味不泄。他告诉你：灯烛（当时主要用蜡烛或油灯）"多点不如勤剪"。他告诉你：橱柜，为了充分利用空间，须多设隔板，可以分层多放物品。他告诉你：几案应设抽屉，各种杂物放入抽屉里面，桌面可以保持清爽整洁，等等。这些，都会使你感到亲切受用、平易近人。而且，这里还特别表现出李渔处处为平民着想而生发出来的聪明巧智。在这些日常用品上，李渔时有发明创造。例如，他设计了一种"暖椅"，以供冬日天冷之用。说起来这种暖椅也不复杂，只是椅子周围做上木板，脚下用栅，安抽屉于脚栅之下，置炭于抽屉内，上以灰覆，使火气不烈而满座皆温。再如，为了剪灯的方便，他还发明了长三四尺的"烛剪"和上下方便的"悬灯"。

　　在《器玩部》，李渔有两点美学思想引人注目。

　　第一，李渔探讨了园林之中和居室之内器玩的陈列以及它的审美规律。然而，这种规律是什么？却是非常难以把握的，这就像李渔谈戏曲语言的艺术规律一样，"言当如是而偏不如是"，是常有的事。艺术无定法。无定法，就是艺术的规律。"无法之法，是为至法。"器玩陈列的审美规律也如是。但在"无定法"中，也可以大体上有个说道，这就是李渔提出的两条：忌排偶，贵活变。其实，忌排偶、贵活变，这是一个问题的正反两个方面：排偶，即是不活变；活变即否定了排偶。排偶，最大的缺陷是死板、呆滞，这与审美是对立的。审美是生命的表现，生命就要活生生、活泼泼、活灵活现、活蹦乱跳，生命就是不机械、不板腐、不匏系。器玩的陈列要美，首先就不能排偶。我国著名建筑学家刘敦桢在为童寯的《江南园林志》作序时曾说，那些拙劣的园林作品，"池求其方，岸求其直，亭榭务求其左右对峙，山石花木如雁行，如鹄立，罗列道旁，几何不令人兴瑕胜于瑜之叹！"[1] 拙劣的器玩陈列不也是这样吗？就如同李渔所批评的，

------

① 见中国建筑工业出版社 1984 年版童寯《江南园林志》卷首《刘敦桢序》。

那种"八字形"的,"四方形"的,"梅花体"的,都犯了排偶、呆板的毛病。不板,就要活,活泼。活泼,就要变化,就要灵活多样,就要因时、随机而变换不同的陈列位置。活泼,总给人一种审美愉快。既要活泼其目,又要活泼其心;通过活泼其目,进而活泼其心。总之,悦目、赏心、怡神。

第二,李渔论"笺简"之美,非常精彩。中华民族是一个文明优雅的民族,华夏大地向被视为礼仪之邦。中国人的人生,就其理想状态而言,是审美的人生,以审美为人生的最高境界。中国人的生活,相比较而言,是更充分的审美化的生活,审美渗透在生活的每一个细节,几乎无处不在。譬如书信来往,就不仅仅是一种实用的手段,同时也是一种审美活动。好的书信,从内容上看,常常是情深意长,充满着审美情怀,司马迁《报任少卿书》,曹植《与杨德祖书》,苏轼《答谢民师书》,顾炎武《与友人论门人书》,等等,都是千古传诵的美文;从形式上看,也是令人赏心悦目的艺术品。有的书信,不但写得一手好字,是出色的书法作品;而且信纸也十分精致,十分考究,如李渔在"笺简"款中所说自制的"肖诸物之形似为笺"的信纸,大概就十分漂亮了。他提到"有韵事笺八种":"题石、题轴、便面、书卷、剖竹、雪蕉、卷子、册子";有"织锦笺十种":"尽仿回文织锦之义,满幅皆锦,止留縠纹缺处代人作书,书成之后,与织就之回文无异。"当时能买到李渔"芥子园"的笺简,是一种幸事,所以翻梓盗印者甚多。后来,荣宝斋的笺简也十分有名。笺简的使用,直到鲁迅等人生活的19世纪末20世纪初几十年,在使用毛笔写字的知识分子中间,仍然较为广泛,而且有的人还非常讲究;但在这之后,特别是今日,由于钢笔、圆珠笔的盛行,电报、电话等通讯手段的频繁便捷,尤其是电子邮件的发展,一般人已经不再关注把书信用毛笔写在漂亮的笺简上了,因此,笺简制作业也就逐渐式微了。美国学者米勒发表在《文学评论》2001年第1期的《全球化时代文学研究还会继续存在吗》中曾经引述了雅克·德里达《明信片》中的一段话:"……在特定的电信技术王国中(从这个意义上说,政治影响倒在其次),整个的所谓文学的时代(即使不是全部)将不复存在。哲学、精神分析学都在劫难逃,甚至连情书也不能幸免。"然后,米勒又强调说:"德里达就是这样断言的:电信时代的变化不仅仅是改变,而且会确定无疑地导致文学、哲学、精神分析学，甚至情书的终结。他说了一句斩钉截铁的话：再也不要写什么情书了！"德里达、米勒们说电信技术时代连文学、哲学、情书（书信）都要"终结"，这太夸张了；但是，文学、哲学、书信等受到的巨大冲击是显而易见的。因此，用来写字，特别是用毛笔来写字的笺简的命运，确实堪忧。

本文只是对李渔园林美学进行了粗略的研究和论述，抛砖引玉，盼能引起学术界的关注，有更深入的研究李渔园林美学以及李渔仪容美学、日常生活美学、饮食美学、服饰美学……的著作出现。

第三章　诗词篇

李渔诗词美学思想集中体现于《窥词管见》

《窥词管见》二十二则，是李渔一部重要的诗词美学著作，原刊于康熙翼圣堂刻李渔词集《耐歌词》之卷首；雍正八年（1730）芥子园主人重新编次《笠翁一家言全集》将《耐歌词》改称《笠翁余集》，而《窥词管见》仍刊之。①

李渔，刘世德先生在为《闲情偶寄　窥词管见》校注本作的序中称之为中国古代文学史上的一位"大家"："我心目中的大家，是那些文坛上的多面手。在他们生前，为文学艺术的繁荣和发展贡献着自己的力量。在他们身后，给后人留下了丰富的、有价值的文化遗产。"② 李渔是名副其实的多面手，除了他在戏曲上获得世所公认的重大成就③之外，在小说、园林、诗词等方面也都有值得称道的贡献。而且他不但勤于创作，还善于理论思考，对于戏曲、园林、仪容等的理论阐发主要见于《闲情偶寄》，而关于

---

① 笠翁之词集，最早收入《笠翁一家言》"初集"（刻成于康熙十三年或十四年），标为"诗余"，约三百七十首，以年编次，各调错杂；康熙十七年又分别刻成《笠翁一家言二集》和《耐歌词》，将词集重新修订，改以词调长短为序，共一百一十九调。雍正八年（1730）芥子园主人重新编辑出版了《笠翁一家言全集》，其卷之八为词集，并标为《笠翁余集》。

关于笠翁词集刊刻年代，我原稿有误，黄强教授在序中予以辨正，并依黄强教授意见作了修正。

② 刘世德《序》中的话，见《闲情偶寄　窥词管见》（李渔撰，杜书瀛校注）卷首，中国社会科学出版社 2009 年版。本书凡引《窥词管见》者，皆此本，不再注出。刘世德所谓"大家"，排在"伟大文学家"和"名家"之后。就是说文学史上有成就的文学家分为：第一流者为伟大文学家，其次是名家，之后是大家，他们应该都是优秀文学家；再下面就是一般文学家了。

③ 近代戏曲大师吴梅在《中国戏曲概论·清总论》（上海大东书局民国十五年版，近有中国人民大学出版社 2004 年版和江苏文艺出版社 2008 年版）中说："清人戏曲，大抵顺康间以骏公、西堂、又陵、红友为能，而最显著者厥惟笠翁。翁所撰述，虽涉俳谐，而排场生动，实为一朝之冠。"

词，则集中体现于《窥词管见》和《耐歌词·自序》。

遗憾的是，对李渔《窥词管见》这部重要的词学理论著作，过去关注较少，据我所知，只有少数几篇专题论文涉及它，如发表于 1927 年《燕大月刊》上的顾敦鍒《李笠翁词学》①，近年邬国平《李渔对文学特性的认识——兼论〈窥词管见〉》②、武俊红《论李渔〈窥词管见〉》③，等等。还有一些论著，如方智范、邓乔彬等四人合著的《中国词学批评史》（中国社会科学出版社 1994 年版）下编第一章的"概况"和第一节，朱崇才《词话史》（中华书局 2006 年版）第九章《清前期词话》等，对《窥词管见》作了简介和简评；周振甫先生《诗词例话》也引用了《窥词管见》的一些话，提到《窥词管见》批评"红杏枝头春意闹"的意见。但是，对《窥词管见》的研究水平，总的说不高；且个别论著还有常识性错误，如有的学者甚至将《窥词管见》误为袁枚所作。④

现在是认真研究《窥词管见》并给予其词学史上适当地位的时候了。

李渔在古典诗词美学史上的地位和意义

现在让我同读者诸君一起在比较中考察李渔《窥词管见》在中国古典诗词美学史上的地位和意义。

关于词学理论的一些基本问题，如词的本性和特点，词的起源、发展、成熟、繁盛、衰落、复兴，等等，历来众说纷纭。仅词的产生和发展过程这一个问题，各家就争论不休。种种说法自有一定的道理。我赞成这样一种看法（这也是相当多的人所持的占主流地位的观点）：词孕生于隋唐，成熟于五代，盛于两宋，衰于元明，复兴于清（持此类意见者又有许多细微的不同，此处恕不详说）。

自从有了文学上的新品种"词"（或曰"长短句"、"诗余"，等等），也就有了对它的思考、研究和评论——探讨它的源流，界定它的性质、特点，研究它的创作规律。最初的词论只是零星的片言只语，散见于各种文

① 见《燕大月刊》第一卷第二至四期（1927.11—1928.1）。
② 见《古代文学理论研究丛刊》第十四辑。
③ 见《邢台学院学报》2008 年第 2 期。
④ 见中华书局 1995 年版郭英德等著《中国古典文学研究史》，第 581 页。

章、信札之中，或在论著的序跋里附带提及。譬如北宋苏东坡关于词"自是一家"的观点，就见于给朋友的信中。苏东坡四十岁知密州时曾作《江城子·密州出猎》，并就此给好友鲜于侁写信说："近却颇作小词，虽无柳七郎风味，亦自是一家。呵呵。数日前，猎于郊外，所获颇多。作得一阕，令东州壮士抵掌顿足而歌之，吹笛击鼓以为节，颇壮观也。"① 这主要从苏词与柳词比较中谈两个词家不同的艺术风味。后来有了专门的"词话"之类的著作。唐圭璋先生《词话丛编》（中华书局1985年修订版），共收集、整理了自北宋杨绘《时贤本事曲子集》至近代陈匪石《声执》的词话著作八十五种，其中包括李渔的《窥词管见》——从时间顺序上，它被排在清代之第一位。这八十五种，以李渔为坐标点，我分为三类。第一类是李渔《窥词管见》之前的，约十七种：宋代杨绘《时贤本事曲子集》一卷、杨湜《古今词话》一卷、鲖阳居士《复雅歌词》一卷、王灼《碧鸡漫志》五卷、吴曾《能改斋词话》二卷、胡仔《苕溪渔隐词话》二卷、张侃《拙轩词话》一卷、魏庆之《魏庆之词话》一卷、周密《浩然斋词话》一卷、张炎《词源》二卷、沈义父《乐府指迷》一卷，元代吴师道《吴礼部词话》一卷、陆辅之《词旨》一卷，明代陈霆《渚山堂词话》三卷、王世贞《艺苑卮言》一卷、俞彦《爰园词话》一卷、杨慎《词品六卷拾遗》一卷。第二类是与李渔《窥词管见》同时，或其作者活跃于词坛时李渔仍在世的，约八种（不包括《窥词管见》）：毛奇龄《西河词话》二卷、王又华《古今词论》一卷、刘体仁《七颂堂词绎》一卷、沈谦《填词杂说》一卷、邹祗谟《远志斋词衷》一卷、王士禛《花草蒙拾》一卷、贺裳《皱水轩词筌》一卷、彭孙遹《金粟词话》一卷。第三类是其余五十九种，它们都是李渔去世之后的作品。

就第一类情况看，李渔《窥词管见》较之前辈论著，有所发展、有所创造、有所深入。前十七种词话著作在论述词的起源、性质、特点、音韵等方面取得许多开创性成果，它们所论及的一系列重要词学问题，对后世产生了深远影响；有的词话如《魏庆之词话·李易安评》保留了李清照关于词"别是一家"的理论阐述，十分可贵。但是，总体而言，多数词话重

_____

① （宋）苏轼：《与鲜于子骏三首》之二，《东坡文集》第五十三卷；又：中华书局1986年版《苏轼文集》第四册，第1560页。

在本事记述和掌故、趣闻之描绘，它们虽具有宝贵的史料价值，而理论性不强；一些词话大量篇幅都用在对词作"警策"之鉴赏，有的还绘声绘色描述片时片刻对词作字句的审美印象和体验，虽常常使人觉得其精彩如颗颗珠宝，然究竟大都是散金碎玉，缺乏系统。李渔《窥词管见》二十二则，较之大多数前辈词话，具有更强的理论性和系统性。其第一至第三则从词与诗、曲的比较中论词之特性，第四则谈如何取法古人，第五、六则论创新，第七至第十七则论词的创作特点和规律，最后五则涉及词的音韵问题。它虽不具有现代文艺学、美学论文之清晰逻辑系统，但大体已经具备相当高的理论完整性；而且在某些理论问题的把握上，也较前人有所进展，更为深入和细致，如关于"情景"关系，关于好词当"一气如话"，等等，都有精彩见解。这些问题后面再细说。

就第二类而言，较之他的同辈，李渔词论也有自己的特点，在他同时代的许多词话中，《窥词管见》是理论色彩比较浓厚、系统性比较强的作品。与李渔《窥词管见》在时间上最为接近的，大概属毛奇龄《西河词话》了。西河有些段落（如"沈去矜词韵失古意"、"古乐府语近"、"词之声调不在语句"、"词曲转变"，等等）对词韵、声调、词的创作等问题的论述也自有贡献；但其多数段落仍如以前词话重在本事、掌故、趣闻，而不在理论阐发。就此而言，它不及李渔，或至少没有超越李渔。有的词话如王又华《古今词论》，主要摘录前人词论著作辑而成书，虽然在保存以往词论遗产方面有其价值，但毕竟缺少自己的创造，与李渔比，不能算是好的理论著作。沈谦《填词杂说》也有不少精彩见解，但是显得零碎；有的观点，如谈词与诗和曲的关系的一条："承诗启曲者，词也，上不可似诗，下不可似曲。然诗曲又俱可入词，贵人自运"，与李渔所论相近（见《窥词管见》第一则），但又说得不如李渔深细。其他词论著作也都各有优长，但是并不能掩盖《窥词管见》的精彩。

第三类，李渔之后的数十部词话著作，在理论视野、理论深度和广度，理论观念等方面，都有较大进展。像浙西词派（朱彝尊、汪森等）和常州词派（张惠言、周济等），既有创作实践，又有理论主张，他们的词学理论相当精彩——浙西词派自称"家白石而户玉田"，标榜醇雅、清空，填词"必崇尔雅，斥淫哇，极其能事，则亦足以宣昭六义，鼓吹元音"（朱彝尊《静惕堂词序》)①；常州词派强调比兴寄托，"感物而发"、"缘情造端"（张惠言），认为"感慨所寄，不过盛衰：或绸缪未雨，或太息厝薪，或己溺己饥，或独清独醒，随其人之性情学问境地，莫不有由衷之言。见事多，识理透，可为后人论世之资。诗有史，词亦有史，庶乎自树一帜矣"（周济《介存斋论词杂著》）。到 19 世纪，像刘熙载《词概》、陈廷焯《白雨斋词话》、张德瀛《词徵》、谭献《复堂词话》，等等，都有独到之处。到近代，像郑文焯《大鹤山人词话》、况周颐《蕙风词话》、朱祖谋《彊村老人评词》，等等，自有诸多建树；像王国维《人间词话》引进了西方的一些美学观念如"理想"、"写实"、"主观"、"客观"，等等，李渔与之更是不可同日而语。

清是词复兴的时代，优秀词人云集，词论著作接踵问世。李渔不仅是杰出的戏曲家、小说家，而且善于填词，并有不少优秀作品；当时许多著名词人如吴伟业、陈维崧、毛奇龄、毛先舒等也与李渔交好，并对《耐歌词》和《窥词管见》做过眉批，有的还相唱和。但李渔毕竟主要不是以词作和词论名世。人们更为称赞的是李渔的传奇作品、小说作品和《闲情偶寄》。李渔之后，某些论家虽有许多词学观点与李渔相同或相近，或许受到过李渔的影响；但专门赞扬李渔词作、词论者不多，直接引述李渔词论者更少（我印象中只有王又华《古今词论》有"李笠翁词论"一节）。所以不能不说，李渔在词的创作和词学理论方面的影响是相当有限的。

然而，如果我们今天从词学学术史的总体看，用历史主义的标准来评价李渔词论，我要说《窥词管见》在中国词学史上应该占有一席之地；如果把《窥词管见》放回它那个时代，可以看到它仍然发着自己异样的光彩。李渔的词学思想同他的戏剧美学、园林美学、仪容美学一样，有许多精彩之处值得重视、值得借鉴、值得发扬。

现代以来研究李渔《窥词管见》者，以八十二年前（1927）顾敦鍒那篇发表在《燕大月刊》一卷第二至四期上的《李笠翁词学》最好。该文比较全面地考察了《窥词管见》的主要思想观点，列表总结李渔词学在"词

---

① 这里需要说明：浙西词派的主要人物如曹溶、朱彝尊、汪森、李良年、李符、柯崇朴、曹尔堪、周员等活跃于词坛，并且完成《词综》编辑（康熙十八年）的时候，李渔还在世；朱彝尊、汪森等通过《序言》、信札、文章谈论他们的词学主张，李渔或许也可以看到。本书此处所述浙西词派朱彝尊、汪森的理论主张，应该与李渔同时。我之所以把浙西词派的词论著作放在李渔之后，是因为阐述浙西词派理论的词话——许昂霄《词综偶评》是在李渔死后问世的。

的界说"、"词料运用"、"词贵创新"、"词须明白"、"词须一贯"、"词须后劲"、"词的音韵"七个方面的内容，指出它"成为一个颇有系统的组织；与随想随写，杂乱无章的笔记文字不同"，甚至说"看表中加的标题，笠翁居然像一个现代的新文学理论家"（杜按：这过誉了）；在评述李渔词学观点时还能以李渔自己的词作为例证，结合作品进行分析，增加了说服力。但是该文没有把李渔词学放在中国词学思想理论史和学术史上来考察，缺乏历史意识，所以不能见出《窥词管见》和李渔词学的真正学术史价值、理论贡献、历史地位和现实意义。

如果有哪位学者重写中国词学史，请把李渔在中国词学史上本来应有的光彩擦亮。

词的特性和坐标点

《窥词管见》作为李渔最重要的词学著作，提出了许多今天仍有价值的思想，其中将诗、词、曲三者进行比较的文字，十分精彩。前三则即在比较中讲词与诗和曲的关系及区别，对词的性质、特点、位置进行界说。其第一则曰："作词之难，难于上不似诗，下不类曲，不淄不磷，立于二者之中。大约空疏者作词，无意肖曲，而不觉彷佛乎曲。有学问人作词，尽力避诗，而究竟不离于诗。一则苦于习久难变，一则迫于舍此实无也。欲为天下词人去此二弊，当令浅者深之，高者下之，一俯一仰，而处于才不才之间，词之三昧得矣。（毛稚黄评：词学少薪传，作者皆于暗中摸索。笠翁童而习此，老犹不衰，今尽出底蕴以公世，几于暗室一灯，真可谓大公无我。是书一出，此道昌矣。）"（按：着重号为引者所加）

唐圭璋先生《词话丛编》将《窥词管见》每一则下都加了小标题，点出本则主旨。第一则小标题是"词立于诗曲二者之间"。

李渔一贯善于从比较之中找出所论事物的特点。如何比？要找最相近的两个事物相互考量。就词而言，如果将词与古文、小说等明显不同的文体放在一起，很容易看出差别，那对于真切把握词的特征没有多大意义，因为差别大的东西，人们一眼即可见出各自特点，而差别小的东西才最易相混，把最易相混的东西区分开来，即能抓住它的本质特征。词与什么文体相近？诗与曲也。所以李渔界定词的特点，开宗明义，第一则即拿词与诗和曲比较，说它"上不似诗，下不类曲，不淄不磷，立于二者之中"。李渔这里以"上"、"中"、"下"摆放诗、词、曲的位置，而词居其"中"。在李渔看来，诗更高雅一些，曲则浅俗一些，词则在雅俗之间。故李渔告诉填词者："当令浅者深之，高者下之，一俯一仰，而处于才不才之间，词之三昧得矣。"

李渔之前，也有不少人界定词的特点。例如，宋李清照倡言词"别是一家"："……逮至本朝，礼乐文武大备。又涵养百余年，始有柳屯田永者，变旧声作新声，出《乐章集》，大得声称于世；虽协音律，而词语尘下。又有张子野、宋子京兄弟，沈唐、元绛、晁次膺辈继出，虽时时有妙语，而破碎何足名家！至晏元献、欧阳永叔、苏子瞻，学际天人，作为小歌词，直如酌蠡水于大海，然皆句读不葺之诗尔。又往往不协音律者，何耶？盖诗文分平侧，而歌词分五音，又分五声，又分六律，又分清浊轻重。且如近世所谓《声声慢》、《雨中花》、《喜迁莺》，既押平声韵，又押入声韵；《玉楼春》本押平声韵，又押上去声，又押入声。本押仄声韵，如押上声则协；如押入声，则不可歌矣。王介甫、曾子固，文章似西汉，若作一小歌词，则人必绝倒，不可读也。乃知别是一家，知之者少。后晏叔原、贺方回、秦少游、黄鲁直出，始能知之。又晏苦无铺叙，贺苦少典重，秦即专主情致，而少故实，譬如贫家美女，非不妍丽，而终乏富贵态。黄即尚故实而多疵病，譬如良玉有瑕，价自减半矣。"[①]

我们看到，李清照通过对各派词家及其典型作品的分析比较，并依据自己的创作经验，总结出词"别是一家"的理论主张。易安居士主要从两个方面阐明词与诗的区别：第一，是从填词须合音律的角度，把音律上不太"正宗"的词（即她所谓"皆句读不葺之诗尔"）和音律上比较纯正的词相比较，以见出词不同于诗的特点——这是她花费较多口舌所强调的重点，不惜罗列众多具体事例予以肯切、详细的论述。这是比较明显的方面，人们很容易看到，也很容易理解，以往学界所注意者也多在此。兹不多说。第二，是从词与诗这两种不同体裁样式的比较中，见出它们在题材、内容、风格上的差异。李清照对这层意思说得比较隐晦，寓于字里行间而不怎么显露，若不特意留心，它可能在

---

① 李易安评词的这段话，最早见于宋人胡仔《苕溪渔隐丛话》后集卷三十三"晁无咎"条下，亦见于魏庆之《诗人玉屑》卷二十一《诗余》（后人辑为《魏庆之词话》）中之"李易安云"条。引文据唐圭璋编《词话丛编》第一册《魏庆之词话》。

人们眼皮底下溜掉，以至古往今来学者大都对李清照话语中的这层意思关注不够。其实它对区分词与诗的不同特征，甚至比第一点更重要。请注意李清照"晏元献、欧阳永叔、苏子瞻，学际天人，作为小歌词，直如酌蠡水于大海"这句话。我体会所谓"作为小歌词，直如酌蠡水于大海"的意思，乃谓填词相对于赋诗作文，是"作为小歌词"；后面"王介甫、曾子固，文章似西汉，若作一小歌词，则人必绝倒，不可读也"中，又一次提到填词是"作一小歌词"。很明显，李清照特别突出的是词之"小"的特点。这"小"，主要是题材之"小"，另外也蕴涵着风格之"婉"。这就是人们通常所说的：词是艳科。词善于写儿女情长、风花雪月之类的"小"题材，词的特点即在于它的婉丽温软。几乎从词一诞生，人们就给它如此定性。如果说李清照认为像欧阳永叔、苏子瞻等善于赋诗作文的"学际天人"倘填词（"作为小歌词"）"直如酌蠡水于大海"，小之又小；那么，与填词之"小"相对，赋诗作文又当如何看待？从"直如酌蠡水于大海"的相反方面推测其言外之意，她显然把赋诗作文看得"大"许多。倘填词"直如酌蠡水于大海"，则赋诗作文应该是大海航行般的"大"动作，是写"大"题材，用今人常说的话即："宏大叙事"。

李清照的这个思想也贯穿于她自己的创作中。兹以李清照写于同一时期的一词一诗相互对照说明之。绍兴四年（1134）九月，金军进犯临安（杭州），为避难，孤苦伶仃而又秉性坚毅的李清照逃至金华。第二年即绍兴五年暮春，写下《武陵春》词，紧接着，在春夏之交，又写下《题八咏楼》诗。《武陵春》词曰："风住尘香花已尽，日晚倦梳头，物是人非事事休，欲语泪先流。　　闻说双溪春尚好，也拟泛轻舟。只恐双溪舴艋舟，载不动许多愁。"《题八咏楼》诗曰："千古风流八咏楼，江山留与后人愁。水通南国三千里，气压江城十四州。"①

---

① 好友黄强教授阅后改正错字，十分感谢。黄强教授信如下：

　　杜先生：你好！
　　　　大作因得观八咏楼有感而成，图文并茂，赏心悦目。所论内容尤以词之"小"与诗之"大"的辨析为精彩。少量用字有误，我随文拎出，如两处"千古风浪八咏楼"，记忆中应作"千古风流八咏楼"等。此外，李清照的《词论》最早见于胡仔的《苕溪渔隐丛话·后集》，比魏庆之的《诗人玉屑》要早几十年，宜从前者，请再查实一下。前日因电脑故障，未能及时发出邮件，非常抱歉。今见刘扬忠先生致先生一札，我又获益良多。有文自远方来，不亦乐乎！
　　　　专此奉复。即颂
　　撰安
　　　　　　　　　　　　　　　　　　　　　　　　　　　　黄强　09.11.9

八咏楼（本书作者摄于 2009 年 10 月 30 日）

　　李清照的这首词和这首诗，不但写作时间相近，而且写作地点相同。最近我到金华开会，有幸登临坐落于该市东南隅的八咏楼。① 此楼乃南朝齐隆昌年间（公元 5 世纪末）东阳郡太守沈约所建，位于婺江北侧，楼高数丈，屹立于石砌台基之上，有石级百余。倘若你在婺江小舟之上临水北望，会看到八咏楼拔地而起，巍巍峨峨，矗立于群楼之间如鹤立鸡群，在今天依旧是庞然大物，想在千年之前，肯定是当地第一高度。我气喘吁吁征服最后一个石阶，站在八咏楼上南望，词中所说的"双溪"——即从东

---

　　① （明）杨慎《词品》卷六"八咏楼"条云："八咏楼　沈休文八咏诗，语丽而思深，后人遂以名楼，照映千古。近时赵子昂、鲜于伯机诗词颇胜。赵诗云：'山城秋色静朝晖，极目登临未拟归。羽士曾闻辽鹤语，征人又见塞鸿飞。西流二水玻璃合，南去千峰紫翠围。如此溪山良不恶，休文何事不胜衣。'鲜于《百字令》云：'长溪西注，似延平双剑，千年初合。溪上千峰明紫翠，放出群龙头角。潇洒云林，微茫烟草，极目春洲阔。城高楼迥，恍然身在寥廓。　我来阴雨兼旬，滩声怒起（此字原脱，王幼安据《词综》补注）。日日东风恶。须待青天明月夜，一试严维佳作。风景不殊，溪山信美，处处堪行乐。休文何事，年年多病如削（原作多病年年如削，王幼安据《词综》改——引者）。'二作结句略同，稍含微意，不专为咏景发。予故取而著之也。"

南流来的义乌江和从东北流来的武义江，正好在脚下汇流成婺江向西流去。李清照当时已年过半百而孑然一身，国破家亡，生灵涂炭，江山破碎，物是人非，此情此景怎能不感慨万千！其愁其苦，非一般人所能忍受。李清照在这种情境之中写的词和诗自然而然涉及"愁"，而且于国于家于己，都是大苦、大悲、大愁。但是，请读者诸君将这词和这诗对照一下便可体味到，同是李清照一人，同在一个地点、一个时间，同样是写"愁"，其词其诗却很不相同：她的词哀婉凄美，所谓"物是人非事事休，欲语泪先流。闻说双溪春尚好，也拟泛轻舟。只恐双溪舴艋舟，载不动许多愁"；而她的诗却愁肠中充满豪气和壮阔，所谓"千古风流八咏楼，江山留与后人愁。水通南国三千里，气压江城十四州"。这不能不说与两篇作品分别属于词和诗的不同体裁样式相关。

关于词与诗的这种不同特点，后人又有更多论述，如宋张炎《词源》（卷下）"赋情"条说："簸弄风月，陶写性情，词婉于诗。"元陆辅之《词旨》（上）开头便讲："夫词亦难言矣，正取近雅，而又不远俗。"明王世贞《艺苑卮言》在谈明词与元曲时谓："元有曲而无词，如虞、赵诸公辈，不免以才情属曲，而以气概属词，词所以亡也。"杨慎《词品》（卷之四）"评稼轩词"条中，借南宋人陈模《怀古录》中的话说："近日作词者，惟说周美成、姜尧章，而以东坡为词诗，稼轩为词论。此说固当，盖曲者曲也，固当以委曲为体。然徒狃于风情婉娈，则亦易厌。回视稼轩所作，岂非万古一清风哉？"①

---

①　我原来引述杨慎时有误，把南宋人陈模《怀古录》中的话当作了杨慎本人的话，把马浩澜误为南宋人。我的好友刘扬忠研究员阅后予以纠正，并指出文中其他错误，使我受益匪浅。我对朋友的帮助致以深深谢意。兹把扬忠的信抄录于下：

　　书瀛先生：

　　　大文已经拜读。大文论易安"词别是一家"之说，指出易安论诗与词的区别有两点，但古今学者对第二点往往忽视；因此大文以易安自己的诗与词为例，着重强调词在题材、内容、风格等重要方面与诗的不同。你的观点和你的精彩论述我都是极为赞成的。不过你在材料的引用上有三点失察之处，请你加以改正：一、你引杨慎《词品》论稼轩词的那段话，并不是杨慎本人的话，而是南宋人陈模的话，见于陈模所著《怀古录》一书，此书有中华书局所出版的邓广铭校注本。二、你说马浩澜是南宋人，误。马浩澜是明朝人，此人名洪，字浩澜，号鹤窗，浙江杭州人，工诗词，有《花影集》行世。三、你说辛稼轩有词700多首，误。稼轩词传世者共有629首，见邓广铭《稼轩词编年笺注》增订本。

　　　前些日子你发来的忆吴晓铃先生的文章也是收到了的，读了很喜欢。

　　专此奉复。即颂

　大安

　　　　　　　　　　　　　　　　　　　　　　　　　扬忠　顿首　09.11.6

　　从上述张炎"词婉于诗"的"婉"字，还透露出一个信息：即宋人，大概在辛弃疾之前相当长时间里是绝大多数人，认为"婉"（如温、柳）乃词之本性或词之正体，而"豪"（如苏、辛）则是变体。这里涉及长期以来关于"婉约"、"豪放"的争论。我想，"婉"、"豪"之不同其实有两个相互区别而又相互联系的含义，一是题材，一是词风。一方面，词从产生起以至发展的初期，总是花前月下，儿女情长，柔美仕女，小家碧玉，多愁文人，善感墨客……小欢乐，小哀伤，小情趣，总之多是"婉"的题材、"婉"的情感；另一方面，与这"婉"的题材、"婉"的情感相联系，也自然有软绵绵的"翠娥执手"、"盈盈伫立"的"婉"体，温柔香艳、怀人赠别的"婉"调，"杨柳岸，晓风残月"的"婉"风，正如欧阳炯在《花间集序》中所说："绮筵公子，绣幌佳人，递叶叶之花笺，文抽丽锦，举纤纤之玉手，拍按香檀。不无清绝之辞，用助娇娆之态。"但是应该看到词坛绝非凝固的死水，随着社会生活和文学艺术本身的发展，词的"题材"和词"体"、词"调"、词"风"也在变化。这首先出现在五代南唐后主李煜词中，写亡国之君的身际遭遇，词的题材扩大了，从花前月下男女情思变成国破家亡离愁别恨，词风也从"柔婉"、"纤美"变成"故国不堪回首月明中"的"哀伤"、"沉郁"。至苏轼，则更多写怀古、感时、伤世，词风也变得粗犷、豪放，他自称其词"虽无柳七郎风味，亦自是一家"，能"令东州壮士抵掌顿足而歌之，吹笛击鼓以为节，颇壮观也"①，最具代表性的是《念奴娇·赤壁怀古》"大江东去，浪淘尽千古风流人物……"明人马浩澜著《花影集·自序》中引宋人俞文豹《吹剑录》的话阐明苏柳区别："东坡在玉堂日，有幕士善歌。坡问曰：'吾词何如柳耆卿。'对曰：'柳郎中词宜十七八女孩儿，按红牙拍，歌杨柳岸晓风残月。学士词须关西大汉，执铁板唱大江东去。'"② 就是说在南宋已经明显区分苏柳不同词风。不过豪放风在苏轼那里只是起点，苏轼的"豪"词只占其词作很少一部分。豪放派的大旗真正树立起来并且蔚然成大气候是南宋辛

---

　　① （宋）苏轼：《与鲜于子骏三首》之二，《东坡文集》第五十三卷。
　　② 语见明杨慎《词品》卷六（见唐圭璋编《词话丛编》第一册，中华书局1987年版）。另见清王奕清《历代词话》卷五《宋二》略有不同："东坡在玉堂日，有幕士善歌，因问：我词何如柳七。对曰：柳郎中词，只合十七八女郎，执红牙板，歌杨柳外晓风残月。学士词，须关西大汉，铜琵琶、铁绰板，唱大江东去。东坡为之绝倒。（《吹剑录》）"

弃疾，他一生六百二十九首词，"豪"词占其大半，并且具有很高艺术成就。像《菩萨蛮·书江西造口壁》"郁孤台下清江水，中间多少行人泪！西北望长安，可怜无数山！　　青山遮不住，毕竟东流去。江晚正愁余，山深闻鹧鸪。"像《破阵子·为陈同甫赋壮词以寄》"醉里挑灯看剑，梦回吹角连营。八百里分麾下炙，五十弦翻塞外声。沙场秋点兵。　　马作的卢飞快，弓如霹雳弦惊。了却君王天下事，赢得生前身后名。可怜白发生！"像《太常引·建康中秋为吕叔潜赋》"一轮秋影转金波，飞镜又重磨。把酒问姮娥：被白发欺人奈何！　　乘风好去，长空万里，直下看山河。斫去桂婆娑，人道是、清光更多！"等等，都是"横绝六合，扫空万古，自有苍生所未见"①的不朽篇章。但是"豪放"、"婉约"两术语的出现却在明代张綖②，其《诗余图谱》曰："词体大略有二：一婉约，一豪放。盖词情蕴藉，气象恢宏之谓耳。"张綖说的是两种"词体"；至清，才明确以"婉约"、"豪放"指词派、词风，王士祯《花草蒙拾》云："张南湖论词派有二：一曰婉约，一曰豪放。仆谓婉约以易安为宗，豪放惟幼安称首，皆吾济南人，难乎为继矣！"

　　上述例举界说词性的各家，从比较中指出词之特征，各有妙处，李清照说得尤其精到；而李渔在继承前人基础上有所发展、有所前进，能够准确抓住词的基本特征，论述得十分明确、清楚、干脆、利落。

　　第一则是李渔把词、诗、曲放在一起，从总体上对词的把握。下面两则，则分述之。

诗词之别

　　在《窥词管见》第二则，李渔进一步论曰："词之关键，首在有别于诗固已。但有名则为词，而考其体段，按其声律，则又俨然一诗，欲觅相去之垠而不得者。"具体而言如何区分诗词呢？李渔说："诗有诗之腔调，

---

① （宋）刘克庄：《后村大全集》卷九十八《辛稼轩集序》。《后村大全集》一百九十六卷，有《四部丛刊》本（据上海涵芬楼藏赐砚堂钞本影印）；2008 年四川大学出版社出版竖排繁体《后村大全集》。

② 张綖，明诗文家、词曲家，字世文，自号南湖居士，高邮人，正德八年（1513）举人。擅诗文，尤工长短句，有《诗余图谱》、《南湖诗集》、《淮海集》等。

曲有曲之腔调，诗之腔调宜古雅，曲之腔调宜近俗，词之腔调则在雅俗相和之间。如畏摹腔练吻之法难，请从字句入手。取曲中常用之字，习见之句，去其甚俗，而存其稍雅又不数见于诗者，入于诸调之中，则是俨然一词，而非诗也。"这里从"腔调"上指出填词怎样才能有别于作诗和制曲的"窍门"，而且又非常具体地教人如何从字句入手——取曲中常用之字句、去其甚俗而存其稍雅者入于诸调之中，则是词而非诗矣。譬如李渔自己的那首《玉楼春·春眠》就是以"去其甚俗，而存其稍雅"者入词："生来见事烦生恼，坐不相宜眠正好。怕识天明不养鸡，谁知又被莺啼晓。

由人勤俭由人早，懒我百年犹嫌少。蒙头不喜看青天，天愈年少人愈老。"这里的"怕识天明不养鸡，谁知又被莺啼晓。由人勤俭由人早，懒我百年犹嫌少"等用语，既不像诗那么雅，也不似曲那么俗。不过，填词是一种艺术创造，光靠讲究段落、字句之"技巧"是不够的，也是不行的。四川大学教授、著名古典文学研究家缪钺先生曾论道："词之所以别于诗者，不仅在外形之句调韵律，而尤在内质之情味意境……内质为因，而外形为果。先因内质之不同，而后有外形之殊异。故欲明词与诗之别，及词体何以能出于诗而离诗独立，自拓境域，均不可不于内质求之，格调音律，抑其末矣。"① 此论甚为精到。譬如上面所举李渔《春眠》词，写得很有趣，但是"内质"稍逊一筹，并无深意，游戏文字而已。要写出真正好作品，应如古人所云"功夫在诗外"，而不止于文字技巧。大凡艺术创造，皆然。

除了此则将诗词对照见其差别之外，李渔还在《窥词管见》第十四则从体裁之段落句式结构上谈到诗词之不同："盖词之段落，与诗不同。诗之结句有定体，如五七言律诗，中四句对，末二句收，读到此处，谁不知其是尾？词则长短无定格，单双无定体，有望其歇而不歇，不知其歇而竟歇者，故较诗体为难。"

关于诗词之别，李渔之前也有不少论述。宋代陈师道《后山诗话》②批评"退之以文为诗，子瞻以诗为词，如教坊雷大使之舞，虽极天下之工，要非本色"，《魏庆之词话》"东坡"条引了上面这段话之后反驳道：

---

① 缪钺：《论词》，见《诗词散论》，上海古籍出版社1982年版，第54页。
② （宋）陈师道《后山诗话》有《历代诗话》（清何文焕编）本，中华书局1981年版。

"余谓后山之言过矣。"并例举苏东坡"大江东去"等佳作,说:"凡此十余词,皆绝去笔墨畦径间,直造古人不到处,真可使人一唱而三叹。若谓以诗为词,是大不然。子瞻自言平生不善唱曲,故间有不入腔处,非尽如此。后山乃比之教坊雷大使舞,是何每况愈下,盖其谬也。"不管陈师道还是《魏庆之词话》,虽然对苏词意见相反,但有一点是一致的:诗与词应有区别,不能以诗为词。①

稍后,沈义父《乐府指迷》"论作词之法"条从另外的角度谈到诗、词的区别:"……癸卯,识梦窗。暇日相与倡酬,率多填词,因讲论作词之法。然后知词之作难于诗。盖音律欲其协,不协则成长短之诗。下字欲其雅,不雅则近乎缠令之体。用字不可太露,露则直突而无深长之味。发意不可太高,高则狂怪而失柔婉之意。"沈义父主张作词"下字欲其雅",李渔则强调在"雅俗之间",好像意见不同;但其余几点,似无"你死我活"的矛盾。沈义父在《乐府指迷》"咏花卉及赋情"条又云:"作词与诗不同,纵是花卉之类,亦须略用情意,或要入闺房之意。然多流淫艳之语,当自斟酌。如只直咏花卉,而不着些艳语,又不似词家体例,所以为难。又有直为情赋曲者,尤宜宛转回互可也。"这里是从"词是艳体"的角度谈诗词之别,而"艳"与"俗"常常相联系,这或许对几百年后的李渔有所启发;然而李渔更强调诗、词、曲的比较,然后把词定位于"雅俗之间",并没有过多强调词之"艳"。

此外元代陆辅之《词旨》(上)把词定位于"正取近雅,而又不远俗",应该是李渔所本。

稍后于李渔的王士禛在《花草蒙拾》中也谈到词与诗的关系,但他是从褒诗而抑词的立场出发的:"词中佳语,多从诗出","词本诗而劣于诗",这种观点值得商榷。与王士禛差不多同时,汪森在《词综序》中说:"自古诗变为近体,而五七言绝句传于伶官乐部,长短句无所依,则不得不更为词。当开元盛日,王之涣、高适、王昌龄诗句,流播旗亭,而李白《菩萨蛮》等词,亦被之歌曲。古诗之于乐府,近体之于词,分镳并骋,非有先后。谓诗降为词,以词为诗之余,殆非通论矣。"汪森的意见明显

① 本书所引《魏庆之词话》及后面宋代以来的词论著作,皆引自唐圭璋编《词话丛编》,中华书局1985年版,以后不再注出。

不同于王士禛。

与前前后后的词论家相比较而言，李渔关于诗词之别的论述还是相当高明的。

词曲之别

曲的出现是社会文化进一步世俗化的表现，是宋元及其之后社会中市民阶层逐渐增强、市民文化和商业文化逐渐发展的结果，也是文学艺术自身形式更为解放、更为通俗化的表现。李渔是在曲这种文体盛行之后，在词与曲比较中论述了词与曲的区别的。李渔所论主要从两个方面着眼。

第一是词与曲在遣词用字上的不同。在《窥词管见》第三则，李渔以许多具体例子，说明填词用字必须避免用那些太俗的字，"所谓存稍雅而去甚俗"："有同一字义而可词可曲者，有止宜在曲，断断不可混用于词者。试举一二言之：如闺人口中之自呼为妾，呼婿为郎，此可词可曲之称也；若稍异其文，而自呼为奴家，呼婿为夫君，则止宜在曲，断断不可混用于词矣。如称彼此二处为这厢、那厢，此可词可曲之文也；若略换一字，为这里、那里，亦止宜在曲，断断不可混用于词矣。大率如尔我之称者，奴字、你字，不宜多用；呼物之名者，猫儿、狗儿诸'儿'字，不宜多用；用作尾句者，罢了、来了诸'了'字，不宜多用。诸如此类，实难枚举，仅可举一概百。"顺便说一句，在曲体盛行之前，宋代沈义父《乐府指迷》"咏花卉及赋情"条中也谈到填词要慎用太俗的字："如怎字、恁字、奈字、这字、你字之类，虽是词家语，亦不可多用，亦宜斟酌，不得已而用之。"李渔与沈义父，虽然一个是有曲体作为参照物，一个尚不知曲体为何物，但是他们所论的主要意思，可谓一脉相承。

第二是词与曲声音表现方式（"读"还是"唱"）的不同。《窥词管见》第二十二则，李渔从"耐读"还是"耐唱"的角度，对词与曲作了如下区分："曲宜耐唱，词宜耐读。耐唱与耐读，有相同处，有绝不相同处。盖同一字也，读是此音，而唱入曲中，全与此音不合者，故不得不为歌儿体贴，宁使读时碍口，以图歌时利吻。词则全为吟诵而设，止求便读而已。"

李渔关于诗词曲之别的论述，对后人产生了相当重要的影响。清晚期杜文澜《憩园词话》卷一"论词三十则"有一段论述："近人每以诗词词曲连类而言，实则各有蹊径。《古今词话》载周永年曰：'词与诗曲界限甚分明，惟上不摹香奁，下不落元曲，方称作手。'（按：这段话见于清沈雄《古今词话·词品下卷·禁忌》。）又曹秋岳司农云：'上不牵累唐诗，下不滥侵元曲，此词之正位也。'二说诗曲并论，皆以不可犯曲为重。余谓诗词分际，在疾徐收纵轻重肥瘦之间，娴于两途，自能体认。至词之与曲，则同源别派，清浊判然。自元以来，院本传奇原有佳句可入词林，但曲之径太宽，易涉粗鄙油滑，何可混羼入词。"周永年、曹秋岳、杜文澜等人的观点与李渔相近，从中可以隐约看到李渔的影子。

清初词坛一段宝贵资料

李渔《窥词管见》第五则谈创新提到当时词坛上数十位名家，由此让我想起他在《〈耐歌词〉自序》①中留下的关于清初词坛一段宝贵史料：

> ……三十年以前，读书力学之士，皆殚心制举业，作诗赋古文词者，每州郡不过一二家，多则数人而止矣；馀尽埋头八股，为干禄计。是当日之世界，帖括时文之世界也。此后则诗教大行，家诵三唐，人工四始，凡士有不能诗者，辄为通才所鄙。是帖括时文之世界，变而为诗赋古文之世界矣。然究竟登高作赋者少，即按谱填词者亦未数见，大率皆诗人耳。乃今十年以来，因诗人太繁，不觉其贵，好胜之家，又不重诗而重诗之馀矣。一唱百和，未几成风。无论一切诗人皆变词客，即闺人稚子、估客村农，凡能读数卷书、识里巷歌谣之体者，尽解作长短句。更有不识词为何物，信口成腔，若牛背儿童之笛，乃自词家听之，尽为格调所有，岂非文学中一咄咄事哉？人谓诗变为词，愈趋愈下，反以春花秋蟹为喻，无乃失期伦乎？予曰不然，此古学将兴之兆也。曷言之？词必假道于诗，作诗不填词者有之，未有词不先诗者也。是诗之一道，不求盛而自盛者矣。且焉知十年以后之词人，不更多于十年以前之诗人乎？

----

① 《耐歌词》见雍正八年（1730）芥子园本《笠翁一家言全集》卷之八。

这段话写于康熙十七年（1678）。李渔在这段话中谈到文坛变化的三个时间段，可以见出，所谓词"复兴于清"，究竟是怎样起始的。

第一段是"帖括时文"仍然盛行的时代。那是顺治五年（1648）以前，再往前推即明朝晚期以至中期、早期。因为李渔所谓"三十年以前"，是从康熙十七年往前推，即大约是顺治五年（1648）以前。就是说，通常人们说"词复兴于清"，而直至顺治五年，词尚未"复兴"。那之前，按李渔的说法，是"殚心制举业"的时代，是"为干禄计"而"埋头八股"的时代；"作诗赋古文词者"寥寥无几。总之，"当日之世界，帖括时文之世界也"。

第二段是从"帖括时文"转向"诗赋古文"的时代。时间大约是从顺治五年（1648）至康熙七年（1668）的二十来年。那时，按李渔的说法是"诗教大行"的时代，由"帖括时文之世界变而为诗赋古文之世界"。然而，此时词仍然没有复兴，"按谱填词者亦未数见，大率皆诗人"，作诗者多，填词中少。

第三段是康熙七年（1668）之后，词真正开始复兴。按李渔的说法，即"乃今十年以来，因诗人太繁，不觉其贵，好胜之家，又不重诗而重诗之馀矣。一唱百和，未几成风。无论一切诗人皆变词客，即闺人稚子、估客村农，凡能读数卷书、识里巷歌谣之体者，尽解作长短句"。李渔所列举的十二位"眼前词客"，董文友、王西樵、王阮亭、曹顾庵、丁药园、尤悔庵、吴蕳次、何醒斋、毛稚黄、陈其年、宋荔裳、彭羡门，都活跃在这段时间。其中董文友即董以宁，在康熙初与邹祇谟齐名，精通音律，尤工填词，善极物态，著有《蓉渡词》；王阮亭即王士禛，为清初文坛领袖，与其兄王西樵（王士禄）均善词，王阮亭有词集《衍波词》；曹顾庵即曹尔堪，填词名家，与山东曹贞吉齐名，世称"南北两曹"，著有词集《南溪词》、《秋水轩词》等；丁药园即丁澎，清初著名回族词人；尤悔庵即尤侗，亦是填词行家，与李渔交往很多；吴蕳次即吴绮，以词名世，小令多描写风月艳情，笔调秀媚，长调意境和格调较高；何醒斋即何采，工词、善书；毛稚黄即毛先舒，"西泠十子"之一，又与毛奇龄、毛际可齐名，时人称"浙中三毛，文中三豪"，善词；陈其年即陈维崧（1625—1682），更是填词大家，是清初最早的阳羡词派的领袖，才气纵横，擅长调小令，填词达一千六百二十九首之多，用过的词调有四百六十种，词风直追苏辛，豪放、雄浑、苍凉，有《湖海楼诗文词全集》五十四卷，其中词占三十卷；宋荔裳即宋琬，诗词俱佳，有《安雅堂全集》二十卷，其中包括《二乡亭词》；彭羡门即彭孙遹，其词亦常被人称道，著有《延露词》、《金粟词话》等。

其实，清初还有一些著名词家，尤其是浙西词派诸人，如朱彝尊、李良年、李符、沈皞日、沈登岸、龚翔麟，等等；比他们更早的是曹溶。康熙十一年（1672），朱彝尊与陈维崧的词合刻成《朱陈村词》，《清史·文苑传》称其"流传至禁中，蒙赐问，人以为荣"。康熙十八年（1679），钱塘龚翔麟将朱彝尊的《江湖载酒集》、李良年的《秋锦山房词》、李符的《耒边词》、沈皞日的《茶星阁词》、沈岸登的《黑蝶斋词》、龚翔麟的《红藕庄词》合刻于金陵，名《浙西六家词》，陈维崧为之作序。此外属于陈维崧阳羡词派的还有任绳隗、徐喈凤、万树、蒋景祁，等等。不知何故，李渔没有提及在当时已经颇有名气（在后来的整个清代也非常有影响）的朱彝尊和浙西词派诸人。如果说浙西词派代表作《浙西六家词》编成时已是康熙十八年（1679），李渔进入垂暮之时，可能没有引起注意；而朱彝尊与陈维崧的词合刻成《朱陈村词》，时在康熙十一年（1672），且"流传至禁中，蒙赐问，人以为荣"，李渔不可能不知道，为何只说到陈维崧而不提朱彝尊呢？令人不得其解。

此外，晚清词论家张德瀛《词徵》卷六也谈到"清初三变"，虽是事后考察而不像李渔那样亲身感受来得更踏实，但仍然可以参照："……本朝词亦有三变，国初朱陈角立，有曹实庵、成容若、顾梁汾、梁棠村、李秋锦诸人以羽翼之，尽祛有明积弊，此一变也。樊榭崛起，约情敛体，世称大宗，此二变也。茗柯开山采铜，创常州一派，又得恽子居、李申耆诸人以衍其绪，此三变也。"

新与旧的辩证法

关于创新，李渔自有其独到见解，所谓"意之极新者，反不妨词语稍旧，尤物衣敝衣，愈觉美好"（《窥词管见》第六则）。

这是"新"与"旧"的辩证法。

李渔所重，乃"意新"也。倘能做到"意新"，词语不妨"稍旧"，所谓"尤物衣敝衣,愈觉美好"。这使我想起明代杨慎《词品》卷之三"李易安词"条一段话:"(李易安)晚年自南渡后,怀京洛旧事,赋元宵《永遇乐》词云:'落日镕金,暮云合璧。'已自工致。至于'染柳烟轻,吹梅笛怨,春意知几许',气象更好。后叠云:'于今憔悴,风鬟霜鬓,怕见夜间出去。'皆以寻常言语,度人音律。炼句精巧则易,平淡入妙者难。山谷所谓以故为新,以俗为雅者,易安先得之矣。"杨慎以李易安词为例,形象解说了"精巧"与"平淡"、"故"与"新"、"俗"与"雅"的辩证关系。

这里既有各种关系之内外表里辩证结合的问题,也有这些关系中的各个因素孰轻孰重的问题。我认为李渔之重"意新",是强调词人应该多做内功,要从根柢下手。创新的功夫,根本是在内里而不在表层,在情思不在巧语。用我们今天的话说,创新的力气应该主要用在新思想、新情感、新感悟的开掘上,而不是主要用在字句的新巧奇特甚至生僻怪异上。

当然,内里与外表、情思与巧语、意新与字(句)新、内容与形式等,又是不可绝然分开的。一般而言,常常是新内容自然而然催生了新形式,新情思自然而然催生了新词语;而不是相反。文学艺术中真正的创新,是自然"生长"出来的,而不是人工"做"出来的。

总之,功夫应该从"里"往"外"做、从"根"往"梢"做。这样,你的创新才有底气、才深厚、才自然天成,你的作品才能使人感到"新"得踏实、"新"得天经地义、"新"得让最挑剔的人看了也没脾气。这即《窥词管见》第七则开头所言:"琢句炼字,虽贵新奇,亦须新而妥,奇而确。妥与确,总不越一理字,欲望句之惊人,先求理之服众。"任何文学样式,诗词古文小说戏曲等都包括在内,其创新必须有这个"理"字约束、管教。李渔第一部传奇《怜香伴》创造了崔笺云、曹雨花这一对同性恋人形象,怪则怪也,但细细分析她们所生活的环境,则又觉得入情入理。李渔之后不到一百年,曹雪芹在伟大小说《红楼梦》中创造了贾宝玉这个人物,也是虽怪异却合理:一方面,他生在诗书之乡、官宦之家而偏偏厌恶仕途经济,在当时够新奇、怪异的;但仔细考察"大观园"里种种促使他性格生长的因素,却又觉得他并不违背那个典型环境里的"人情物理"。

"新"在"理"中。

"闹"字风波

　　《窥词管见》第七则谈到"琢句炼字"时曾云："时贤勿论，吾论古人。古人多工于此技，有最服予心者，'云破月来花弄影'郎中是也。有蜚声千载上下，而不能服强项之笠翁者，'红杏枝头春意闹'尚书是也。'云破月来'句，词极尖新，而实为理之所有。若红杏之在枝头，忽然加一'闹'字，此语殊难着解。争斗有声之谓闹，桃李争春则有之，红杏闹春，予实未之见也。'闹'字可用，则'吵'字、'斗'字、'打'字，皆可用矣。……予谓'闹'字极粗极俗，且听不入耳，非但不可加于此句，并不当见之诗词。"

　　李渔所挑起的这个"闹"字风波，今天须好好说道一番。我的看法是：笠翁差矣。

　　填词高手琢字炼句功夫，的确令人叹服。但是琢字炼句的根基在炼意，再往深里推：在对生活真谛的敏锐洞察和准确把握。例如，宋代杨湜《古今词话》"苏轼"条记述了苏轼一首《蝶恋花》词，评曰"极有理趣"。该词云："花褪残红青杏小，燕子来时，绿水人家绕。枝上柳绵吹又少。天涯何处无芳草。　　墙里秋千墙外道。墙外行人，墙里佳人笑。笑渐不闻声渐悄。多情却被无情恼。"这首词的"琢字炼句"功夫，十分了得。尤其是"炼句"。单拿出某字，也许还不觉什么；看整句，则令人心折。像"花褪残红青杏小"、"枝上柳绵吹又少"、"笑渐不闻声渐悄"、"多情却被无情恼"，愈看愈有味道。但这首词的高明，根本在于"炼意"，更深一层，在于苏东坡对生活本身入木三分的理解和拿捏。杨湜说它"极有理趣"，甚是。正由于东坡深刻把握了生活的"人情物理"，因而"炼意"好，所以催生其"琢字炼句"新奇合理。下面的例子表明了同样道理。明代杨慎《词品》卷之三"李易安词"条赞"宋人中填词，李易安亦称冠绝，使在衣冠，当与秦七、黄九争雄，不独雄于闺阁也"。杨慎特别推崇"《声声慢》一词，最为婉妙"。妙在哪里？琢字炼句也，尤其是一连十四个叠字用得绝。杨慎引了《声声慢》全词后写道："荃翁张端义《贵耳集》云：此词首下十四个叠字，乃公孙大娘舞剑手。本朝非无能词之士，未曾有下十四个叠字者。"李清照的《声声慢》之所以近千年传诵不衰，看起来是"炼字"好，而其根本则在于作者具有真切深刻的生活体验，所以才造就其"一连十四个叠字用得绝"。

宋子京（祁）"红杏枝头春意闹"之"闹"字，用得也是极好的，历来为人称道，并得到"'红杏枝头春意闹'尚书"美名。我认为"闹"字之所以用得好，根基在"炼意"好，在对生活的体验深，已经达到了一种高深的审美境界。作者体验到了春天的生机盎然，体验到了春天蕴藏的无限活力，最后凝聚在"红杏枝头春意闹"七个字上。设想，倘舍此七字，何以表现？七字之中，"闹"字尤其传神。但李渔却不服，偏要唱反调。李渔关于"闹"字的一番说辞，看起来卓然独立，与众不同。然仅为一家之偏执之言耳。李渔说："若红杏之在枝头，忽然加一'闹'字，此语殊难着解。争斗有声之谓闹，桃李争春则有之，红杏闹春，予实未之见也。'闹'字可用，则'吵'字、'斗'字、'打'字，皆可用矣。"然而在我看来，作为艺术修辞，"闹"的使用其实并不难理解，因为它符合现代学者钱锺书先生所揭示的"通感"规律。李渔自己的词中也常用此手法，他的《捣练子·早春》劈头便说："花学笑，柳含颦，半面寒飔半面春。"按李渔上面的逻辑，"花"怎么会"笑"？"柳"何能"含颦"？但"花学笑，柳含颦"却合"艺术情理"。还有，李渔的一首《竹枝词》云："新裁罗縠试春三，欲称蛾眉不染蓝。自是淡人浓不得，非关爱着杏黄衫。"其第三句"自是淡人浓不得"尤妙。若按常理，人哪能用"浓"、"淡"形容？然李渔此句出人意料而让人信服，新奇而贴切。

我赞成近人王国维的观点：着一"闹"字，境界全出矣。

"闹"字用得确实好。

词忌书本气

李渔多次批评词与曲的创作中之道学气、书本气、禅和子①气。如《窥词管见》第八则有云："词之最忌者，有道学气，有书本气，有禅和子气。吾观近日之词，禅和子气绝无，道学气亦少，所不能尽除者，惟书本气耳。每见有一首长调中，用古事以百纪，填古人姓名以十纪者，即中调小令亦未尝肯放过古事……若谓读书人作词，自然不离本色，然则唐宋明初诸才人，

---

① 禅和子：宋圆悟《碧岩录》第二则有"如今禅和子，问着也道：我亦不知不会"句。

亦尝无书不读，而求其所读之书于词内，则又一字全无也。文贵高洁，诗尚清真，况于词乎？"《闲情偶寄·词曲部·词采第二》"忌填塞"中也说："填塞之病有三：多引古事，迭用人名，直书成句。……古来填词之家，未尝不引古事，未尝不用人名，未尝不书现成之句，而所引所用与所书者，则有别焉：其事不取幽深，其人不搜隐僻，其句则采街谈巷议，即有时偶涉诗书，亦系耳根听熟之语，舌端调惯之文，虽出诗书，实与街谈巷议无别者。"

李渔所言甚是。文艺创作乃审美创造，应与上述三"气"绝缘。"忌填塞"乃着眼戏曲而言；此节从"填词"出发，又特别拈出"书本气"加以针砭。文学家（诗人、词人）并非不读书，甚至"唐宋明初诸才人亦尝无书不读"，但是绝不陷于掉书袋，而是融化于自己的创作之中，以至达到"求其所读之书于词内，则又一字全无也"。李渔说"一字全无"，乃夸张之词，但是把所读之书溶解在自己的血液里，即使带出前人个别字词，亦无妨。《苕溪渔隐词话》卷二"后主用《颜氏家训》语"条："《复斋漫录》云：'《颜氏家训》云：别易会难，古人所重，江南饯送，下泣言离。北间风俗，不屑此事，歧路言离，欢笑分首。李后主盖用此语耳，故长短句云：别时容易见时难。'"后主乃融化《颜氏家训》之意于自己血液中矣。

审美意境与人生境界

李渔还有几句话："作词之料，不过情景二字，非对眼前写景，即据心上说情，说得情出，写得景明，即是好词。"（按：着重号为引者所加）读此，使我想起李渔之后数百年王国维关于"境"、"境界"、"意境"的两段话，一段是《人间词话》里的："境非独谓景物也。喜怒哀乐，亦人心中之一境界。故能写真景物、真感情者，谓之有境界。"一段是《宋元戏曲考》里的："然元剧最佳之处，不在其思想结构，而在其文章。其文章之妙，亦一言以蔽之，曰：有意境而已矣。何以谓之有意境？曰：写情则沁人心脾，写景则在人耳目，述事则如其口出是也。古诗词之佳者，无不如是。"将王国维的这两段话与上面李渔的话对照，从语气、语意甚至选字造句上，你不觉得如出一辙吗？但是王国维更明确点出了"境"、"境界"、"意境"，而且王国维比李渔更高明。高明在哪里？高明在他将"意境"（"境界"）的侧重艺术品鉴推进到艺术与人生相统一的审美品鉴。

《人间词话》将人生境界分为三重，又以三句古典诗语来诠释，曰："古今之成大事业、大学问者，必经过三种之境界：'昨夜西风凋碧树，独上高楼，望尽天涯路'，此第一境也。'衣带渐宽终不悔，为伊消得人憔悴'，此第二境也。'众里寻他千百度，蓦然回首，那人却在，灯火阑珊处'，此第三境也。"明确地将艺术意蕴的品鉴与人格情致、人生况味的品鉴相融合，从诗词、艺术的意境来通致人生、生命的境界。"真景物"、"真感情"为境界之本，"忧生"、"忧世"的"赤子之心"为创境之源。对于王国维而言，境界之美实际上也成为人生之美的映照。①

中国美学根本是人生美学，艺术美学不过是人生美学之一种表现形态而已。不了解这一关键之处，即不了解中国美学之精髓。所以王国维又总是把诗词写作同宇宙人生紧紧联系在一起，说："诗人对宇宙人生，须入乎其内，又须出乎其外。入乎其内，故能写之；出乎其外，故能观之。入乎其内，故有生气；出乎其外，故有高致。"在王国维看来，"境界"其实是为众人而设的，只是常人似乎感觉得到，却抓不住、写不出；而诗人能够抓得住、写得出。他引黄山谷一句话"天下清景，不择贤愚而与之"之后说："诚哉是言。抑岂独清景而已，一切境界，无不为诗人设。世无诗人，即无此种境界。夫境界之呈于吾心而见于外物者，皆须臾之物，惟诗人能以此须臾之物，镌诸不朽之文字，使读者自得之。遂觉诗人之言，字字为我心中所欲言，而又非我之所能言，此大诗人之秘妙也。境界有二：有诗人之境界，有常人之境界。诗人之境界，惟诗人能感之而能写之。"从此我们可以悟出：没有人生之境界，哪有艺术之境界？要写出艺术之境界，先把握人生之境界。

"情主景客"与诗词本性

李渔有云："词虽不出情景二字，然二字亦分主客：情为主，景是客。说景即是说情，非借物遣怀，即将人喻物。有全篇不露秋毫情意，而实句句是情，字字关情者。切勿泥定即景咏物之说，为题字所误，认真做向外面去。"（《窥词管见》第九则）

"情为主，景是客"，一针见血，说出诗词本性。后来王国维《人间词

---

①　参见金雅《〈中国现代美学名家文丛〉总序》，浙江大学出版社2008年版。

话》"昔人论诗词，有景语、情语之别。不知一切景语皆情语也"，又是与李渔"情主景客"的思想如出一辙。

李渔之前早有人论述过情景问题。宋代张炎《词源》卷下"离情"条引了姜夔《琵琶仙》和秦少游《八六子》两首词后谈情景关系云："离情当如此作，全在情景交炼，得言外意。"明代谢榛也谈到情景关系，提出"景乃诗之媒，情乃诗之胚"，"情融乎内而深且长，景耀乎外而远且大"。与李渔差不多同时的王夫之论情、景关系时亦云："情景虽有在心在物之分，而景生情、情生景，哀乐之触，荣悴之迎，互藏其宅。""情景名为二，而实不可离。神于诗者，妙合无垠。巧者则有情中景、景中情。""景中生情，情中含景，故曰，景者情之景，情者景之情也。"张炎、谢榛、王夫之都对情景关系作了很好的论述。只是，似乎他们没有如李渔、王国维这么明确地说出"情主景客"的意思。

李渔之后，也有很多人谈情景关系，如周济《宋四家词选目录序论》云："耆卿镕情入景，故淡远。方回镕景入情，故秾丽。"刘熙载《词概》云："词或前景后情，或前情后景，或情景齐到，相见相容，各有其妙。"沈祥龙《论词随笔》云："词虽浓丽而乏趣味者，以其但知做情景两分语，不知作景中有情、情中有景语耳。'雨打梨花深闭门'，'落红万点愁如海'，皆情景双绘，故称好句，而趣味无穷。"田同之《西圃词说》云："美成能做景语，不能做情语。愚谓词中情景不可太分，深于言情者，正在善于写景。"况周颐《蕙风词话》云："盖写景与言情，非二事也。善言情者，但写景而情在其中。"但我觉得都不如李渔和王国维直接点出"情主景客"来得透亮、精辟。

因此，我觉得还是李渔、王国维更加高明。

可解不可解

李渔主张"诗词未论美恶，先要使人可解"："诗词未论美恶，先要使人可解。白香山一言，破尽千古词人魔障——爨妪尚使能解[1]，况稍稍知

---

[1] "白香山一言"三句：相传白居易每作诗，令一老妪解之，妪曰解，则录之；不解，则易之（见宋惠洪《冷斋夜话》卷一，《冷斋夜话》，中华书局 1988 年校点本。）。

书识字者乎？尝有意极精深，词涉隐晦，翻绎数过，而不得其意之所在。此等诗词，询之作者，自有妙论，然不能日叩玄亭，问此累帙盈篇之奇字也。有束诸高阁，俟再读数年，然后窥其涯涘而已。"（《窥词管见》第十则）一般而言，这是对的。我也喜欢那些既可解又意味无穷的诗词。

但是，还应看到，正如董仲舒《春秋繁露》所言："诗无达诂。"[1]

诗词，广义地说包括一切文学艺术作品在内，就其"通常"状态而言，其所谓"可解"，与科学论文之"可解"，绝然不同。诗词往往在可解不可解之间。还有某些比较"特殊"的诗人和"特殊"的诗词，像李商隐和他的某些诗如《锦瑟》（"锦瑟无端五十弦，一弦一柱思华年。庄生晓梦迷蝴蝶，望帝春心托杜鹃。沧海月明珠有泪，蓝田日暖玉生烟。此情可待成追忆，只是当时已惘然"），就"不好解"或几于"不可解"，历来注家争论不休，莫衷一是；当代的所谓"朦胧诗"亦如是。而"不好解"或几于"不可解"的诗，并不就是坏诗。还有，西方的某些荒诞剧，如《等待戈多》，按常理殊不可解。剧中，戈多始终没有出现。戈多是谁？为何等待？让人丈二和尚摸不着头脑。然这几于"不可解"的剧情，在这个荒诞的社会里，自有其意义在。你去慢慢琢磨吧。

诗词以及其他文学艺术作品之所以常常"无达诂"和"不可解"，或者说介于可解不可解之间，原因是多方面的，最主要的是这样几条：

一是就文学艺术特性而言，它要表现人的情感（当然不只是表现情感），而人的情感是最复杂多变的，常常让人费尽心思捉摸不透。

二是由文学艺术特性所决定，文学艺术语言与科学语言比较起来，是多义的，有时其意义是"游弋"的。譬如辛弃疾词《寻芳草·嘲陈莘叟忆内》："有得许多泪，更闲却许多鸳被；枕头儿放处都不是，旧家时，怎生睡？　更也没书来！那堪被雁儿调戏，道无书却有书中意，排几个'人人'字。"词中的"雁儿"，既是自然界的大雁，也是传信的雁儿，在下半阕，它的意思来回游弋，要凭读者把握。再如何其芳诗《我们最伟大的节日》第一句："中华人民共和国，在隆隆的雷声里诞生。"这"隆隆的

---

[1]　（汉）董仲舒《春秋繁露》卷三《精华》曰："《诗》无达诂，《易》无达占，《春秋》无达辞。"《春秋繁露》主要有清《四库全书》本、光绪五年（1879）定州王氏谦德堂刻《畿辅丛书》本、《四部备要》本、1975年中华书局铅印本。

雷声"，既是自然界的，也是社会革命的。作者在这首诗的小序中说："一九四九年九月二十一日，中国人民政治协商会议第一届全体会议在北京开幕。毛泽东主席在开幕词中说：'我们团结起来，以人民解放战争和人民大革命打倒了内外压迫者，宣布中华人民共和国的成立了。'他讲话以后，一阵短促的暴风雨突然来临，我们坐在会场里面也听到了由远而近的雷声。"显然，何其芳诗中所写，既指"暴风雨突然来临"时天空中"由远而近的雷声"，也指诗人在会场所听到的毛主席"宣布中华人民共和国成立"这种社会的雷声。这两种"雷声"在诗中交融在一起。

三是诗词写的往往是作者片刻感受、刹那领悟，或者是一时难于界定、难以说清的缕缕情思，譬如李清照那首《武陵春》："风住尘香花已尽，日晚倦梳头。物是人非事事休，欲语泪先流。　闻说双溪春尚好，也拟泛轻舟。只恐双溪舴艋舟，载不动，许多愁。"你看她"日晚倦梳头"、"欲语泪先流"，想趁"尚好"之春日"泛轻舟"，忽儿一变："只恐双溪舴艋舟，载不动，许多愁。"这变幻莫测的情思，一时谁能说得清楚、说得确切？

四是从接受美学的角度看，读者的个人情况复杂多样，阅读的时间地点氛围各不相同，因此对同一篇作品解读也各式各样，很难获得大家统一的理解，因此给人造成诗无达诂、诗无定解的印象。还是以李清照为例，看她最著名的《声声慢》："寻寻觅觅，冷冷清清，凄凄惨惨戚戚。乍暖还寒时候，最难将息。三杯两盏淡酒，怎敌他晚来风急？雁过也，正伤心，却是旧时相识。　满地黄花堆积，憔悴损，如今有谁堪摘？守着窗儿，独自怎生得黑！梧桐更兼细雨，到黄昏点点滴滴，这次第，怎一个愁字了得！"大多数人都说这首词写于李清照晚年，她在述说国恨家愁的凄凉晚景；但是我的一位老同学、李清照研究家陈祖美研究员却提出不同见解：此乃李清照中年所写，述说她与赵明诚夫妻情感之事。陈祖美自有其根据，我听后觉得不无道理。"有一千个读者就有一千个哈姆雷特"，信然。

五是诗词和其他文学艺术作品本来就应该"言有尽而意无穷"，读者也不可能用"有尽之言"说完"无尽之意"。这应该是"诗无达诂"最基本的理由。

文章忌平与反对套话

《窥词管见》第十一则云："意之曲者词贵直，事之顺者语宜逆，此词家一定之理。不折不回，表里如一之法，以之为人不可无，以之作诗作词，则断断不可有也。"

其实李渔这里说的主要不是"词语贵直"，而是强调填词时应该做到"曲"与"直"互相映衬、互相彰显，即通过"意曲词直"、"事顺语逆"，以造成变化起伏、跌宕有致的效果，所谓"不折不回，表里如一之法，以之为人不可无，以之作诗作词，则断断不可有也"。此言深得诗词创作之三昧。

譬如李渔自己的一首小令《忆王孙·苦雨》："看花天气雨偏长，徒面青青薜荔墙。燕子愁寒不下梁。惜时光，等得闲来事又忙。"这首小词不过短短三十一个字，五句话；但是波澜回旋，曲折荡漾。先是赏花偏遇天寒雨长，"徒面青青薜荔墙"；等得天暖雨晴，可以趁这好时光看花了，可是"等得闲来事又忙"——又没空儿赏花了。真是：人有空儿，天偏没空儿；天有空儿，人却没空儿了。末句"等得闲来事又忙"最有味道。

而且何止诗词需要波澜起伏，大概一切文章的写作，都如此。20世纪70年代，我曾到何其芳同志家请教文章写法，并拿去拙作请他指点。其芳同志的一个重要意见是文章一定要有波澜，要跌宕有致，切忌"一马平川"。他一面说，一面用手比划，做出波澜起伏的样子。其芳同志的言传身授，使我受益终生。

我还认为不只诗、词、文章的意思（内容）要曲折起伏，而且其表现形式和文风也忌呆板。譬如"文革体"的文章，不但内容可厌，而且其呆板的文风和俗套的形式（如常常以"东风吹，战鼓擂"之类的格式开头）也令人难以忍受。可惜，现在这种可恶的文风和形式（可能变换了形态）仍然充斥耳目。你看看我们许多报纸杂志的某些文章和电视广播的新闻稿件，你听听我们大小会议的许多发言，套话连篇，铺天盖地，叫人无处躲藏。难怪有"中国铁娘子"之称的吴仪同志在参加2005年全国"两会"小组讨论时，毫不客气地打断东北某省一位领导的话："你能不能别说套话了。"

"一气如话"

李渔《窥词管见》第十一则说："作词之家，当以'一气如话'一语，认为四字金丹。"把"一气如话"视为"四字金丹"，的确是个精辟见解。唐圭璋先生《词话丛编》给此则加的小标题是"好词当一气如话"，准确提示这一则的主旨。

"一气"者，即"少隔绝之痕"，也即李渔论戏曲结构时一再强调的要血脉相连而不能有断续之痕。好的艺术作品是活的有机体，是有生命的，是气息贯通的，像一个活蹦乱跳的大活人一样存活在世界上。倘若他的"气"断了，被阻隔了，就有生命之虞。李渔说的"一气"，即后来王国维《人间词话》说的"不隔"："问隔与不隔之别。曰：陶谢之诗不隔，延年之诗稍隔矣；东坡之诗不隔，山谷则稍隔矣。'池塘生春草'、'空梁落燕泥'等二句，妙处唯在不隔。词亦如是，即以一人一词论，如欧阳公《少年游·咏春草》上半阕云：'阑干十二独凭春，晴碧远连云。二月，千里万里，三月，行色苦愁人。'语语都在目前，便是不隔。至云'谢家池上，江淹浦畔'，则隔矣。白石《翠楼吟》：'此地宜有词仙，拥素云黄鹤，与君游戏。玉梯凝望久，叹芳草、萋萋千里。'便是不隔；至'酒祓清愁，花消英气'，则隔矣。然南宋词虽不隔处，比之前人，自有浅深厚薄之别。"我们赋诗填词作文，一定要时常吃些"顺气丸"，使气息畅通无阻，变"隔"为"不隔"。李渔还指出："大约言情易得贯穿，说景难逃琐碎，小令易于条达，长调难免凑补。"针对此病，李渔以自己填词的实践经验授初学者以"秘方"："总是认定开首一句为主，第二句之材料，不用别寻，即在开首一句中想出。如此相因而下，直至结尾，则不求'一气'而自成'一气'，且省却几许淘摸工夫。"我说李渔此方，不过是枝枝节节的小伎俩而已，不能解决根本问题。要"一气"，最根本的是思想感情的流畅贯通。假如对事物之观察体悟，能够达到"烂熟于心"的程度，再附之李渔所说之方，大概就真能做到"不求'一气'而自成'一气'"了。

"如话"，李渔说是"无隐晦之弊"。其实"如话"不仅是通常所谓通俗可解，不晦涩；更重要的是生动自然，不做作。李渔自己也说："千古好文章，总是说话，只多者、也、之、乎数字耳"又说："'如话'则勿作文字做，并勿作填词做，竟作与人面谈；又勿作与文人面谈，而与妻孥臧获辈面谈。"李渔自己就有不少如"说话"、"面谈"的词，像《水调歌头·中秋夜金闾泛舟》："载舟复载舟，招友更招僧。不登虎丘则已，登必待天明。上半夜嫌鼎沸，中半夜愁轰饮，诗赋总难成。不到鸡鸣后，鹤梦未全醒。　归来后，诗易作，景难凭。舍真就假，何事搁笔费经营？况是老无记性，过眼便同隔世，五鼓忘三更。就景挥毫处，暗助有山灵。"这样的"说话"、"面谈"不仅为了通俗晓畅，更重要的是它自自然然而绝不忸怩作态。假如一个人端起架子来赋诗填词作文，刻意找些奇词妙句，那肯定出不来上等作品。

更重要的是，"一气如话"这四字金丹，表达了李渔一生孜孜追求的一种理想的艺术创作境界，即为文作诗填词制曲，都要达到自然天成，"云所欲云而止，如候虫宵犬，有触即鸣"的程度。[①] 李渔所说的这种"云所欲云而止，如候虫宵犬，有触即鸣"，也是继承了苏东坡关于作文"如行云流水，初无定质，但常行于所当行，常止于所不可不止"[②] 的有关思想。

李渔还用另一词表达他的这种思想，即"天籁自鸣"："无意为联，而适得口头二语颂扬明德，所谓天籁自鸣，榜之清署，以代国门之悬。有能易一字者，愿北而事之。"[③] 这种所谓"天籁自鸣"，就是要求艺术创作，都要似天工造就，犹如鬼斧神工，不能有人工痕迹。

为什么艺术创作的理想境界是"天籁自鸣"、自然天成？因为凡是真正的艺术品，其实不是"制作"出来的，而是像一个活生生的人的生命，十月怀胎，一朝分娩，再由婴儿、童年、青年、壮年……自然而然长成的一个有血有肉的、有感情有意志能思维的生命存在。我记得我的大学老师孙昌熙教授在课堂上曾讲过一个寓意深刻的笑话，说是一个无病呻吟的秀才做文章，抓耳挠腮做不出来，秀才娘子在一旁看他痛苦的样子，忍不住

---

① （清）李渔：《一家言释义》（即他为自编的《笠翁一家言》初集所写的自序）这样说："凡余所为诗文杂著，未经绳墨，不中体裁，上不取法于古，中不求肖于今，下不觊传于后，不过自为一家，云所欲云而止，如候虫宵犬，有触即鸣，非有模仿希冀于其中也。模仿则必求工，希冀之念一生，势必千妍百态，以求免于拙，窃虑工多拙少之后，尽丧其为我矣。虫之惊秋，犬之遇警，斯何时也，而能择声以发乎？如能择声以发，则可不吠不鸣矣。"见《李渔全集》第一卷，第4页。

② （宋）苏轼：《答谢民师书》，《苏东坡集》后集卷十四。苏轼在另一篇文章《文说》中也表达了类似的意思："吾文如万斛泉源，不择地而出，在平地滔滔汩汩，虽一日千里无难。及其与山石曲折，随物赋形，而不可知也。所可知者，常行于所当行，常止于所不可不止。"（《苏东坡集》后集卷五十七）

③ （清）李渔：《与曹峨眉中翰》，《笠翁文集》卷三，《李渔全集》第一卷，第202页。

说，你做文章难道比我生孩子还难吗？秀才说，难。你生孩子，肚子里有；我做文章，肚子里没有。关键在于"肚子里""有"还是"没有"。而艺术创作必须"肚子里有"。只要"肚子里有"，就能自然而然孕育出一个活生生的新生命。

岂止赋诗填词作文如此，其他艺术样式也一样，例如唱歌。在2008年第十三届全国青年歌手大奖赛第二现场，作为嘉宾主持的歌唱家蒋大为告诫歌手：你不要端着架子唱，而是把唱歌当作说话。

我为什么喜欢杨绛先生的散文，例如她的《干校六记》。就因为读杨绛这些文章，如同"文革"期间我们做邻居时，她在学部大院七号楼前同我五岁的女儿开玩笑，同我拉家常话，娓娓道来，自然亲切，平和晓畅而又风趣盎然。这与读别的作家的散文，感觉不一样，例如杨朔。杨朔同志的散文当然也自有其魅力，但是总觉得他是站在舞台上给你朗诵，而且是化了妆、带表演的朗诵；同时我还觉得他朗诵时虽然竭力学着使用普通话，但又时时露出家乡（山东蓬莱）口音。

结尾：临去秋波那一转

李渔在《窥词管见》第十三、十四两则，重点谈"后篇"或"煞尾"，提出"终篇之一刻"，要做到"临去秋波那一转"，"令人消魂欲绝"。

关于煞尾，古人有许多精彩论述。张炎《词源》卷下"令曲"条云："末句最当留意，有有馀不尽之意始佳。"稍后沈义父《乐府指迷》"论结句"云："结句须要放开，含有馀不尽之意，以景结尾最好。如清真之'断肠院落，一帘风絮'，又'掩重关，遍城钟鼓'之类是也。或以情结尾亦好。往往轻而露，如清真之'天便教人，霎时厮见何妨'，又云：'梦魂凝想鸳侣'之类，便无意思，亦是词家病，却不可学也。"总之，结句要有余味，要能勾人。

沈义父所谓"以景结尾"或"以情结尾"，实无定式。我看，不管以景结尾或以情结尾，皆无不可，重要的是要做到"含有馀不尽之意"；不然，怎么结尾都不能算成功。譬如苏轼非常有名、人们非常熟悉的两首词《江城子》（十年生死两茫茫）和《水调歌头》（明月几时有），前一首深情悼亡，以景结尾："料得年年断肠处，明月夜，短松冈"；后一首惆怅怀弟，以情结尾："但愿人长久，千里共婵娟。"而这两种结尾都"含有馀不尽之意"，让人长久思之，释手不得，不忍遽别。还有两个例子，一是辛弃疾《丑奴儿》："少年不识愁滋味，爱上层楼，爱上层楼，为赋新词强说愁。　　而今识尽愁滋味，欲说还休，欲说还休，却道天凉好个秋。"以情结尾。一是李渔《减字木兰花·对镜作》："少年作客，不爱巅毛拼早白。待白巅毛，又恨芳春暗里消。　　及今归去，犹有数茎留得住。再客两年，雪在人头不在天。"以景结尾。这两首词结尾，一"情"、一"景"，都好，有味道，令人难忘。

任何艺术作品（特别是叙事艺术作品）好的结尾，都应收到这样的效果才是。

但是败笔常常有。最近看了根据某位作家小说改编的电视连续剧《大姐》，一路看下来，虽不算精彩，但也过得去。不想，到结尾处却大煞风景：如同研讨会结束时让主持人做总结那样，编剧（抑或导演，或小说作者？）竟让剧中第一主人公"大姐"用一番说教点明"家和万事兴"的主题，一览无余，不给观众留下一点回味之处。

我一气之下，立刻把电视机关掉！

这是我所看到的最差结尾之一。

"越界"与由诗变词之机制

《窥词管见》第十八则说："句用'也'字歇脚，在叶韵处则可，若泛作助语辞，用在不叶韵之上数句，亦非所宜。盖曲中原有数调，一定用'也'字歇脚之体。既有此体，即宜避之，不避则犯其调矣。如词曲内有用'也啰'二字歇脚者，制曲之人，即奉为金科玉律，有敢于此曲之外，再用'也啰'二字者乎？词与曲接壤，不得不严其畛域。"

由"'也'字歇脚"和"'也啰'二字歇脚"，李渔谈到"词与曲接壤"和"不得不严其畛域"的问题。而由诗、词、曲这些文学样式之间的"接壤"和"畛域"，我联想到一个大问题：即文学样式之间的演变问题，具体说，诗如何演变为词、诗词如何演变为曲的问题。再进一步，也即词的发生、曲的发生之社会机制、文化机制以及文学艺术本身内在机制的问题。

各种文体或文学样式之间，的确有相对确定的"畛域"，同时又有相对模糊的"接壤"地带。而随着现实生活和艺术本身的发展，又常常发生

"越界"现象。起初,"越界"是偶然出现的;但是后来"越界"现象愈来愈多,逐渐变成常态,于是,一种新的文体或文学样式可能就诞生了。文学艺术史上,由诗到词,由诗词到曲,就是这么来的。

这种"越界"现象发生的根源是什么?譬如,具体到本文所论,为何会由诗到词,又为何由诗词到曲?以鄙见,有其社会机制、文化机制以及文学艺术内在机制。

从社会文化角度考察,由诗到词、由诗词到曲这种文学现象的变化,表面看起来与整个社会结构变化离得很远,与整个社会文化生活发展变化离得也较远;实则有其深层关联。中国古代社会中期,魏晋南北朝、隋唐、宋元,总体说由纯粹农业社会逐渐变为包含越来越多城市乡镇商业因素的社会,社会生活逐渐由贵族化向平民化发展;随之,社会居民成分也发生变化,除贵族—地主阶级(以及其士大夫知识阶层)、农民阶级之外,市民阶级(或曰阶层)逐渐多起来。与此相关,市民化生活,特别是市民娱乐文化生活逐渐兴起并发展起来,其中包括妓女文化在内的娱乐文化兴盛发展起来。隋代奴隶娼妓与家妓并行,唐宋官妓盛行,以后则市妓风靡,城市乡镇妓女娱乐文化空前发展繁荣。这就为由诗到词和由诗词到曲的变化提供了社会文化土壤。

现在单说由诗到词的变化。大多数人都认为词是"艳科",词的产生和发展,与人们的娱乐生活关系密切;同时,词最初阶段与歌唱不可分割,而歌唱与娼妓文化又总是联系在一起的。[①] 唐时,娼妓常常在旗亭、酒肆歌诗,诗人也常常携妓出游,或在旗亭、酒肆听娼妓歌诗。宋王灼《碧鸡漫志》卷第一《唐绝句定为歌曲》云:"开元中,诗人王昌龄、高适、王之涣诣旗亭饮。梨园伶官亦招妓聚燕,三人私约曰:'我辈擅诗名,未定甲乙,试观诸伶讴诗,分优劣。'一伶唱昌龄二绝句云:'寒雨连江夜入吴。平明送客楚帆孤。洛阳亲友如相问,一片冰心在玉壶。''奉帚平明金殿开,强将团扇共徘徊。玉颜不及寒鸦色,犹带昭阳日影来。'一伶唱适绝句云:'开箧泪沾臆,见君前日书。夜台何寂寞,犹是子云居。'之涣曰:'佳妓所唱,如非我诗,终身不敢与子争衡。不然,子等列拜床下。'

---

① 宋人丁度《集韵》说:"倡,乐也,或从女。"明人张自烈《正字通》说:"倡,倡优女乐,别作娼。"

须臾妓唱：'黄河远上白云间，一片孤城万仞山。羌笛何须怨杨柳，春风不度玉门关。'之涣揶揄二子曰：'田舍奴，我岂妄哉。'以此知李唐伶伎，取当时名士诗句入歌曲，盖常俗也。"又云："白乐天守杭，元微之赠云：'休遣玲珑唱我诗，我诗多是别君辞。'自注云：'乐人高玲珑能歌，歌予数十诗。'乐天亦醉戏诸妓云：'席上争飞使君酒，歌中多唱舍人诗。'又闻歌妓唱前郡守严郎中诗云：'已留旧政布中和，又付新诗与艳歌。'元微之见人咏韩舍人新律诗，戏赠云：'轻新便妓唱，凝妙入僧禅。'"可见唐时妓女歌诗之盛。所歌之诗，就是最初的词，或者说逐渐演变为词。因为最初的词与便于歌唱的诗几乎没有什么区别。《苕溪渔隐词话》卷二有云："唐初歌辞多是五言诗，或七言诗，初无长短句。……今所存止《瑞鹧鸪》、《小秦王》二阕，是七言八句诗，并七言绝句诗而已。"之后，苕溪渔隐紧接着指出：为了便于歌唱，就要对原有七言或五言加字或减字："《瑞鹧鸪》犹依字易歌，若《小秦王》必须杂以虚声，乃可歌耳。"这样，"渐变成长短句"。这里举一个宋代由诗衍变为长短句的例子，也许可以想见最初诗变为词的情形。宋吴曾《能改斋词话》卷一《用江上数峰青之句填词》云："唐钱起《湘灵鼓瑟》诗，末句'曲终人不见，江上数峰青'，秦少游尝用以填词云：'千里潇湘挼蓝浦，兰桡昔日曾经。月高风定露华清。微波澄不动，冷浸一天星。 独倚危樯情悄悄，遥闻妃瑟泠泠。新声含尽古今情。曲终人不见，江上数峰青。'滕子京亦尝在巴陵，以前句填词云：'湖水连天天连水，秋来分外澄清，君山自是小蓬瀛。气蒸云梦泽，波撼岳阳城。帝子有灵能鼓瑟，凄然依旧伤情。微闻兰芷动芳馨。曲终人不见，江上数峰青。'"秦少游和滕子京就是这样在钱起原诗基础上增加语句而成为词。由此推想：最初（譬如隋唐时）可能只是对原来的五言或七言诗增减几个字或"杂以虚声"，就逐渐使原来的诗变为《小秦王》或《瑞鹧鸪》——变为"曲子词"。李渔自己《窥词管见》第二则也说到类似意见："但有名则为词，而考其体段，按其声律，则又俨然一诗，欲觅相去之垠而不得者。如《生查子》前后二段，与两首五言绝句何异。《竹枝》第二体、《柳枝》第一体、《小秦王》、《清平调》、《八拍蛮》、《阿那曲》，与一首七言绝句何异。《玉楼春》、《采莲子》，与两首七言绝句何异。《字字双》亦与七言绝同，只有每句叠一字之别。《瑞鹧鸪》即七言律，《鹧鸪天》亦即七言律，惟减第五句之一字。"值得注意的是，李渔在说到《字字双》和《瑞鹧鸪》时，指出《字字双》与七言绝"只有每句叠一字之别"。《瑞鹧鸪》、《鹧鸪天》与七言律，"惟减第五句之一字"，这"每句叠一字"和"惟减第五句之一字"就是由诗变词的关键。李渔推测："昔日诗变为词，定由此数调始。取诗之协律便歌者，被诸管弦，得此数首，因其可词而词之，则今日之词名，仍是昔日之诗题耳。"我很赞同李渔的这个观点。

这是由诗变为词的文学艺术本身之内在机制。

精通音律之李渔

李渔真是填词老手和高手，且十分精通音律，这在《闲情偶寄·词曲部·音律第三》"慎用上声"条已经表现出来："平上去入四声，惟上声一音最别。用之词曲，较他音独低，用之宾白，又较他音独高。填词者每用此声，最宜斟酌。此声利于幽静之词，不利于发扬之曲；即幽静之词，亦宜偶用、间用，切忌一句之中连用二三四字。盖曲到上声字，不求低而自低，不低则此字唱不出口。如十数字高而忽有一字之低，亦觉抑扬有致；若重复数字皆低，则不特无音，且无曲矣。至于发扬之曲，每到吃紧关头，即当用阴字①，而易以阳字尚不发调，况为上声之极细者乎？予尝谓物有雌雄，字亦有雌雄。平去入三声以及阴字，乃字与声之雄飞者也；上声及阳字，乃字与声之雌伏者也。此理不明，难于制曲。初学填词者，每犯抑扬倒置之病，其故何居？正为上声之字入曲低，而入白反高耳。词人之能度曲者，世间颇少。其握管捻髭之际，大约口内吟哦，皆同说话，每逢此字，即作高声；且上声之字出口最亮，入耳极清，因其高而且清，清而且亮，自然得意疾书。孰知唱曲之道与此相反，念来高者，唱出反低，此文人妙曲利于案头，而不利于场上之通病也。"（按：着重号为引者所加）在《窥词管见》第十九则中又说："填词之难，难于拗句。拗句之难，只为一句之中，或仄多平少、平多仄少，或当平反仄、当仄反平，利于口者叛乎格，虽有警句，无所用之，此词人之厄也。予向有一法，以济其穷，已悉之《闲情偶寄》。恐有未尽阅者，不妨再见于此书。四声之内，

---

① 阴字：阴声字，大都尾韵为元音。后面所说阳字，即阳声字，大都尾音为辅音。

平止得一，而仄居其三。人但知上去入三声，皆丽乎仄，而不知上之为声，虽与去入无异，而实可介乎平仄之间。以其另有一种声音，杂之去入之中，大有泾渭，且若平声未远者。古人造字审音，使居平仄之介，明明是一过文，由平至仄，从此始也。譬之四方乡音，随地各别，吴有吴音，越有越语，相去不啻河汉。而一到接壤之处，则吴越之音相半，吴人听之觉其同，越人听之亦不觉其异。九州八极，无一不然。此即声音之过文，犹上声介乎平去入之间也。词家当明是理，凡遇一句之中，当连用数仄者，须以上声字间之，则似可以代平，拗而不觉其拗矣。若连用数平者，虽不可以之代平，亦于此句仄声字内，用一上声字间之，即与纯用去入者有别，亦似可以代平。最忌连用数去声或入声，并去入亦不相间，则是期期艾艾之文，读其词者，与听口吃之人说话无异矣。"三百多年前的李渔没有今天我们所具有的科学手段和科学知识，但他从长期戏曲创作和诗词创作实践中，深刻掌握了语言音韵的规律，以及在戏曲创作和诗词创作中的具体运用（包括下面的第二十则"不用韵之句"的作法，第二十一则"词忌二句合音"等问题），非常了不起。我不懂音律，但我建议今天的语言学家、音韵学家、戏曲作家、戏曲演员和导演，仔细读读李渔《窥词管见》和《闲情偶寄》中这几段文字，研究和把握其中奥秘。

由"宜唱"到"耐读"

《窥词管见》从第十八则起直到篇终共五则，主要谈词的韵律等问题：第十八则谈"也字歇脚"，第十九则谈"拗句之难"，第二十则谈"用韵宜守律"，第二十一则谈"词忌二句合音"，第二十二则谈"词宜耐读"，总的说来，大约都不离押韵、协律这一话题。

中国是诗的国度，中华民族是以诗见长的民族。广义的诗包括古歌①，《诗三百》②，乐府，赋，歌行，律诗，词，曲，等等。

---

① 如《吴越春秋·弹歌》"断竹，续竹，飞土，逐肉"之类。

② 《史记·孔子世家》说："古者《诗》三千余篇，及至孔子，去其重，取可施于礼义，上采契后稷，中述殷周之盛，至幽厉之缺，始于衽席，故曰'《关雎》之乱以为风始，《鹿鸣》为小雅始，《文王》为大雅始，《清庙》为颂始'。《三百五篇》孔子皆弦歌之，以求合韶武雅颂之音。礼乐自此可得而述，以备王道，成六艺。"

中华民族的远古诗歌都和音乐、舞蹈联系在一起，或者说，最初诗、乐、舞是三位一体的。譬如《吴越春秋·弹歌》"断竹，续竹，飞土，逐肉"之类最原始的歌谣虽然只是"徒歌"（即没有歌谱和曲调的徒口歌唱），但这简单的歌词是载歌载舞表现出来的，因此这里面应该既有诗，也有乐，还有舞。诗、乐、舞三位一体表现得更充分（至少让我们后人看得更清楚）的是《吕氏春秋·古乐》："昔葛天氏之乐，三人操牛尾，投足以歌八阕，一曰载民，二曰玄鸟，三曰遂草木，四曰奋五谷，五曰敬天常，六曰建帝功，七曰依地德，八曰总禽兽之极。"这里面有"乐"（所谓"葛天氏之乐"），有"诗"（所谓"载民"、"玄鸟"等八个方面内容的歌词），有"舞"（所谓"三人操牛尾，投足以歌八阕"）。宋代王灼《碧鸡漫志》卷第一"歌曲所起"条引经据典，从歌曲起源角度论述了诗、乐、舞"三位一体"情况。他从《舜典》之"诗言志，歌永言，声依永，律和声"，到《诗序》之"在心为志，发言为诗，情动于中，而形于言。言之不足，故嗟叹之，嗟叹之不足，故永歌之，永歌之不足，不知手之舞之足之蹈之"，再到《乐记》之"诗言其志，歌咏其声，舞动其容，三者本于心，然后乐器从之"，得出结论："故有心则有诗，有诗则有歌，有歌则有声律，有声律则有乐歌。永言即诗也，非于诗外求歌也。"王灼的意思是说，远古歌谣，诗亦歌（乐），歌（乐）亦舞，诗、乐、舞三者天然地纠缠在一起，是很难划分的。

但是，远古时代的歌谣大概不一定有什么伴奏，也不一定诵读。后来，例如到"诗三百"时代，则像《墨子·公孟篇》所说：儒者"诵诗三百，弦诗三百，歌诗三百，舞诗三百"。由此可见，最晚到春秋战国时代，"诵诗"、"弦诗"、"歌诗"、"舞诗"，可以分别进行。这时，诗、乐、舞有所分化，相对独立。以我臆测，"诵诗"，大约是吟诵，朗读。"歌诗"，大概是用某种曲调唱诗、吟诗。"弦诗"大概是有音乐伴奏的唱诗、诵诗或吟诗。"舞诗"大约是配着舞蹈来唱诗、诵诗或吟诗。"诵"、"弦"、"歌"、"舞"应该有所区别，它们可以互相结合，也可以相对独立。《左传·襄公二十九年》吴公子札观周乐，使工分别为之"歌"和"舞"《周南》、《召南》等诗，而没有说"诵"和"弦"，这说明"诵"、"弦"、"歌"、"舞"是相对独立的，它们可以分别进行表演；但它们又常常连在一起，如《史记·孔子世家》说"《三百五篇》孔子皆弦歌之"，就把"弦"与"歌"连用称为"弦歌"。再到后来,中华民族的众多诗歌形态,又有了进一步变化,也可以说在一定程度上又有了进一步发展和分化。有的诗主要被歌唱(当然也不是完全不可以诵读),如乐府和一些民歌,等等。《碧鸡漫志》卷第一"歌曲所起"条说"古诗或名曰乐府,谓诗之可歌也,故乐府中有歌有谣,有吟有引,有行有曲";有的诗主要被诵读(当然也不是完全不可以歌唱),这就是后人所谓"徒诗",如《古诗十九首》、汉赋、三曹和七子的诗以及唐诗,等等。有些诗歌,原来主要是唱的(如"诗三百"),后世(直到今天)则主要对之诵读;原来歌唱的汉魏乐府诗歌,后来也主要是诵读。清末学者陈洵《海绡说词·通论》"本诗"条说:"诗三百篇,皆入乐者也。汉魏以来,有徒诗,有乐府,而诗与乐分矣。"

"诗与乐分矣"这个说法,虽不能那么绝对,但大体符合事实。而且有的诗歌形式,开始时主要被歌唱,到后来则逐渐发展为主要被吟诵或诵读,"诗"与"乐"分离开来,诗自诗矣,而"乐"则另有所属。如"诗三百"和乐府诗即如此。词亦如是——从词的孕生、成熟、发展的过程可以得到印证。前面我曾经说过,词孕生于隋唐(更有人认为词滥觞于"六朝"),成熟于五代,盛于两宋,衰于元明,复兴于清。不管主张词起于何时,有一点是共同的:最初的词都是歌唱的,即"诗"与"乐"紧密结合在一起。清代王奕清《历代词话》卷一引宋人《曲洧旧闻》谈词的起源时说:"梁武帝有《江南弄》,陈后主有《玉树后庭花》,隋炀帝有《夜饮朝眠曲》。"如果说这是初期的词,那么它们都是用来歌唱的。清代汪森《词综序》云"当开元盛时,王之涣等诗句,流播旗亭,而李白《菩萨蛮》等词,亦被之歌曲",认为唐时的"长短句"也是"诗"、"乐"一体的。况周颐《蕙风词话》卷一"词非诗之剩义"条云:"唐人朝成一诗,夕付管弦,往往声希节促,则加入和声。凡和声皆以实字填之,遂成为词。"陈洵《海绡说词·通论》"本诗"条也说:"唐之诗人,变五七言为长短句,制新律而系之词,盖将合徒诗、乐府而为之,以上窥国子弦歌之教。"他们都从词的具体诞生机制上揭示出词与乐的关系。到词最成熟、最兴盛的五代和宋朝,许多人都认为"本色"的词与音乐是须臾不能分离的。李清照提出词"别是一家",主要从词与音乐的关系着眼。词"别是一家",与谁相"别"?"诗"也。在李清照看来,"诗"主要是被吟诵或诵读的,而词则要歌唱，故"诗文分平侧，而歌词分五音，又分五声，又分六律，又分清浊轻重"，总之词特别讲究音律。她点名批评"晏元献、欧阳永叔、苏子瞻"这些填词名家的某些词"不协音律"，"皆句读不葺之诗耳"；又批评"王介甫、曾子固，文章似西汉，若作一小歌词，则人必绝倒，不可读也。乃知别是一家，知之者少"。稍早于李清照的陈师道在《后山诗话》中也批评"子瞻以诗为词，如教坊雷大使之舞，虽极天下之工，要非本色"。宋代词人谁最懂音律？从填词实践上说是周美成、姜白石；而从理论阐发上说，张炎《词源》讲词之音律问题最详。他们是大词人，同时是大音乐家。

大约从元代或宋元之间开始，词逐渐有了与"乐"分离的倾向，而"乐"逐渐属之"曲"。以此，词逐渐过渡到曲。清代宋翔凤《乐府余论》云："宋元之间，词与曲一也。以文写之则为词，以声度之则为曲。"从这里透露出一个信息："宋元之间"起，词就逐渐与"文"相联系，而曲则与"声"靠近；就是说词从歌唱逐渐变为吟诵或诵读，而歌唱的任务则转移到曲身上了。至明清之际，这种变化更为明显。沈雄《古今词话·词品下卷》云："徐渭曰：读词如冷水浇背，陡然一惊，便是兴观群怨，应是为倛言借貌一流人说法。"从徐渭"读词"之用语，可见明代已经开始在"读"词了。①

清初文坛领袖王士祯《花草蒙拾》云："宋诸名家，要皆妙解丝肉，

---

① 我的上述意见得到我的年轻同事和朋友刘方喜研究员的赞同，他看后写了一封电子信给我："您的《窥词管见》评点我匆匆看了一遍，感觉很好，但没有细读，最后一条评点涉及诗歌与音乐的关系，因为在这方面我曾搜集过不少材料，提一下供您参考：（1）墨子'诵诗三百，弦诗三百，歌诗三百，舞诗三百'云云，您的理解是非常准确的，这表明诗乐舞三者有分有合，从合的方面来看，我曾经有个主观臆测性的说法：诗三百既是文学作品集（诵诗），同时也是乐谱集（弦诗、歌诗）、舞谱集（舞诗），而不是讲有四种类型的诗（若如此就该有1200首诗了），我这个说法更强调'合'的一面。与此相关。（2）我觉得诗歌与音乐分家的一个转折点是沈约定四声，我觉得您在描述中可以把这个点一下。（3）诗乐交融的艺术形式，一般认为'宋词'是接着'汉乐府'的，任半塘提出'唐声诗'的概念，我觉得大致是可以成立的，您可以考虑在历史描述中将这个概念添加进去。此外，不光宋'词'今天只能'读'了，元代之'曲'今天也只能'读'了，这也可以点一下。我在做博士论文的时候在这方面还是写了不少内容，现在出的这本书《声情说》许多内容都没收进去，跟黑熊掰棒子似的，捡一点丢一点，只好以后慢慢再做了，一笑。《声情说》还是收录了一些材料，第六章诗经学'永言'与'言之不足'疏的'四、因诗为乐疏'（该书页156—164）部分有所涉及，您有空可以翻看一下。这话题非常繁难，您在评点中当然也没有必要太纠缠。其余部分我会再认真阅读，有想法再和您交流。"

精于抑扬抗坠之间，故能意在笔先，声协字表。今人不解音律，勿论不能创调，即按谱填词，亦格格有心手不相赴之病，欲与古人较工拙于毫厘，难矣。"由此可见清初文人不像宋人那么着意于词之音律（说"今人不解音律"也许太绝对）。江顺诒《词学集成》卷一，也说"今人（清代）之词"，不可"入乐"。词在明清之际，特别是在清代，逐渐变为以吟诵和诵读为主，大概是不争的事实。所以李渔《窥词管见》第二十二则才说："曲宜耐唱，词宜耐读，耐唱与耐读有相同处，有绝不相同处。盖同一字也，读是此音，而唱入曲中，全与此音不合者，故不得不为歌儿体贴，宁使读时碍口，以图歌时利吻。词则全为吟诵而设，止求便读而已。"（按：首重号为引者所加）至晚清，况周颐《蕙风词话》卷一亦云："学填词，先学读词。抑扬顿挫，心领神会。日久，胸次郁勃，信手拈来，自然丰神谐鬯矣。"至此，"读词"几成常态。

当然，清代以至后来的词也有音韵问题①，就像诗也有音韵问题一样，李渔还撰写了《笠翁词韵》和《笠翁诗韵》；但，这与唐、五代、两宋时以歌唱为主的词之音律，究竟不同。

到今天，词几乎与乐曲脱离，已经完全成了一种文学体裁；填词像写古诗一样，几乎完全成了一种文学创作。

---

① 清代丁绍仪《听秋声馆词话》卷一开头就说"填词最宜讲究格调"："自来诗家，或主性灵，或矜才学，或讲格调，往往是丹非素。词则三者缺一不可。盖不曰赋、曰吟，而曰填，则格调最宜讲究。否则去上不分，平仄任意，可以娱俗目，不能欺识者。"

第四章　服饰篇

"与貌相宜"

《闲情偶寄》中关于"治服"，即属于今天我们所谓服饰美学范畴里的许多问题，李渔也有自己的理论建树，提出了不少相当精彩的观点，我认为其中第一个需要特别注意的就是"与貌相宜"，这是李渔服饰美学的核心思想。

何谓"与貌相宜"？

李渔在《闲情偶寄·声容部·治服第三》"衣衫"款开头便说："妇人之衣，不贵精而贵洁，不贵丽而贵雅，不贵与家相称，而贵与貌相宜。"这几句话中，我认为"贵与貌相宜"是李渔服装美学的总体指导思想，具有非常重要的地位，在今天仍然具有极其重要的参考价值。

在李渔看来，服装（包括鞋帽）必须与穿着它的人相适宜、相协和、相一致，融为一体而相得益彰，也就是一些美学家所倡导的和谐美。李渔认为这是服装美的基本标志，也是服装美的理想状态。如果服装与穿着人的面色、体态、地位、身份、气质等不相称、不相宜、不协和、不一致，那就根本谈不上美。李渔说："贵人之妇，宜披文采，寒俭之家，当衣缟素，所谓与人相称也。然人有生成之面，面有相配之衣，衣有相配之色，皆一定而不可移者。今试取鲜衣一袭，令少妇数人先后服之，定有一二中看，一二不中看者，以其面色与衣色有相称、不相称之别，非衣有公私向背于其间也。使贵人之妇之面色，不宜文采而宜缟素，必欲去缟素而就文采，不几与面为仇乎？故曰不贵与家相称，而贵与面相宜。"此外，李渔还提出服装"贵洁"、"贵雅"的问题："绮罗文绣之服，被垢蒙尘，反不若布服之鲜美，所谓贵洁不贵精也。红紫深艳之色，违时失尚，反不若浅淡之合宜，所谓贵雅不贵丽也。"就是说，一套服装如果弄得脏兮兮的，再好、再精也说不上美；一套服装如果只是华丽甚至花里胡哨却不雅致，那也很难说得上美。其实"贵洁"、"贵雅"也涉及并且最后归结到"合宜"与否（是否"与貌相宜"）的问题，也即李渔所谓"绮罗文绣之服"，"红紫深艳之色"，倘若"违时失尚，反不若浅淡之合宜"。

细细分析起来，我认为"与貌相宜"可以有几个方面的意思。

一是与人的面色相宜。这是李渔关注得最多的地方。他强调"人有生成之面，面有相配之衣，衣有相配之色"。为什么同一套衣服让好几个人来穿，有的人穿上好看，而有的人穿上则不好看呢？关键在于"面色与衣色"之相称不相称。不同的人，面色黑白不同，皮肤粗细各异，所以就不能穿同样颜色、同样质料的衣服。衣服若与其人面色不协和、不相宜，则不美反丑（"与面为仇"）。所以各人必须找到与自己的"面色"相宜的衣服。这一点李渔有比较自觉的意识。

一是与人的体型相宜。李渔对此虽然也隐约意识到了，但关注不够，故论述也不多。今天的服装设计师特别注意人的体型特点，譬如个子的高矮，身材的胖瘦，肩膀的宽窄，脖子的长短，臀部的大小，上下身的比例协调度（有的人上下合度，有的却是上身长下身短或是下身长上身短），腰肢之粗细，胸部是否丰满，等等，根据每个人的不同特点，设计、裁剪和缝制与其相宜的衣服。

一是与人的性别、年龄、身份、社会角色以及穿着场合等相宜。李渔对此也有所涉及，他注意到服装与"少长男妇"即性别、年龄的关系，如谓"女子之少者，尚银红桃红，稍长者尚月白"；他还举头巾为例，认为不同头巾可以"分别老少"："方巾与有戴飘巾同为儒者之服，飘巾儒雅风流，方巾老成持重，以之分别老少，可谓得宜。"他注意到服装与文化素养有关，认为"粗豪公子"宜戴"纱帽巾之有飘带者"，而风流小生则宜戴潇洒漂亮的"软翅纱帽"。他提到不同场合宜穿不同衣服，如"八幅裙"与"十幅裙"就有家里家外之别："予谓八幅之裙，宜于家常；人前美观，尚须十幅。"他还经常说到"富贵之家"与"贫寒之家"服饰的不同，等等。

一是与人的内在气质相宜。李渔强调了服装与内在气质和文化素养的关系，如解释"衣以章身"时说："章者，著也，非文采彰明之谓也。身非形体之身，乃智愚贤不肖之实备于躬，犹'富润屋，德润身'之身也。同一衣也，富者服之章其富，贫者服之益章其贫；贵者服之章其贵，贱者服之益章其贱。有德有行之贤者，与无品无才之不肖者，其为章身也亦然。设有一大富长者于此，衣百结之衣，履踵决之履，一种丰腴气象，自能跃出衣履之外，不问而知为长者。是敝服垢衣，亦能章人之富，况罗绮而文绣者乎？丐夫菜佣窃得美服而被焉，往往因之得祸，以服能章贫，不必定为短褐，有时亦在长裾耳。'富润屋，德润身'之解，亦复如是。富人所处之屋，不必尽为画栋雕梁，即居茅舍数椽，而过其门、入其室者，常见荜门圭窦之间，自有一种旺气，所谓'润'也。"这段话中，李渔的许多观念在今天看来显然是需要加以批判地分析的，不能完全肯定；但是他关于服饰与内在气质相宜的思想，还是可以"抽象"地继承和吸收的。

一是与时尚和社会文化环境相宜，即前面我谈到的，李渔认为服饰不能"违时失尚"。但是由于历史时代的限制，李渔对此不可能论述得很深。一般的说，服饰应该同一定社会的时代风尚和文化氛围中人的精神特点相宜。例如魏晋时部分文人蔑视礼法，他们的衣服常常是宽衫大袖、褒衣博带；唐朝社会相对开放，女子的"半臂"袖长齐肘，身长及腰，领口宽大，袒露上胸，表现了对精神羁绊的冲击和对美的大胆追求；宋代建国，控制较严，颁布服制，"衣服递有等级，不敢略有陵躐"，人们衣着相对严谨；等等。

说到这里，我想再顺便提一下，"与貌相宜"中，李渔着重谈的主要是衣服与面色等几个方面的关系，而没有具体论及衣服与体型的关系。这是个遗憾。之所以如此，还是我在别的地方曾说过的那个原因：中国的民族传统不重视人体美，很少从解剖学的角度研究人体，也很少注意到人体的线条美。李渔只是在"衣衫"款后面谈到"鸾绦"即束腰之带时，才提起"妇人之腰，宜细不宜粗，一束以带，则粗者细，而细者倍觉其细矣"，间接地涉及人的体型、线条问题；然而，所谈也不是裁剪和缝制衣服时要考虑形体美和线条美，而只是说用束衣带的方法显出身段的形体美和线条美。

但是，无论如何，李渔的服装理论中还是提出了衣服要"与貌相宜"这个极为精彩的观点，这是难能可贵的。

"相体裁衣"

李渔在论述了"与貌相宜"的思想后，紧接着就谈用什么样的措施和方法来实现服装美的这种理想目标。李渔说，那些绝色美人，制作"与貌相宜"的衣服容易一些，借用苏轼诗句来说李渔的意思即"淡妆浓抹总相宜"；而"稍近中材者，即当相体裁衣，不得混施色相矣。相体裁衣之法，变化多端，不应胶柱而论，然不得已而强言其略，则在务从其近而已。面颜近白者，衣色可深可浅；其近黑者，则不宜浅而独宜深，浅则愈彰其黑矣。肌肤近腻者，衣服可精可粗；其近糙者，则不宜精而独宜粗，精则愈形其糙矣"。而世间绝色美人能有几个？绝大多数皆为芸芸众生矣。因此，李渔所提"相体裁衣"也就成为服饰美学实际操作中的一项普遍法则了。

就是说，做到"与貌相宜"的关键在于"相体裁衣"，或者说"相体裁衣"是实现服装"与貌相宜"之理想目标的基本措施和主要方法。

"相体裁衣"或称"量体裁衣"、"称体裁衣"，这个思想大概最早见于《南齐书·张融传》："（太祖）手诏赐融衣曰：'今送一通故衣，意谓虽故乃胜新也，是吾所著，已令裁剪称卿之体'。"太祖皇帝把自己穿过的一通故衣赐予大臣张融，并事先按照张融的身材重新裁剪，以与其身体相称。

李渔认为，"相体裁衣之法，变化多端，不应胶柱而论"，大体说，主要有以下两个方面。

一是"相"面色之"白"与"黑"而决定衣料颜色之"深"与"浅"。面色白的，衣色可深可浅；面色黑的，宜深不宜浅，浅则愈彰其黑矣。

二是相皮肤之"细"与"糙"而决定衣料质地之"精"与"粗"。皮肤细的，衣服可精可粗；皮肤糙的，则宜粗不亦精，精则愈形其糙矣。

这两点都表现了李渔懂得色彩学的某些原理，这在三百多年前是很不容易的。

今天的人们对于色彩学的一些基本常识大都比较熟悉，对于色彩在人的心理上引起的一些反应和效果也都略知一二。譬如，不同波长的光会使人感觉到不同色彩，而这些不同色彩又会引起人的不同生理反应和心理反应。因此色彩的美感与生理上的满足和心理上的快感有关。色彩心理与年龄、与职业、与环境、与文化氛围、与社会角色等都有关系。色彩会使人产生冷暖感、轻重感、软硬感、强弱感、明快感与忧郁感、兴奋感与沉静感、华丽感与朴素感、收缩感与膨胀感①，等等。李渔当然不会有今天人们的这些知识。但是，从他所谓面色之"白"与"黑"与衣料颜色之"深"与"浅"，皮肤之"细"与"糙"与衣料质地之"精"与"粗"的关系来看，这个聪明的老头儿已经悟出了对比色和协和色②的巧妙处理，能够影响人的美感。他知道：为了掩饰人的面色之黑，要避免对比色，而用协和色。因为一对比，黑者愈显得黑；若用协和色，则使人在感觉上模糊了脸面之色与衣料之色的界限，黑者反而不觉得黑了。皮肤之"细"与"糙"与衣料质地之"精"与"粗"的处理是同样道理。这样处理的结果，从科学上讲，人的面色黑白与皮肤细糙没有任何改变；但从主体生理和心理感受的改变所造成的美感变化来说，却产生了不同审美效果。

关于服装色彩问题我还要多说几句。从《闲情偶寄》所涉及的有关服饰美的文字，我们看到李渔特别注意衣服的色彩美。在谈"青色之妙"时，他提出要运用色彩的组合原理和心理效应来创造服装美。请看下面这一段不可多得的妙文："然青之为色，其妙多端，不能悉数。但就妇人所宜者而论，面白者衣之，其面愈白，面黑者衣之，其面亦不觉其黑，此其宜于貌者也。年少者衣之，其年愈少，年老者衣之，其年亦不觉甚老，此其宜于岁者也。贫贱者衣之，是为贫贱之本等，富贵者衣之，又觉脱去繁华之习，但存雅素之风，亦未尝失其富贵之本来，此其宜于分者也。他色之衣，极不耐污，略沾茶酒之色，稍侵油腻之痕，非染不能复着，染之即成旧衣。此色不然，惟其极浓也，凡淡乎此者，皆受其侵而不觉；惟其极

---

①　大多数色彩学家认为：白色有冷感，黑色有暖感；色彩的轻重感一般由明度决定，高明度具有轻感，低明度具有重感；色彩软硬感与明度、纯度有关，明度较高的具有软感、明度较低的具有硬感，纯度越高越具有硬感、纯度越低越具有软感，强对比色调具有硬感、弱对比色调具有软感；高纯度色有强感，低纯度色有弱感；色彩明快感与忧郁感与纯度有关，明度高而鲜艳的色具有明快感，深暗而混浊的色具有忧郁感；色彩的兴奋感与沉静感与色相、明度、纯度都有关，凡是偏红、橙的暖色系具有兴奋感，凡属蓝、青的冷色系具有沉静感；明亮的色彩属于膨胀色、深暗的色彩属于收缩色，等等。

②　两种可以明显区分的色彩，叫对比色；调和色也叫姐妹色或相似色，包括同种色，同类色，等等。

深也，凡浅乎此者，皆纳其污而不辞，此又其宜于体而适于用者也。贫家
止此一衣，无他美服相衬，亦未尝尽现底里，以覆其外者色原不艳，即使
中衣敝垢，未甚相形也；如用他色于外，则一缕欠精，即彰其丑矣。富贵
之家，凡有锦衣绣裳，皆可服之于内，风飘袂起，五色灿然，使一衣胜似
一衣，非止不掩中藏，且莫能穷其底蕴。诗云'衣锦尚䌹'，恶其文之著
也。此独不然，止因外色最深，使里衣之文越著，有复古之美名，无泥古
之实害。二八佳人，如欲华美其制，则青上洒线，青上堆花，较之他色更
显。反复求之，衣色之妙，未有过于此者。"在这里，李渔谈到可以通过
色彩的对比来创造美的效果：面色白的，穿青色衣服，愈显得白；年少的
穿它，愈显年少。李渔谈到可以通过色彩的融合或调和来掩饰丑或削弱丑
的强度：面色黑的人穿青色衣服则不觉其黑，年纪老的穿青色衣服也不觉
其老。李渔谈到可以通过色彩的心理学原理来创造衣服的审美效果：青色
是最富大众性和平民化的颜色，正是青色给人的这种心理感受，可以转换
成服装美学上青色衣服的如下审美效应——贫贱者衣之，是为贫贱之本
等，富贵者衣之，又觉脱去繁华之习，但存雅素之风，亦未尝失其富贵之
本来。

在三百多年前的李渔那个时代，日常生活常常就是这样被审美化的，
李渔参与其中，并给予理论总结。李渔的这些思想，曾得到林语堂先生的
称赞，他在《生活的艺术》中引述李渔关于衣衫的一大段文字，说："吾
们又在他的谈论妇女'衣衫'一节中，获睹他的慧心的观察。"[1]

然而，我们也应该看到，李渔在论相体裁衣时，如前所述，其缺点仍
然在于主要谈面色不谈体型。其实，相体裁衣根本是要相人的体型裁衣；
此外，还要相人的年龄、身份、社会角色、文化素养、内在气质等裁衣。
离开这些谈相体裁衣，总使人觉得没有完全搔到痒处。

服装的文化内涵

李渔《闲情偶寄·声容部·治服第三》三款谈服饰美，是《闲情偶
寄》中最精彩的部分之一。而在正文之前的一段小序，李渔谈了一个十分

---

[1] 见林语堂《吾国与吾民》第九章《生活的艺术·日常的娱乐》。

重要的问题，即服装的文化内涵，也很值得重视。

人的衣着绝不简单的是一个遮体避寒的问题，而是一种深刻的文化现象。李渔通过对"衣以章身"四个字的解读，相当精彩地揭示了三百多年前人们所能解读出来的服装的文化内容。李渔说："章者，著也，非文采彰明之谓也。身非形体之身，乃智愚贤不肖之实备于躬，犹'富润屋，德润身'之身也。"这就是说，"衣以章身"是说衣服的穿着不只是或主要不是生理学意义上的遮蔽人的肉体从而起防护、避寒的作用，而主要是表现了人的精神意义、文化蕴涵、道德风貌、身份做派，即所谓"智"、"愚"、"贤"、"不肖"，"富"、"贵"、"贫"、"贱"，"有德有行"、"无品无才"，等等；而且衣饰须与其文化身份、气质风貌相合，不然就会有"不服水土之患"，正如余怀眉批所言："此所谓三家村妇学宫妆院体，愈增其丑者。"三百多年前的李渔能作这样的解说，实属不易。今天，服装的文化含义已经很容易被人们所理解，甚至不需要通过专门训练，人们就可以把某种服装作为文化符号的某种意义指称出来。这已经成为一种常识。譬如，普通人都会知道服装的认知功能，从一个人的衣着，可以知道他（她）的身份、职业，特别是军人、警察、工人、农民、学生、干部，等等，常常一目了然；进一步，可以知道他（她）的民族、地域特点，是维吾尔、是哈萨克、是苗、是藏、是回、是汉……是南方、是北方，等等，也很清楚；再进一步，从一个人的服饰可以认识他的爱好、追求、性格、气质甚至他的理想[①]，等等——这要难一些，但细细揣摩，总会找到服饰所透露出来的某种信息。再譬如，人们很容易理解服装的审美功能，一套合身、得体的衣服，会为人增娇益美，会使一位女士或男士显得光彩照人。再如，服装还可以表现人的情感倾向、价值观，特别是服装还鲜明

---

① 近读清乾隆年间文人沈复《浮生六记》卷四《浪游记快》中记其在广州"游河观妓"，写了特殊地域（粤）之特殊人群（妓）之服饰，很有特点，摘录于下："鸨儿呼为'梳头婆'，头用银丝为架，高约四寸许，空其中而蟠发于外，以长耳挖插一朵花于鬓，身披元青短袄，著元青长裤，管拖脚背，腰束汗巾，或红或绿，赤足撒鞋，式如梨园旦脚。登其艇，即躬身笑迎，搴帏入舱。旁列椅杌，中设大炕，一门通艄后。妇呼有客，即闻履声杂沓而出，有挽髻者，有盘辫者，傅粉如粉墙，搽脂如榴火，或红袄绿裤，或绿袄红裤，有着短袜而撮绣花蝴蝶履，有赤足而套银脚镯者，或蹲于炕，或倚于门，双瞳闪闪，一言不发。""有著名鸨儿素娘者，妆束如花鼓妇。其粉头衣皆长领，颈套项锁，前发齐眉，后发垂肩，中挽一鬏似丫髻，裹足者着裙，不裹足者短袜，亦着蝴蝶履，长拖裤管，语音可辨。"

地表现出人的性别意识，不论中国还是外国，男女着装都表现出很大差别。

服装作为一种文化现象，随人类的进步和社会的发展而不断发展变化。从新石器时代的"贯头衣"，秦汉的"深衣"，魏晋的九品官服，隋唐民间的"半臂"，宋代民间的"孝装"，辽、西夏、金的"胡服"，明代民间的"马甲"和钦定的"素粉平定巾"、"六合一统帽"，清代长袍外褂当胸加补子的官服、女人穿的旗袍，民国的中山装，中华人民共和国成立后的列宁装，21世纪的今天五花八门的时装，等等，可以看出不同时代丰富多彩的文化信息。

在中国古代，特别是帝王专制制度之下，服饰的这种文化内涵又往往渗透着强烈的意识形态内容。服饰要"明贵贱，辨等列"。历代王朝都规定服饰的穿着、制作之森严等级，不但平民百姓与贵族、与士大夫要区分开来，而且在统治阶级内部，皇家与官员、高级官员与普通官员，服饰（包括色彩、图案、质料、造型，等等）都有严格等级划分，违例者，轻则有牢狱之灾，重则掉脑袋。唐代大诗人杜甫有一首五古《太子张舍人遗织成褥段》，有几句是这样的："客从西北来，遗我翠织成。开缄风涛涌，中有掉尾鲸。逶迤罗水族，琐细不知名。客云充君褥，承君终宴荣。空堂魑魅走，高枕形神清。领客珍重意，顾我非公卿。留之惧不祥，施之混柴荆。服饰定尊卑，大哉万古程。今我一贱老，裋褐更无营。煌煌珠宫物，寝处祸所婴。"[1] 所谓"服饰定尊卑，大哉万古程"，就是说历来服饰就定下尊卑之别，不能超越规矩。杜甫自称"非公卿"，西北来的这位张舍人所赠宝物，与自己的名分不称，他不敢享用。

杜甫所遵循的是官家严格的服饰制度，但是，李渔的服饰美学却表现了民间的审美倾向。黄强教授在《李渔与服饰文化》一文中论述了李渔的这种倾向性的变化。他说："李渔服饰理论的重心有了很大程度的转移：服饰的审美趣味压倒了政治等级色彩，个性要求压倒了共性原则。"[2] 虽然黄强的论述并非完美无缺，但他的基本观点无疑是很有价值的。的确，李渔服饰美学思想的变化，透露出明末清初整个社会文化的变化及其受它影

---

[1] （唐）杜甫：《太子张舍人遗织成褥段》。此录诗的一部分。

[2] 黄强：《李渔研究》，第158页。

响服饰文化观念的变化。中国数千年的政治专制和文化专制，越到后来，譬如宋明时代，越多地遭到一些具有叛逆思想的人质疑；而民间对服饰的森严规定也发起一次次冲击。朱熹就感叹："今衣服无章，上下混淆。"①到明末清初政权转换时期，汉族文化（包括服饰文化）受到满族文化（包括服饰文化）的强制性打压，从士大夫阶层到普通民众，文化思想也处于剧烈变动状态。以往的专制文化下的服饰制度，也必然遭到不同程度的破坏。在这样的情况下，李渔服饰美学倾向的变化就是十分自然的了。

唐代宫廷侍女服装：襦裙　半臂　披肩（陕西乾县李山蕙墓壁画）

---

① （宋）朱熹：《礼八·杂议》，《朱子语类》卷九十一。

服饰风尚的流变

　　李渔自己的服饰思想在流变，而他还特别注意到整个社会的服饰风尚、特别是服饰色彩的流变。《闲情偶寄·声容部·治服第三》中说："迩来衣服之好尚，有大胜古昔，可为一定不移之法者，又有大背情理，可为人心世道之忧者，请并言之。其大胜古昔，可为一定不移之法者，大家富室，衣色皆尚青是已。（青非青也，元也。因避讳①，故易之。）记予儿时所见，女子之少者，尚银红桃红，稍长者尚月白，未几而银红桃红皆变大红，月白变蓝，再变则大红变紫，蓝变石青。迨鼎革以后，则石青与紫皆罕见，无论少长男妇，皆衣青矣，可谓'齐变至鲁，鲁变至道'②，变之至善而无可复加者矣。其递变至此也，并非有意而然，不过人情好胜，一家浓似一家，一日深于一日，不知不觉，遂趋到尽头处耳。……至于大背情理，可为人心世道之忧者，则零拼碎补之服，俗名呼为'水田衣'者是已。衣之有缝，古人非好为之，不得已也。人有肥瘠长短之不同，不能象体而织，是必制为全帛，剪碎而后成之，即此一条两条之缝，亦是人身赘瘤，万万不能去之，故强存其迹。赞神仙之美者，必曰'天衣无缝'，明言人间世上，多此一物故也。而今且以一条两条、广为数十百条，非止不似天衣，且不使类人间世上，然则愈趋愈下，将肖何物而后已乎？"

　　这段话有几处特别值得注意的地方。

　　第一，李渔描述了从明万历末（李渔"儿时"）到清康熙初五六十年间衣服风尚和色彩变化的情况：先是由银红桃红变为大红，月白变为蓝；过些年，则由大红变为紫，蓝变为石青；再过些年，石青与紫已经非常少见，男女老少都穿青色的衣服了。李渔的这段描述具有很高的史料价值，是我们研究古代（特别是明末清初）服饰色彩流变的第一手资料。

　　第二，李渔试图探索和总结服饰风尚与色彩之所以如此流变的机制和流变的方式。他的判断是："其递变至此也，并非有意而然，不过人情好

---

　　①　避讳：康熙皇帝名玄烨，故避玄字，而写为"元"字。
　　②　齐变至鲁，鲁变至道：《论语·雍也》："子曰：'齐一变，至于鲁；鲁一变，至于道。'"齐一变，达到鲁的样子；鲁一变，就合于大道了。

胜，一家浓似一家，一日深于一日，不知不觉，遂趋到尽头处耳。"他所捕捉到的，主要是促使服饰变化的社会心理因素，即所谓"人情好胜"。他认为，众人的心理趋向造成某种服饰风尚和色彩沿着某个方向变化。而且，这种心理趋向之促使服饰风尚和色彩流变，是在无意识之中发生和进行的，是一种潜移默化的过程，即所谓"并非有意而然，不过人情好胜，一家浓似一家，一日深于一日，不知不觉，遂趋到尽头处耳"。黄强教授在《李渔与服饰文化》一文中分析李渔这个思想时，认为历史上"对流行色彩、流行款式的追求，是一个递变无穷的流动过程"，并提出服饰风尚和色彩流变的"趋同"和"变异"矛盾运动说："某种色彩成为流行色彩，某种款式成为流行款式，就表层原因而言，确如李渔所云：'并非有意而然'——有人登高一呼，群起响应；而是'人情好胜'——人们对服饰美的追求。当生活中出现一种新的服装色彩或款式时，人们便'群然则而效之'，这是'趋同'。等到形成时尚与潮流，其中也就包含着对这种时尚和潮流的否定，因为服饰审美趣味中还有另一种因素在起作用，用李渔的话说就是'人情厌常喜怪'，'喜新而尚异'。总有一批推动服饰潮流和时尚的先行者们，他们厌弃了已在社会上普遍流行的色彩和款式，用更新的色彩和款式取而代之，这是'变异'。"① 我认为，说"流行色彩、流行款式的追求，是一个递变无穷的流动过程"，用"趋同"和"变异"的矛盾运动来解释服饰风尚色彩的流变，是有一定道理的。但是恐怕还应考虑促使流变的更多因素和更多形态。譬如，社会政治经济文化思想的剧烈变动造成审美心理结构和审美趣味的变化，外来思想文化的传入形成的冲击，历史上掌权者（某位皇帝）的大力倡导，某位皇后服饰的表率作用，今天社会公众人物（著名演员、艺术家）服饰的引导力量，统治者颁布的法规、命令的强制作用，等等，都会对服饰流变发生影响。另外，"趋同"和"变异"的来回荡动，实在也很难有一种规律性的形态，客观实际上的服饰风尚的走向，是很难预测的。"言如是而偏不如是"的事情，在服饰流行中会较多的发生。

第三，从李渔对当时服饰流行风尚的"大胜古昔"的称赞和"大背情理"的批评，我们可以看到李渔理论自身也有自相矛盾之处。一方面，他

---

① 黄强：《李渔研究》，第151—152页。

看到了服饰风尚的流行有非人所能控制的因素，即所谓"并非有意而然"、"不知不觉"；另一方面，他又想以自己的批评力量，通过称赞"大胜古昔"和批评"大背情理"去进行控制。而且，更为根本的问题是他的批评未必有道理。即以"水田衣"来说，也许并非如李渔所言"盖由缝衣之奸匠，明为裁剪，暗作穿窬，逐段窃取而藏之，无由出脱，创为此制，以售其奸"，而是当时普通百姓审美心理潜移默化的变化使然。对于这一点，我倒是很同意黄强的看法，他这样解释"水田衣"的出现："这种'水田衣'排斥一统、单调、僵化、陈旧，追求多变、复杂、繁富、创新，体现了一种厌倦常规的心理，甚至是一种离经叛道的情绪。"①

顺便说一说，李渔谈服装美，还有许多值得称道的地方。

例如，他具有可贵的平民意识，总是从普通百姓的立场来说话，为普通百姓着想。请看这一段话："然而贫贱之家，求为精与深而不能，富贵之家欲为粗与浅而不可，则奈何？曰：不难。布苎有精粗深浅之别，绮罗文采亦有精粗深浅之别，非谓布苎必粗而罗绮必精，锦绣必深而缟素必浅也。绸与缎之体质不光、花纹突起者，即是精中之粗，深中之浅；布与苎之纱线紧密、漂染精工者，即是粗中之精，浅中之深。凡予所言，皆贵贱咸宜之事，既不详绣户而略衡门②，亦不私贫家而遗富室。"

再如，他注意到衣服的审美与实用的关系。在《声容部·治服第三》之"衣衫"条中，当谈到女子的裙子的时候，一方面他强调裙子"行走自如，无缠身碍足之患"的实用性；另一方面他又强调裙子"湘纹易动，无风亦似飘摇"的审美性，应该将这两个方面结合起来。

中国古代女子是穿高底鞋的

从"鞋袜"款，我无意间获得了一个重要知识，即中国古代女子（至少一部分女子）是穿高底鞋的，这与西方女子穿高跟鞋相仿。过去笔者一直以为当下流行的女孩子或年轻女人穿高跟鞋或高底鞋是从外国传来的，我们的老祖宗从无此物；现在我发现，最晚在李渔那个时代之前（前到什

---

① 黄强：《李渔研究》，第153页。

② 衡门：横木为门，指贫寒之家。

么时候说不准，大概不会在五代女子开始缠足之前），中国女子已经穿高底鞋（笔者猜想那高底鞋的跟也有点高，与高跟鞋相近）了。中国古代女子之穿高底鞋与西方女子之穿高跟鞋，从形式上看有点相似，但，我想她们的初衷大约是很不一样的。按照西方的传统，女子特别讲究形体美、线条美，她们的胸部和臀部都要有一种美的曲线凸显出来，而一穿高跟鞋，自然就容易出这种效果。这是她们的高跟鞋的审美作用。而按照中国五代女子开始缠足之后的传统，小脚是一种美，而且愈小愈美。不但缠之使小，而且要用其他手段制造脚小的效果，于是高底鞋派上用场了："鞋用高底，使小者愈小，瘦者愈瘦，可谓制之尽美又尽善者矣"；有了高底"大者亦小"，没有高底"小者亦大"。这是中国古代女子高底鞋的审美作用。我想，为了凸显脚之小，若那高底鞋之跟也略高，效果会更显著一些。这也是前面我为什么猜想古代女子高底鞋之跟也有点高的原因。

但是，我早已表明我的态度：缠足是对女子的摧残；欣赏女子的小脚，是一种扭曲的、变态（病态）的审美心理。因而，我绝不认为古代女子穿高底鞋会有什么美。同样，如果现代女子穿高跟鞋有害健康的话，我认为女人付出这样的代价制造美的效果是不值得的。

第五章　仪容篇

《闲情偶寄·声容部》专讲仪容美

李渔《闲情偶寄·声容部》专讲仪容和服饰之美，也即研究人的仪态、容貌的审美问题。这里的"声容"中的"声"字，虽然含有歌唱之"声"、音乐之"声"的意思，但主要是指言谈举止、音容笑貌中的"声"。所以《声容部》中凡涉及"声"，主要不是讲歌声之美或乐音之美，而是讲人的日常生活待人接物言谈举止的"声音"之中所透露出来的仪态之美。譬如《红楼梦》中所写的傻大姐的言谈举止之粗笨憨拙，与林黛玉、薛宝钗的言谈举止之文雅巧智，不可同日而语；后者的"声"中，自然透露出一种仪态之美。李渔把"声"与"容"连在一起，称为"声容"，这是一个偏义词，重点在"容"，在仪态、容貌。

人的仪容美问题，可以有两个方面，一是仪容的自然形态的美，也就是通常人们所说的"天生丽质"的美，例如《诗经·硕人》赞美卫庄公夫人庄姜天生"手如柔荑，肤如凝脂，领如蝤蛴，齿如瓠犀"；汉唐美人所谓"环肥燕瘦"——杨玉环天生一种丰腴的美，而赵飞燕则天生一种轻盈的美；宋玉《登徒子好色赋》中所写施朱则太赤、施粉则太白、增之一分则太长、减之一分则太短的"东家之子"的美，等等，都是自然形态的美。一是仪容的后天修饰的美，也就是通常人们所说的"梳妆打扮"的美，例如汉民歌《孔雀东南飞》中"新妇起严妆"，北朝民歌《木兰诗》"对镜贴花黄"，苏轼词《江城子·记梦》写梦见亡妻王氏"小轩窗，正梳妆"，辛弃疾词《青玉案·元夕》所写妇女头上装饰着"蛾儿雪柳黄金缕"，汤显祖《牡丹亭》中所写"弄粉调朱，贴翠拈花"、"翠生生出落的裙衫儿茜，艳晶晶花簪八宝填"，等等，都是说妇女通过梳妆打扮使自己更美，这种美就是后天修饰的美。

《声容部》中的《选姿第一》的四款（肌肤、眉眼、手足、态度）即偏重于前一方面——仪容的自然形态的美；而《修容第二》三款（盥栉、熏陶、点染），《治服第三》三款（首饰、衣衫、鞋袜），《习技第四》三款（文艺、丝竹、歌舞）即偏重于后一方面——仪容的后天修饰的美。据我所知，《声容部》是中国历史上第一部专门的、系统的仪容美学著作。在这之前，许多著作、文章、诗词、戏曲、小说中，也常常涉及仪容美学问题，较早的除了前面我们曾引述过《诗经·卫风·硕人》中描写庄姜自然形态的美之外，还有《诗经·卫风·伯兮》中也有"自伯之东，首如飞蓬。岂无膏沐？谁适为容"的诗句，是说一个女子自丈夫走后无心梳妆打扮，不是因为没有化妆用的"膏沐"（即肤膏或润发油），而是因为没有了取悦的对象——打扮给谁看呢？后来历代诗文中都有大量写到"修容"的材料，但大都是零星的，不系统的，而且常常是在谈别的问题时顺便涉及的。而像李渔《闲情偶寄·声容部》这样专门、系统地从审美角度谈仪容修饰打扮的著作，十分难得。

我还想专门谈一谈"选姿"。

这里的"姿"，即姿色，是指人体本然的美丑妍媸。如何判定一个人长得美或是不美呢？李渔提出了自己关于人体美的审美观念和标准，并在下面的四款中详细加以论述。

这里我想首先请读者诸君和我一起思考这样一个问题：关于人体美的观念和标准，无疑是随时代发展而变化的，也是因民族、地域的不同而相区别；那么，李渔时代的人体美观念和标准，到今天发生了什么样的变化？李渔所代表的中国关于人体美的观念和标准，与西方关于人体美的观念和标准有什么不同？

（一）李渔在当时大胆肯定人体美的正当、合理，这是很可贵的。他首先引述古代圣贤"食色，性也"的话，说明"色"乃"性所原有，不能强之使无"。但他的观念和标准总是从男性中心主义的立场出发，视女人为"尤物"，把"女色"当作满足男人审美需求甚至性欲的对象，这在今天已经同大多数人的观念和标准尖锐冲突了。例如，他认为别人的"美妻美妾而我好之，是谓拂人之性"，但"我有美妻美妾而我好之"，则是理所当然。因而他所说的人体美，只是女人的人体美，只是供男人欣赏的女人的人体美，只是男人眼中的女人的人体美。严格地说，这是把妇女当作美丽的性奴隶。这与今天已经是格格不入了。今天虽然没有完全消除男性中心主义的观念（在有些人那里可能还很严重），但总体上是趋于男女平等，因而人体美是男女相互欣赏的对象、相互取悦的对象；男人欣赏女人的人体美，也欣赏男人自身的人体美；女人欣赏男人的人体美，也欣赏女人自身的人体美。在人体美的观念和标准方面，今天已经远远超越了李渔的时代。

（二）李渔关于人体美的观念，是中国的、东方的，这与西方大相径庭。由于中、西社会历史文化传统的不同，造成了中、西关于人的美以及人体美的观念和标准十分不同。人总是有精神和肉体两个方面。人的美总是要在精神和肉体二者统一中求之。总的来说，中国于精神、肉体统一中更重精神，而西方于精神、肉体统一中更重肉体。最近我的一位朋友写了一篇文章对此提出很好的见解。他认为，西方比较重视人的形体美，通过形体表现一种理想的观念，如强健、和谐、匀称、静穆、伟大，等等；这体现在艺术中特别是在古希腊、古罗马和文艺复兴时期的雕刻、绘画中，即常常直接描写裸体、赞美裸体，正如丹纳《艺术哲学》中所说："希腊人竭力以美丽的人体为模范，结果竟奉为偶像，在地上颂之为英雄，在天上敬之如神明。"[1] 而中国则比较重视人的精神美，即"内美"或"神韵"，追求一种理想的人格精神，对于人的形体美则比较忽视；这体现在艺术中，特别是中国古代造型艺术中，就很少直接表现裸体，艺术中的人体形象常常由衣冠把肢体遮蔽起来，并且大袖宽襟，以致看不清人体的线条和胖瘦，衣带的飘逸代替了人体线条的流动，给人以超越感，即超越形体而进入一种精神境界。李渔关于人体美的论述，也体现了这些特点。他极少直接谈到人的形体美、线条美，更是忌谈裸体。他所谈的，是人穿着衣服而能露出来的部分，如面色、手足、眉眼，等等；而且，他特别重视人的内美，在《风筝误》传奇中他借人物之口谈到美人的标准：美人的美有三个条件，一曰"天资"，二曰"风韵"，三曰"内才"，有天资无风韵，像个泥塑美人；有风韵无天资，像个花面女旦；但天资和风韵都有了也只是半个美人，那半个，要看她的内才。在这里，李渔固然没有完全忽

---

① ［法］丹纳：《艺术哲学》，安徽文艺出版社 1991 年版，第 92 页。

视人体的外在美（"天资"），但他所提出的美人的三个条件中，外在形体方面三居其一，而内在精神方面则三居其二（"风韵"、"内才"）。在该书中，他又特别强调了人的"态度"，而"态度"也是内美和内才，它是看不见、摸不着的，它虽"是物而非物，无形似有形"，但却可以"使美者愈美，艳者愈艳，且能使老者少而媸者妍，无情者使之有情"。

内美

对"态度"的论述，更是直接表现了李渔对内美的赞赏。李渔认为，美女之所以有魅力，虽不能说无关于外在的美色，但更重要的则在于内在的媚态。女子一有媚态，三四分姿色可抵六七分。若以六七分姿色而无媚态之妇人与三四分姿色而有媚态之妇人同立一处，则人只爱三四分而不爱六七分；若以二三分姿色而无媚态之妇人与全无姿色而只有媚态之妇人同立一处，则人只为媚态所动而不为美色所惑。此论的确说到关键处。余怀眉批曰："千古善状美人者，莫过陈思王《洛神》一赋，轻云蔽月，流风回雪，犹未形容到此。笠翁真尤物哉！"态度（内在的媚态）之于颜色，不只以少敌多，简直是以无敌有。态度是什么？简单地说，态度就是一个人内在的精神涵养、文化素质、才能智慧而形之于外的风韵气度，于举手投足、言谈笑语、行走起坐、待人接物中皆可见之。李渔所讲的那个春游避雨时表现得落落大方的中年女子，正是以她的态度给人留下了深刻的印象。论年岁，她已三十许，比不上二八佳人；论衣着，她只是个缟衣贫妇，比不上丝绸裹身的贵妇人。但她在避雨时表现得却是气度非凡，涵养深厚。雨中，人皆忘掉体面踉踉跄跄挤入亭中，她独徘徊檐下；人皆不顾丑态拼命抖擞衣衫，她独听其自然。雨将止，人皆急忙奔路，她独迟疑稍后，因其预料雨必复作。当别人匆匆返转时，她则先立亭中。但她并无丝毫骄人之色，反而对雨中湿透衣衫的人表现出体贴之情，代为振衣。李渔感慨地说："噫，以年三十之贫妇，止为姿态稍异，遂使二八佳人与曳珠顶翠者皆出其下，然则态之为用，岂浅鲜哉？"这就是"态度"的魅力！而中国人特别讲究的，也就是这种态度，这种内美，这种风韵，这种人格、志趣、情操和道德涵养，总之一句话：精神美。

眉眼之美

李渔《闲情偶寄·声容部》"眉眼"一款，更印证了前面我们所说中国人在看人体美时不重外形而重内美的观念。第一，李渔说："吾谓相人之法，必先相心，心得而后观形体。"这就是说，李渔欣赏人的美，第一，看她的"心"，即内在精神，形体放在第二位。第二，"形体"又主要是衣服遮蔽之下能看得见的部分："形体维何？眉发口齿，耳鼻手足之类是也。"把"形体"限定在"眉发口齿、耳鼻手足"上是很可笑的，形体就应该主要是人体的完整轮廓、线条，单是"眉发口齿、耳鼻手足"怎能见出完整的人体美？然而，这就是中国人不同于西方的关于人体美的审美观念。中国人绝不会像古希腊人那样欣赏人的裸体美（无论是男子的裸体还是女子的裸体），一般也不欣赏人体的肌肉的美、线条的美。

中国人重内美、重心灵，因而也就特别看重人的眼睛。"心在腹中，何由得见？曰有目在，无忧也。"眼睛是心灵的窗户，看来李渔是十分懂得这个道理的。由眼睛确实可以看出一个人聪颖还是愚钝的大体情形，看出一个人丰富而复杂的内心世界。但是李渔说"目细而长者，秉性必柔；目粗而大者，居心必悍"云云，却是不科学的。这一款的后面谈到眉时所说"眉之秀与不秀，亦复关系情性"，同样也是缺乏科学根据的。

肌肤之美

李渔关于造成肌肤黑白之原因的说法显然是不科学的。他所谓"多受父精而成胎者，其人之生也必白"，而多受母血者，其色必黑，这种观点今天听起来有点可笑，但李渔此论在当时居然得到许多文人认可，如周彬若在眉批中赞曰："此等妙语，不知何处得来。予向在都门，人讯南方有异人乎？予以笠翁对。又讯有怪物否？予亦以笠翁对。试读此书，即知予言不谬。"余怀眉批："此种议论，几于石破天惊。笠翁其身藏藕丝而口翻沧海者乎？"在这一节，三百年前的李渔一本正经地反复地宣扬他的这种"科学"道理。可见科学发展之神速！

按照现代科学，人们对人的皮肤已经有了比较精细的了解，并且用之于美容的实践中去。中国家政出版社（台湾）1984 年出版的《美容姿仪》中谈到人的皮肤时这样说："皮肤占全身重量的百分之十五，可说是人体最大的器官。从前的医生称皮肤是'内脏之镜'或'全身的告白'，在医学界里有'皮肤反映出一切生命、生理的病理变化'之名言，我们也常听说'美丽的皮肤寓于健康的身体'，因此，皮肤可谓健康的晴雨表。"又说："皮肤也有表情，例如一天到晚愁眉苦脸的人，皮肤必呈悲伤黯淡的颜色；笑口常开，心胸磊落的人，皮肤富有光泽；生活散漫的人，皮肤必定粗糙不堪，所以皮肤与一个人的健康状况和生活习惯有不可分的关系。"① 皮肤分表皮、真皮、皮下组织三部分；皮肤又分中性、油性、干性、混合性、过敏性五种。人们应该根据皮肤的这些特点和性质进行保养和美容。

这且按下不表。

现在我想要说的是李渔以白为美的观念究竟有没有普遍性。李渔说："妇人妩媚多端，毕竟以色为主……妇人本质，惟白最难。"在李渔看来，肌肤的白，是最漂亮的；而黑则不美。其实，这更多地代表了士大夫的审美观念。士大夫所欣赏的女色，多养在闺中，"豢以美食，处以曲房"，大门不出，二门不迈，少受风吹日晒，其肤色，当然总是白的。但这种白，又常常同弱不禁风的苍白和病态联系在一起，这在另一些人看来，未必美。譬如农家子弟，就不一定欣赏那种白。这是不同人群之间审美观念上的冲突。19 世纪俄国美学家车尔尼雪夫斯基《生活与美学》中，曾分析过上流社会与农民审美观念的差别，对我们不无启发。他说："辛勤劳动、却不致令人精疲力竭那样一种富足生活的结果，使青年农民或农家少女都有非常鲜嫩红润的面色——这照普通人民的理解，就是美的第一个条件。丰衣足食而又辛勤劳动，因此农家少女体格强壮，长得很结实——这也是乡下美人的必要条件。'弱不禁风'的上流社会美人在乡下人看来是断然'不漂亮的'，甚至给他不愉快的印象，因为他一向认为'消瘦'不是疾病就是'苦命'的结果。"然而，上流社会的审美观念则不同。"……病态、柔弱、萎顿、慵倦，在他们心目中也有美的价值，只要那是奢侈的无所事事的生活的结果。苍白、慵倦、病态对于上流社会的人还有另外的意

---

① 《美容姿仪》，中国家政出版社（台湾）1984 年版，第 10—11 页。

义：农民寻求休息和安宁，而有教养的上流社会的人们，他们不知有物质的缺乏，也不知有肉体的疲劳，却反而因为无所事事和没有物质的忧虑而常常百无聊赖，寻求'强烈的感觉、激动、热情'，这些东西能赋予他们那本来很单调的、没有色彩的上流社会生活以色彩、多样性和魅力。但是强烈的感觉和炙烈的热情很快就会使人憔悴：他怎能不为美人的慵倦和苍白所迷惑呢，既然慵倦和苍白是她'生活了很多'的标志？

> 可爱的是鲜艳的容颜，
> 青春时期的标志；
> 但是苍白的面色，忧郁的征状，
> 却更为可爱。

如果说对苍白的、病态的美人的倾慕是虚矫的、颓废的趣味的标志，那末每个真正有教养的人就都感觉到真正的生活是思想和心灵的生活。"①

车氏虽说是俄国人，但他的这些话，对于中国的情况我看是适用的。

当然，今天人们对青年女子的"白"也很欣赏。这要作具体分析。一部分原因可能是现在劳动条件改善了，不用像过去那样风吹日晒、下大苦力，面色白嫩细腻成为生活优越的标志，而不是苍白病态的症候。还有一部分原因是传统观念的延续和影响，封建社会主流意识形态历来以白为美，这种观念深入人心，影响全社会，成为一种审美无意识，所以今天人们也就不自觉地接受了这种观念。

但是，无论如何"白"绝不是美女之美的唯一标志。女运动员的健康的红黑色，不是也很漂亮吗？

化妆

"三分人材，七分装饰"，"人靠衣裳马靠鞍"，流传在民间的这些俗语，都是讲人需要修饰打扮，也愿意修饰打扮。李渔在《修容第二》这部分里正是讲女子如何化妆，如何把自己的仪容修饰得更美。

---

① ［俄］车尔尼雪夫斯基：《生活与美学》，周扬译，人民文学出版社1957年版，第8页。

提起化妆，那在中国的历史可就长了。前面我们曾引述过《诗经·卫风·伯兮》"自伯之东，首如飞蓬。岂无膏沐，谁适为容"那几句诗，那里讲的就是化妆，而且还讲到化妆品"膏沐"，说明那时的化妆已经相当讲究，人们（尤其是女人）已经有意识地借助于外在的物质手段和材料（如"膏沐"之类）对自己的皮肤或头发进行美化。稍后，在屈原的《离骚》、《九歌》、《九章》等诗篇中，都一再涉及修容的问题。譬如《九歌·湘君》"美要眇兮宜修"句，就是说的湘夫人打扮得很美，"宜修"者，善于打扮也。《九歌·山鬼》"被薜荔兮带女萝"句，也是说"山鬼"（有人认为即是楚国神话中的巫山神女）以美丽的植物来装饰自己。汉代民歌《孔雀东南飞》和《陌上桑》以及南北朝时民歌《木兰诗》更是大量谈到化妆，如"新妇起严妆"、"对镜贴花黄"，等等。到唐代，化妆技巧已经达到很高的水平。《教坊记补录》记载，歌舞演员庞三娘年老时，面多皱，她在面上帖以轻纱，"杂用云母和粉蜜涂之，遂若少容。尝大酺汴州，以名字求雇。使者造门，既见，呼为恶婆，问庞三娘子所在。庞绐之曰：'庞三是我外甥，今暂不在，明日来书奉留之。'使者如言而至。庞乃盛饰，顾客不之识也，因曰：'昨日已参见娘子阿姨。'"① 宋元明清的诗词文章里写到化妆的更是不计其数。但像李渔这样深入细致地谈化妆，并不多见。

李渔在这里提出了一个重要原则，即修容必须自然、得体，切勿"过当"。譬如，"楚王好细腰，宫中皆饿死；楚王好高髻，宫中皆一尺；楚王好大袖，宫中皆全帛"，这就是"过当"。女子为了以自己的"细腰"讨楚王喜欢，竟至于少吃而"饿死"，这就太离谱了！这使我想到现在的一些女孩子为了苗条而拼命减肥，以致损害了健康，甚至要了命。这正是李渔当年所反对的。

首饰

首饰，顾名思义，就是戴在人头上的装饰物。一般的说，在以男子为中心的社会里，首饰首先主要是戴在女人头上的装饰物（李渔说"珠翠宝

---

① （唐）崔令钦：《教坊记》，《中国古典戏曲论著集成》一，第23页。

玉，妇人饰发之具也"）。这种"女士优先"或"女士特权"，除了女士"天生"特别爱美这种有待论证的原因之外，在很大程度上应该说，这是男人把女人当作自己的审美享受对象的一种表现。女人戴首饰，也许有一部分原因是女人自我欣赏，但由于整个社会男权观念的主导地位，所以戴在女人头上的首饰，反而更多的是为了男人，是女人戴给男人看的。因此，这不是女士的光荣，而是女士的悲哀；不是对女士的尊重，而是对女士的歧视。

中国古代妇女发饰"步摇"。宋玉《风赋》："主人之女，垂珠步摇。"
《释名》："其上有垂珠，步则摇，故称步摇。"

李渔专列一款阐述首饰的审美价值以及首饰佩戴的美学原则。人（尤其是女人）为什么要佩戴首饰？可以用李渔的一句话四个字概括之：为了"增娇益媚"。这也就是首饰的美学价值（也就是其主要价值）所在。如果有的人仅仅看重首饰的经济价值，满头都是价值连城的珠宝、金银，并以此来夸富，那就走入误区。李渔批评了首饰佩戴中那种"满头翡翠，环鬓金珠，但见金而不见人"的现象。反对佩戴首饰时"不论美恶（丑），止论贵贱"的态度，提出要"以珠翠宝玉饰人"，而不是"以人饰珠翠宝玉"的基本原则。用今天的话来说，也就是突出人的主体性。这个思想是很精彩的。

李渔还总结了首饰佩戴的一些形式美的规律。如，首饰的颜色应该同人的面色及头发的颜色相配合，或对比，或协调，以达到最佳审美效果。李渔说，为了突出头发的黑色，簪子的颜色"宜浅不宜深"。再如，首饰的大小要适宜，形制要精当，使人看起来舒适娱目，李渔说，"饰耳之物，愈小愈佳，或珠一粒，或金银一点"；而且首饰的佩戴要同周围环境和文化氛围相协调，李渔接着说，"此（耳坠或耳环）家常佩戴之物，俗名'丁香'，肖其形也；若配盛装艳服，不得不略大其形，但勿过丁香之一倍二倍；既当约小其形，复宜精雅其制"。此外，李渔还提出首饰的形制"宜结实自然，不宜玲珑雕琢"，以佩戴起来"自然合宜"为上。假如方便，女子能够随季节的变化，根据"自然合宜"的原则，摘取时花数朵，随心插戴，也是很美、很惬意的事情。

首饰在中国起源很早，有的说，"女娲之女以荆枝及竹为笄以贯发，至尧时以铜为之，且横贯焉。此钗之始也"；有的说，"古者，女子臻木为笄以约发，居丧以桑木为笄，皆长尺有二寸。沿至夏后，以铜为笄"，"钗者，古笄之遗象也"①。后来，逐渐发展到用金银珠宝犀角玳瑁等贵重材料制作名目繁多、形状各异的钗、簪、耳坠、步摇、花胜（首饰名）、掩鬓（插于鬓角的片状饰物）等首饰。还有的用翠鸟翅及尾作首饰，用色如赤金的金龟虫作首饰。杜诗《丽人行》中有"蹙金孔雀银麒麟"、"翠为䰄叶垂鬓角"句，辛词《青玉案·元夕》中有"蛾儿雪柳黄金缕"句，都

---

① （清）王初桐：《奁史》卷六十八《钗钏门一·首饰》。王初桐《奁史》，嘉庆二年古香堂刻本，中国人民大学出版社 1994 年出版了李永祜主编的《奁史选注》。

是描写女人的首饰，于此可见唐宋女人首饰之一斑。

首饰本来是人的增娇益美的头上饰物，但在等级森严的封建社会里，首饰的佩戴也成为一个人贵贱高低的标志。如《晋令》① 中说："妇人三品以上得服爵钗。"又说："女奴不得服银钗。"另，《晋书·舆服志》② 中说："贵人太平髻，七钿；公主、夫人五钿；世妇三钿。"《明会典》③ 中说："命妇首饰：一品金簪，五品镀金银簪，八品银间镀金簪。"看来，在那时，首饰也不是可以随便佩戴的。

熏陶与点染

熏陶，是谈如何给人气味上的美感。每人都有每人的气味，个别人甚至有某种异味，其他人闻起来会感到不舒服的。去掉异味，给人嗅觉上一种舒服感，这也是人际交往中的一种礼貌。但李渔在这里所讲的，是从男子中心主义出发对美女的"享用"，这在今天看来就十分腐朽了。男女天生应该是平等的，在男女交往中，一个臭烘烘的女子对她的男伴来说固然是不礼貌的；一个臭烘烘的男子对他的女伴来说同样是不礼貌的。因此，那种具有男尊女卑观念，甚至视女子为玩物的人，首先应该去掉那些腐朽观念的"异味"、"臭味"，接受现代男女平等观念的"熏陶"，使自己的人格、品格变得"香喷喷"的。

通常一说到修容或者化妆，立刻会想到在面部涂脂、搽粉、点口红等，这就是李渔所说的"点染"；一般来说，这是人们修容的非常重要的内容，从历史传统来说，是女子修容的非常重要的内容，在男权主义的社会里，大概中外都如此。当然，是否女子天生爱修容？也许有这种因素？我把握不准。

---

① 《晋令》共四十篇，是晋代法规之一。

② 《舆服志》是中国史书中记载车辇服饰等内容的部分，二十四史有《舆服志》的包括：《后汉书》、《晋书》、《南齐书》、《旧唐书》、《新唐书》、《宋史》、《金史》、《元史》、《明史》等。

③ 《明会典》是明代官修的一部以行政法为内容的法典。明孝宗弘治十年（1497）开始编辑，弘治十五年书成，称《大明会典》，共180卷。明武宗正德（1506—1521）年间重校。

西方古代关于修容的情况，我没有考察，不敢妄加评说；但从直观上说，我所见到的现代西方女子之讲究修容，那是远胜于中国人的。关于修容，他们也进行了专门研究，出版了各种著作。我手头就有一本琳达·杰克逊女士著、关平等译、中国文联出版公司1987年出版的《仪表美》，里面详细论述和介绍了不同肤色，不同眼睛、头发颜色的人，应如何根据色彩学原理、色彩心理学原理，根据体型胖瘦、高矮，选择自己的化妆（"点染"）色彩以及服装色彩和线条。

我国古代女子之讲究"点染"，也达到了十分精细的程度。光脸面和眉的画法，即不同的妆型和眉型，就数不胜数。《奁史》中多有描述。先说妆型。有所谓"晓霞妆"：传说魏文帝曹丕"在灯下咏，以水晶七尺屏风障之。夜来至不觉，面触屏上，伤处如晓霞将散。自是宫人俱用胭脂仿画，名晓霞妆"。有所谓"梅花妆"：传说南朝宋武帝之女寿阳公主"卧于含章殿檐下，梅花落额上，成五出花，拂之不去，经三日，洗之乃落。自后宫女竞效之，称梅花妆"。这里所说梅花落额上而拂之不去，不可信；但画成梅花似的妆型，是可能的。有所谓"泪妆"："明皇宫中嫔妃辈施素粉于两颊，相号为泪妆。"又，宋理宗"宫中以粉点眼角，名曰泪妆"。还有所谓"醉妆"、"啼妆"、"额妆"、"眉妆"、"面妆"、"酒晕妆"、"桃花妆"、"飞霞妆"、"半面妆"、"瘢如妆"，等等，不一而足。眉型也很多。据说，"秦始皇宫人悉红妆翠眉"；汉武帝时有所谓"连头眉"；《西京杂记》①中说"文君姣好，眉色如望远山，时人效之，画远山眉"；东汉桓帝时，京都妇女作"愁眉"；唐明皇时女人眉型有十种之多，如"鸳鸯眉"、"小山眉"、"五岳眉"、"三峰眉"、"月棱眉"、"分梢眉"、"涵烟眉"、"拂云眉"、"倒晕眉"，等等。另从唐代诗人朱庆馀绝句《闺意献张水部》用汉代张敞为妻画眉的故事而写的诗句："妆罢低声问夫婿，画眉深浅入时无？"可以看出当时女子画眉之胜、之精、之赶时髦。

---

①　《西京杂记》是中国古代笔记小说集，述西汉的杂史。作者是谁尚无定论，顾颉刚在《中国史学入门》书中曾明确指出：《西京杂记》这本书，"讲了汉朝的许多故事。书的作者是谁？没有定论。有的说是刘歆，有的说是晋朝的葛洪"。

洗脸梳头的学问

盥栉即洗脸梳头。有人说，洗脸梳头，谁人不会？哪个不晓？这里面还有学问？

是的，这里面大有学问在。譬如说，有的人脸上爱出油，倘若她化妆时不用肥皂把油垢彻底清洗干净，那么，她搽粉涂脂时，必然白一块、黑一块、红一块。轻者，脂粉不均匀；重者，成个大花脸。李渔指出洗脸必须注意去油，确实抓住了要害。这对现代女子化妆，也是有重要参考价值的意见。

说起梳头，那讲究就更多了。无论在我国还是外国，头发历来在人们，特别是妇女的容貌审美中占有十分重要的地位。在古代西方，例如罗马，某皇后的发型就曾经成为当时妇女效仿的榜样；在现代东方，某演员的发式也会成为今天女孩子追求的时尚，所谓"山口百惠发型"、"张曼玉发型"……风靡一时。我国古代，不少女子因头发之美而备受赞扬，有的甚至坐到皇后的宝座上去。例如，东汉明帝刘庄的皇后的头发就特别长而美，《诚斋杂记》中说她的头发"为四起大髻，髻成，尚有余发绕髻三匝"[1]。《陈书·张贵妃传》中记载，南朝陈后主的妃子张丽华因美而得宠，而其头发特美："发长七尺，鬓黑如漆，其光可鉴。"还有一个故事，汉武帝的皇后卫子夫就是因为头发美而起家的。卫子夫原是平阳公主家的一个歌女，武帝到平阳公主家去玩儿，卫子夫唱歌挑逗皇帝，"上（皇帝）意动，起更衣，子夫因侍，得幸。头解，上见其发美，悦之，遂纳子夫于宫，后立为后"[2]。

女子的发型历来十分讲究，而且随时代的推移，花样不断翻新。下面，我从清代乾嘉之际学者王初桐《奁史》卷七十一《梳妆门一》中辑取一些材料，以使读者对我国古代女子发型有一个大概的了解。周文王令宫人作"凤髻"，其髻高；又令宫人作"云髻"，步步而摇，曰步摇髻。汉

---

[1]　（元）林坤：《诚斋杂记》，明崇祯汲古阁刻《津逮秘书》本，另见《四库存目丛书》子部第120册《诚斋杂记》二卷。

[2]　（清）王初桐编：《奁史》卷二十六《肢体门二·头面属》，嘉庆二年古香堂刻木。

武帝令宫人梳"堕马髻"，《陌上桑》所描写的美女罗敷"头上倭堕髻"，据考即"堕马髻"，其髻歪在头部的一侧，似堕非堕，这种发型，由于宫中的提倡，在汉代大概女子十分喜欢也十分流行。汉代辛延年《羽林郎》诗中有"两鬟何窈窕"句，鬟，即环形的发型。三国魏文帝曹丕的皇后甄氏入宫后，据说宫中有一条蛇，口有赤珠，不伤人，每天甄氏梳妆时，这条蛇在甄氏面前盘结成一个髻形，甄氏即仿效它而梳妆自己的发型，号"灵蛇型"。《木兰诗》"当窗理云鬓"的"云鬓"，就是梳得像云一样的发型。北齐后宫女官八品梳"偏髻"（发覆目也，即头发盖住了眼睛）。隋炀帝令宫人梳"八鬟髻"、"翻荷髻"、"坐愁髻"。唐末妇人梳发，以两鬟抱面，为"抛家髻"。明代嘉靖年间，浙江嘉兴县有一个叫杜韦的妓女"作实心髻，低小尖巧"，"吴中妇女皆效之，号韦娘髻"。李渔在本款中也提到当时的所谓"牡丹头"、"荷花头"、"钵盂头"等发型。此外，少数民族妇女也有自己的发型。《广西通志》中说："蛮女发密而黑，好绾大髻，多前向，亦有横如卷轴者，有叠作三盘者。"《粤述》中说："瑶僮妇人高髻，置于顶之前畔，上覆大笠。"《蛮书》中说："望蛮妇女有夫者两髻，无夫者顶后为一髻。"《南夷志》中说："施蛮妇人从顶横分其发，前后各为一髻。"[1]

妇女的发型，是人们审美观念的物化形态之一。从发型的演变，也可以看出人们审美观念的变化。例如，古代妇女的那种"高髻"，现在很难见到了，人们大概也不怎么喜欢了。现代女子（特别是运动员）的那种"男式短发"，大概在 20 世纪二三十年代是不会出现的，在古代更是不可能的。当然，梳什么样的发型，这纯粹是个人的事情，别人无权，也不应横加干涉。李渔所反对和提倡的种种发型，只是他个人的见解而已，不足为训。尤其他所提倡的所谓"云"型、"龙"型（飞龙、游龙、伏龙、戏珠龙、出海龙，等等），太矫揉造作，更不可取。

妇女纹面·美

由李渔的"修容"诸篇，我想到少数民族妇女（例如高山族、黎族妇

---

[1] 以上所引均见王初桐编《奁史》卷七十一《梳妆门一》。

女）之纹面。

纹面，特别是女人纹面，把本来细润光华的脸面皮肤刺上花纹，成为人造麻脸，按现代汉族人的观念，无论如何，不能算是美的。小时候我住姥姥家，那个村里有一户最穷的人家娶不起媳妇，只好娶了一个麻脸女人——那是个丑媳妇。麻脸和丑是连在一起的。

今天的女性特别讲究面部的美。她们要不断涂抹各种各样的"面奶"、"护肤霜"之类，免得脸上"起皱"、"出坑"、"发包"；青春期女孩儿特别讨厌青春痘，倘不幸"发痘"，则千方百计寻药，去之而后快，发誓"只留青春不留痘"。

但高山族、黎族至少曾经认为纹面（人造麻脸）是美的。这是否可与中国古代女人缠足可以争个"高下"？

如此，则美不在纯客观物本身，当无疑。不然，为什么同一对象（纹面），高山族、黎族看来（或曾经看来）美，而汉族看来不美呢？

那么，美在观念？答曰：不在观念，又在观念。不在观念者，因为它不是任意的、纯主观的观念——虽说情人眼里出西施，但那只是王八望绿豆，对了眼儿了；局外人未必承认那是真西施。又在观念者，或许因为它是一种客观观念？

然而，观念可以是客观的吗？何为客观？何为主观？

……

人啊，让你的脑袋瓜变得更精灵、更复杂些吧。

缠足——病态的美

提倡女子缠足、对女子的所谓"三寸金莲"赞赏备至，充分表现出了中国封建时代士大夫的变态审美心理，而李渔在这方面可以说是个典型代表。

好好的一双脚，硬是活活地把它的骨头缠折，使它成为畸形，这简直太残忍、太残酷了！而千百年来竟然把它当作一种美来欣赏，而且有的人还津津乐道，赞不绝口，岂非咄咄怪事！

这怪事就出在中国古代。据李渔的一位友人余怀在《妇人鞋袜辨》（收在《闲情偶寄·声容部·治服第三》）中考证，女子缠足始于五代南唐李后主。"后主有宫嫔窅娘，纤丽善舞，乃命作金莲，高六尺，饰以珍宝，绸带缨络，中作品色瑞莲，令窅娘以帛缠足，屈上作新月状，着素袜，行舞莲中，回旋有凌云之态。由是人多效之，此缠足所自始也。"后来，以缠足为美的观念愈演愈烈，而且脚缠得愈来愈小，而愈小就愈觉得美，女子深受其害，苦不堪言。

对这样一件天理难容的事情，李渔则倾注着他"满腔热情"，以色迷迷的眼睛加以注视，以猥亵的口吻、流着口水加以赞扬，真令今天还在爱惜李渔的人脸红。请看李渔是怎么说的："予遍游四方，见足之最小而无累，与最小而得用者，莫过秦之兰州、晋之大同。兰州女子之足，大者三寸，小者犹不及焉，又能步履如飞，男子有时追之不及，然去其凌波小袜而抚摩之，犹觉刚柔相半；即有柔若无骨者，然偶见则易，频遇为难。至大同名妓，则强半皆若是也。与之同榻者，抚及金莲，令人不忍释手，觉倚翠偎红之乐，未有过于此者。"

我认为，这是李渔学术思想上的一个污点，也是他人品上的一个不足；不管李渔在其他方面有多少成就。——当然对他的成就我也不会抹杀。

最后我还想赘言几句。林语堂先生在《生活的艺术》自序中曾说："艺术使现代男人有了性的意识。对于这点，我毫无疑义。先前是艺术，后来变为商业性的利用，将女人的全体直到最后一条的曲线和最后一只染色的脚趾为止，完全开拓起来。我从未见过女人的肢体经过这样的商业性开拓，而我并且很奇怪何以美国女人竟肯这样驯服地听人家去将她们的肢体开拓到这个地步。"现代社会对"女人的肢体经过这样的商业性开拓"和"商业性的利用"，是中国女人"缠足"的时代性发展。这是女人的悲剧，也是整个人类的悲剧。我们是否能够从悲剧走向喜剧？

附录：仪容美学

一

这里所介绍的仪容美学，对于许多读者来说可能是陌生的，甚至是闻所未闻的。的确，这是一个新学科，是刚刚建立或正在建立的学科。

这里所说的仪容，指人的仪表、容貌；那么，所谓仪容美学，简单地说也就是研究人的仪表、容貌的美学规律的一个学科。

也许有人会说：仪容美问题不就是脸蛋和体态长得好看不好看、梳妆打扮和衣着服饰入时不入时的问题吗？这也值得进行理论研究？

我想，问题绝非如此简单。在所谓"脸蛋和体态长得好看不好看"（实际上这是仪容的"自在美"）和"梳妆打扮和衣着服饰入时不入时"（实际上这是仪容的"修饰美"）的背后，存在着一系列深刻和复杂的美学理论问题。譬如，你凭什么说一个人的脸蛋和体态长得美或不美呢？假如非洲的黑种人选出了自己的美男子或美女，那么白种人或黄种人是否也同样感到美呢？反过来，白种人和黄种人的美女必定会得到黑种人的认可吗？仪容美仅仅是一个形式美的问题吗？大汉奸汪精卫外表看来的确长得挺"帅"，是否可以说他的仪容就是美的呢？他的丑恶灵魂对其仪容美丑有无影响？在什么意义上有影响？有多大影响？人需要对自己的仪容进行修饰（化妆和衣着）吗？如何修饰？非洲本戈部落的美女往往饰以鼻环和唇环，为什么现代的西方人或中国人并不觉得美？即使同是 20 世纪 90 年代的中国青年，甲与乙穿同样款式的新潮服装，为什么甲穿起来人们觉得美，而乙穿起来却不美？类似的问题还可以提出很多很多，而想给这些问题作出令人信服的回答，却并不是一件容易的事。这恐怕需要进行专门的探讨和研究。

可能还会有人说：对仪容美的问题进行探讨和研究也许是需要的，但是有必要建立仪容美学这样一个专门学科吗？即使想建立，它能获得独立存在的地位吗？

建立仪容美学这一专门学科有无必要，绝不是凭哪个人或哪些人的主观愿望，而是依据：一、社会对它有无实际需要；二、它对社会有无积极价值。中共中央十一届三中全会以来，我国的政治、经济以及人们的精神面貌发生了重大变化，人们的审美观念，特别是人们对自身仪容的审美观念变化尤其显著。在我国历史上，恐怕没有哪一个时代犹如今天这样普遍关注着仪容美的问题，不但青年人讲求体形美、肤色美、仪态美，而且许多中年人和老年人也饶有兴味地参加健美活动；不但女人们千方百计把自己打扮得更漂亮，而且男人们也越来越追求美的风度。商店里化妆品琳琅满目，新潮服装日新月异。许多报刊（如《中国妇女报》）越来越多地发表文章专谈仪容美问题，越来越多的人要求了解和掌握有关人的仪表、容貌的美学规律，对于仪容的审美活动越来越成为人们生活中不可缺少的组成部分。这样，生活实践本身要求建立一个专门研究有关仪容审美活动的学科，仪容美学于是应运而生。仪容美学绝不只是解决人们进行仪容审美活动的技术性问题，它主要不是教给你如何化妆，如何衣着，如何佩戴首饰；它所做的，是从根本上帮助人们认识仪容审美活动的规律，以确立积极的仪容审美观，培养健康的仪容审美趣味。人们的仪容审美活动，看起来纯属个人爱好和兴趣，实际上却是一个民族、一个社会文明程度和精神面貌的重要标志。身系兽皮、蓬首垢面的原始人同美发华服的现代人，其文明程度固然有天壤之别；即使同是在现代，在不同的时期，由于社会经济、政治的差异，其社会成员对仪容的不同审美追求，亦鲜明地表现出当时社会的精神状态和心理面貌。试比较一下"文革"期间大街上一律灰色中山装与近几十年来人们五光十色的衣着，便可以想到其间社会精神面貌的重大区别。一个现代化的社会，人们的精神状态和审美生活应该是丰富多样、生机勃勃的，而不是枯燥单调、死气沉沉的。关于仪容的审美更应该如此。一个社会应该对自己的成员进行审美教育，仪容审美是整个审美教育的重要内容之一，而且是涉及人数最多、涉及面最广的一个领域。建立仪容美学，加强仪容美学的研究，是整个社会审美教育的不可缺少的组成部分。

至于仪容美学是否可以获得独立的存在地位，这主要看它有没有自己独立的研究对象，有没有自己的专门任务。我认为，仪容美学有它特有的、别的学科所不能取代的对象，这就是前面我们已简略提到的人的仪表、容貌的审美活动规律。具体地说，仪容美学将要研究：什么是仪容美，它的性质和特点是什么，它有些什么样的构成因素，它是怎样产生和形成的，它又是如何发展、变化的，它与其他的美（例如自然美、社会美、艺术美、技术美，等等）关系如何，等等。这是就仪容审美活动的客体方面而言；如果从仪容审美活动的主体方面来说，仪容美学还必须研究：人对自身仪容进行审美，同对其他审美对象进行审美，有什么不同；对仪容进行审美时，主体受到一些什么样的因素的影响和制约；人们关于仪容美的观念是如何产生、形成的，怎样发展、变化的，等等。对于以上这些问题，一般美学（或者叫做总体美学）不作专门研究；而已有的其他分支美学（如文艺美学、技术美学）也没有把它们划归自己的对象范畴。

因此，只有仪容美学来完成这项专门任务。

二

关于仪容美学的研究对象和范围，上面我们作了大体划分，并提到一些具体内容，其中一个核心问题就是仪容美的性质和特点。现在就着重对这个问题加以阐发。

（一）仪容美作为自然美与社会美的统一

读者诸君，当你观看奥运会或亚运会体操比赛时，你肯定会赞叹运动员仪态、形体、动作的美。那么，这种美仅仅在于他们的肉体形态本身呢，还是具有某种社会内涵？在我看来，恐怕两个方面的因素都有，而且是这两个方面的完美融合。人固然是一种有生命的自然存在物，他必须有肉体的生理运行系统作为其生命活动的自然基础；同时，人更是一种有生命的社会存在物，在他的肉体的自然形式后面，隐藏着深刻的社会内容，正如马克思所说，就其实质而言人是一切社会关系的总和。正因为人不仅具有自然生命，而且具有社会生命，才使他高出于任何动物，成为"宇宙的精华，万物的灵长"①。因此，人的仪容美就不仅仅是自然的肉体生命的美，而且更是文化的社会生命的美；或者说，仪容美不仅是自然美，更是社会美，是自然美与社会美的统一。事实上，当人们在日常生活中议论人的仪表、容貌的美或不美时，常常并不单指其自然形态，而总是联系其社会内涵。前引车尔尼雪夫斯基所谓"辛勤劳动、却不致令人精疲力竭那样一种富足生活的结果，使青年农民或农家少女都有非常鲜嫩红润的面色"，农家少女的仪容美的重要标志如"鲜嫩红润"等，就不仅是自然形态本身，而且具有一定的社会内涵，是自然美与社会美的融合、统一。

（二）内在心灵美与外在形态美的统一

每一个真正意义上的人，都具有十分丰富的心灵世界和深刻的精神蕴涵。人们常说，比大海、比星空更广阔的，是人的心灵。这是人作为社会生命载体的一个突出特征，也是人优于宇宙间其他事物、优于人之外的任

---

① ［英］莎士比亚：《哈姆莱特》第二幕，《莎士比亚全集》（9），朱生豪译，人民文学出版社1988年版，第49页。

何生命存在物的显著标志。一个缺乏精神蕴涵、内心空虚苍白的人，我们会说他近于行尸走肉，就如同一个没有社会生命力的植物人。反过来说，一个真正意义上的人，他的肉体存在，他的仪表、容貌，他的形体、肤色、四肢、五官、毛发，等等，都应该是他的内在精神的外在表现，都应该是他的心灵世界的感性形态。因此，人的仪容美，就绝不仅仅是人的肉体生命的外在形态的美，同时更重要的是他的内在精神的美、心灵世界的美，是二者的完美统一。我国清初的美学家李渔在谈到女性美时，就特别重视内在的"态度"，他认为美女之所以"移人"、感人，与其说是因其外在"颜色"，还不如说主要因其内在"态度"，他说："态之为物，不特能使美者愈美，艳者愈艳，且能使老者少而媸者妍，无情之事变为有情，使人暗受笼络而不觉者。"李渔所说的"态度"主要是指内在风度、神韵、气质，它"似物而非物，无形似有形"，它之在人身，"犹火之有焰，灯之有光，珠贝金银之有宝色"，可意会、感受，而很难"解说"。这种内在"态度"像光一样照亮外在形貌，仪容美由此而产生。德国美学家黑格尔在《美学》中曾这样说："不但是身体的形状，面容，姿态和姿势，就是行动和事迹，语言和声音以及它们在不同生活情况中的千变万化，全都要由艺术化成眼睛，人们从这眼睛里就可以认识到内在的无限的自由的心灵。"[①] 这段话主要谈艺术美的产生，但借用它来说明仪容美作为内在心灵美与外在形态美相统一的特点，颇为恰当，即当"身体的形状，面容，姿态和姿势"等完全化为"内在的无限的自由的心灵"的感性形态时，这样的仪容就是美的。譬如，一个少女的形体线条和动作姿态能够传达出温情脉脉的情思，从而成为内在心灵的外在表现，那肯定会具有迷人的审美魅力。

（三）"美"（静态美）与"媚"（动态美）的统一

人作为有生命的社会存在物，总是处于不断的运动变化之中；完全静止即意味着死亡，而死亡与美是格格不入的。前面所说的内在心灵美，也是通过运动而得以表现。这种通过运动而得以外现的内在心灵美，通常称为"媚"。人的仪容美虽然可以是相对静态的美，但更多的情况则是动态的美，即"媚"。仪容美的产生常常是"美"与"媚"结合，并且化

---

① ［德］黑格尔：《美学》第 1 卷，朱光潜译，人民文学出版社 1962 年版，第 193 页。

"美"为"媚"。"媚"对于仪容美来说更加重要。李渔在《闲情偶寄》中曾记述过这样一件事："记曩时春游遇雨，避一亭中，见无数女子妍媸不一，皆踉跄而至。中一缟衣贫妇，年三十许。人皆趋入亭中，彼独徘徊檐下，以中无隙地故也。人皆抖擞衣衫，虑其太湿，彼独听其自然，以檐下雨侵，抖之无益，徒现丑态故也。及雨将止而告行，彼独迟疑稍后。去不数武而雨复作，乃趋入亭，彼则先立亭中，以逆料必转，先踞胜地故也。然臆虽偶中，绝无骄人之色。见后入者反立檐下，衣衫之湿，数倍于前，而此妇代为振衣，姿态百出，竟若天集众丑，以形一人之媚者。"这位三十来岁的"缟衣贫妇"之所以动人，主要是以其在避雨过程中所表现出来的"媚"，即她在运动中所外现出来的风度、气韵、神情。李渔认为："女子一有媚态，三四分姿色，便可抵过六七分。试以六七分姿色而无媚态之妇人，与三四分姿色而有媚态之妇人，同立一处，则人止爱三四分而不爱六七分，是态度之于颜色，犹不止于一倍当两倍也。试以二三分姿色而无媚态之妇人，与全无姿色而止有媚态之妇人，同立一处，或与人各交数言，则人止为媚态所惑，而不为美色所惑，是态度之于颜色，犹不止于以少敌多，且能以无而敌有也。今之女子，每有状貌姿色，一无可取，而能令人思之不倦，甚至舍命相从者，皆态之一字之为祟也。"李渔是以封建社会男子中心主义立场来看待和评论女性美的，当然有许多糟粕；但就其局部论点来说，他强调"媚"的重要，对我们今天把握仪容美的特点，是有启示的。

（四）局部美与整体美的统一

一个活生生的人，作为自然性与社会性的统一、灵与肉的统一，是一个自身完满的生命系统，是一个不可机械分割的有机整体。这个有机整体虽然也可以说是由各个部分组成的，但在整体与部分、部分与部分之间，是不能分离开来、独立存在的。具体说到人的仪容，当然也如此。一方面，人的仪表、容貌不能离开人的生命整体、不能离开人的内在心灵而独立存在；另一方面，仪容的各个组成部分，也不能彼此隔绝而具有独立自足的价值。因此，一般说，当我们谈到人的仪容美时，总是指一种有机生命的整体的美。当然，人们也常常单独说到一个人的眼睛很美，头发很美，形体很美，手、足很美，等等，但是如果仔细加以分析就会发现：其一，说它们美，总是联系着它们所表现的内在心灵，如眼睛一般总是"作为心灵的窗户"传达神情，才美。其二，说它们美，总是联系着它们所赖以存在的生命整体，把它们看作生命整体的有机组成部分，如说一个美人的手很美，总是因为它长在美人身上、作为美人生命整体的一部分，才美；如果仅仅因为孤立起来看这双手生得大小适宜、修短合度，那么，如同一位西方艺术家所说的，当把美女的手切下来单独审视的时候，还美不美呢？总之，人的仪容的各个组成部分，如形体、肤色、四肢、五官、毛发，等等，当谈到它们各自的美时，只是在十分有限的范围内才有意义；而且在这有限范围内，也还是或明显或隐含地联系于人的生命整体。假如完全离开生命整体，便不可能有仪容各组成部分的单独的美。

（五）自在美与修饰美的统一

前面提到，人的仪容美不仅涉及仪容自身的自然形态方面的问题，而且涉及复杂的社会文化内涵。这所谓社会文化内涵，其中一个方面就是指：人总是按照自己的审美趣味、审美理想修饰自己的仪容、美化自己的仪容。人对自己仪容的这种修饰，也是在进行着美的创造；人在自己身上所创造的这种美（修饰美），当然也就成为仪容美的组成部分，成为仪容美的有机因素。因此，仪容美，从这个角度来看，就是自在美与修饰美的统一。仪容的修饰可以包括许多方面，如肤色的修饰（面容的化妆、整容术等），毛发的修饰（发型的创造），衣服的穿着，首饰的佩戴，等等。这其中有一系列美学规律需要探讨、研究。如果真正按照美的规律对仪容进行修饰，那么，将可以使仪容原有的美益增其美，也可以对原本不太美的部分进行美化，使不美（或丑）转化为美。总之，对仪容进行正确的修饰，可以创造出新的仪容美，包括面容美、发型美、服装美、首饰美，等等。当然，这几个方面的美并非彼此隔绝、独立存在，而是互相联系、有机结合，而且特别重要的是要与仪容自然形态的美（自在美）融为一体，创造出仪容美的综合的整体的审美效果。

三

仪容美学作为美学的一个分支学科虽然刚刚建立或正在建立，但人们对仪容进行审美却早已有之，人们有关仪容美的思想有着悠久的历史。

我们知道，宇宙间人是唯一懂得审美、并且能够进行审美的动物。所谓审美，不过是人对自己的本质进行肯定、确证、观照和欣赏，最初是在人所创造的感性对象（如原始人的石斧）上进行，后来也逐渐在自己的身体、容貌上进行——就是说，人的仪容、身体成为人自己的审美对象。考古资料告诉我们，距今三四万年前的旧石器时代就出现了裸体女性雕像，如法国出土的罗塞尔的维纳斯、奥地利出土的维伦堡的维纳斯、意大利出土的古里马尔蒂的维纳斯，等等。这些女性雕像在圆浑的人体轮廓中特别夸大了乳房、臀部、女阴、下腹等女性特征。它们很可能是原始宗教或巫术的产物，而非对人体仪容的纯粹审美；但是其中包含着对人体仪容进行审美的成分，反映出人类早期的某些关于仪容的审美观念。当时处于母系社会，妇女处于社会的主宰地位。突出女性特征，是当时人们所能达到的对人自身本质的肯定和确证。因而这些雕像也就成为当时所能创造的最高的仪容美。进入父系社会之后，男性成为社会的主宰，对人的仪容进行审美也随之开始带有父系社会的特点，即突出男性的中心地位。一般说，这种状况一直持续到现代。例如，距今约五千年前的古印度红褐色石雕男性躯干像，人体壮实、丰腴，从男性角度表现人的生命力，透露出男性对自身仪容美的夸耀和自豪。两河流域的乌尔出土的装饰性牌板中的斗士形象，是男性神话英雄，他与两头公牛格斗，显出威武雄健的仪表，充满着对男性力量的确证和赞颂，表现出四千年前人们的仪容审美观念。距今约三千年前的古希腊荷马史诗《伊利亚特》、《奥德赛》，里边的男性英雄如阿契里斯、赫克托耳、奥底修斯等的英武仪容是被歌颂的对象，作者不但以赞美的口气描写了他们矫健的形体动作，而且描写了他们服饰的美，包括他们盔甲盾牌的美。在荷马史诗中也描写了女性仪容的美，但那是作为男性欣赏的对象来描写的，是男性眼中的美。特洛伊战争就是为了争夺海伦这个美女而引起的。史诗中海伦第一次出场是登城观战，城头上老一辈将领被她美的仪容惊呆了，说怪不得人们甘心忍受那么深、那么长的苦难，原来是为了这样一位天仙般的"绝色美女"！此后，经过中世纪、文艺复兴直至现代，西方的雕刻、戏剧、绘画、文学等作品中，更是大量出现对人的仪容美（形体美、肤色美、发型美、服装美、首饰美等）的描绘，从中可以窥见仪容美的历史发展以及人们关于仪容的审美观念的历史变化。除了欧、美，非洲的仪容审美发展情况也很值得重视。例如，非洲黑色人种，特别是女性，非常看重头发的修饰。他们认为头发是"生命之根"和健康、富足的象征，所以，从小就注意头发的梳妆。非洲农村妇女大都喜欢在自己的辫梢上系上几缕红绒头绳或坠上一串串雪白色的小海螺贝壳和闪闪发光的金属碎片。城市女童的头发爱梳成"朝天椒型",而少女则喜欢先把头发梳成一条条的辫子,然后根据自己的头形和脸庞将发辫或拧在耳旁或垂在额头。上层妇女对梳妆更是精雕细琢,为了梳制一种发型往往要花半天甚至一整天时间。近年来,为了弥补黑人妇女头发太短、难以编梳的缺陷,发明了一种真丝发绺——用黑色丝线制成,长约40—50公分,并入真发一起编梳,可梳成小刘海、大发辫,可梳成"花篮式"、"花朵式"、"雀巢式"、"山峰式"、"水波纹式"、"宝塔式"、"卷边式"、"鹦鹉式"、"东方美人式"等各种发型,争奇斗艳,美不胜收。①

　　以上是外国的情况。中国的情况亦大体相近,然而又有自己的特点。在我国,旧石器时代的人体雕像虽未发现,但在距今一两万年前的山顶洞人居住的遗址中,却发现了一些钻孔石珠、骨坠和兽齿,它们还用赤铁矿染上了红色。这些形状相同的石珠、骨坠、兽齿聚集在一起,很可能就是类似于今天首饰项链之类的人体装饰品。在新石器时代的半坡、庙底沟、元君庙等文化遗址中,还发现了许多蚌指环、绿松石石坠、骨笄等人体装饰器物,在南京北阴阳营文化遗址中,还发现了玉玦等类似耳坠的装饰物。这些出土文物表明,远在旧石器和新石器时代,我们的祖先就已注意到人体仪容的修饰美了。我国迄今所知最早的裸女塑像是辽宁省喀左县东山嘴红山文化遗址中的红陶人体塑像,距今约五千年。她体态略带曲线,且相当丰满,已见出当时人们对女性仪容体态的某种审美追求。到商、周时代,人们对仪容美就更加注意。例如,1957 年在北京平谷县商代墓葬中发现金钏一对,金笄、金耳环各一件,说明当时已开始用贵重金属制作首饰,并且已把仪容的修饰美同财富(贵重金属)联系在一起,这是进入阶级社会后在人们的仪容审美观念上打下的阶级烙印。特别值得注意的是,当时已出现了铜镜,如河南安阳殷墟发现四面圆形铜镜,河南陕县上村岭春秋墓葬中发现三面铜镜。古人云:"以铜为镜,可正衣冠。"铜镜的出现和使用,说明当时人们的自我审美意识的发展,以及对仪容美的自觉追求。当然,这种追求中同时包含着不同社会集团和不同阶级的审美观念、审美趣味的差异甚至对立。在周代以及后来的文学、绘画、雕刻等文艺作

---

　　①　参看沈桂云《千缠百结之美》,1996 年 10 月 27、28、29 日《参考消息》。

品中，有着大量对仪容美的描绘，为我们研究有关仪容审美问题的历史发展提供了宝贵资料。例如，《诗经·硕人》篇中对女子仪容美有如下描写："硕人其颀，衣锦褧衣。……手如柔荑，肤如凝脂，领如蝤蛴，齿如瓠犀，螓首蛾眉。巧笑倩兮，美目盼兮。"这里的硕人指卫庄公的夫人庄姜。诗中说她身材硕大颀长，出嫁时穿着麻织的外衣，手像柔荑那样白皙柔软，皮肤像脂油那样细腻滑润，脖颈像蝤蛴那样白嫩修长，牙齿像瓠子那样洁白整齐，额头像螓首那样宽广方正，眉毛像蚕那样细长弯曲，而且口颊含笑，美目流盼，显得更加妩媚动人。从对硕人的以上描绘我们看到，当时人们对仪容各部分的美都提出了具体的标准，而且既注意到仪容外在形态的美，又注意到仪容的内在精神美；既注意到仪容静态的美，又特别强调了仪容动态的美（媚）。《诗经》其他篇章中也有许多对人体美的描写："窈窕淑女，君子好逑"（《关雎》），"佼人燎兮，舒夭绍兮"（《月出》），"硕人俣俣……有力如虎"（《简兮》），"好人提提，宛然左辟"（《葛屦》），等等。除了《简兮》歌颂男性仪容的力之美（"硕人俣俣……有力如虎"）外，其余都是赞扬女性体态窈窕柔美的，而且突出其动态的美，"窈窕"、"夭绍"、"提提"（媞媞），都是女性之媚。《诗经》中还写到面色的化妆和首饰的佩戴，如《伯兮》"自伯之东，首如飞蓬。岂无膏沐，谁适为容"，即写一妇人在丈夫外出行役后，不再梳洗打扮，头上乱发如飞散的蓬草。不是因为没有化妆品（面膏发油），而是因为丈夫不在家，打扮给谁看呢？再如《葛屦》中写到"佩其象揥"，那所谓"象揥"，即是象牙所制的发饰；《著》中写到"充耳以素乎而，尚之以琼华乎而"，那所谓"充耳"，即耳朵上的饰物，"琼华"，是闪着光彩的玉瑱（饰耳物）。到以后的战国、秦汉、魏晋、隋唐以至宋元明清，人们对仪容美越来越讲究，审美追求和趣味亦愈精细。屈原《山鬼》"既含睇兮又宜笑，子慕予兮善窈窕"等句，既赞赏了女性身材"窈窕"的外在形态美，又赞赏了"含睇"、"宜笑"的内在精神美。长安汉墓中的"女舞俑"，体态轻盈、飘逸，反映了当时人们对婀娜多姿的女性形体美的喜爱。汉诗《陌上桑》写美女罗敷"头上倭堕髻，耳中明月珠。缃绮为下裙，紫绮为上襦"；《孔雀东南飞》写刘兰芝"足下蹑丝履，头上玳瑁光，腰若流纨素，耳著明月珰。指如削葱根，口如含朱丹，纤纤作细步，精妙世无双"；曹植《洛神赋》写洛水之神"秾纤得衷，修短合度，肩若削成，腰如约素，延颈秀项，皓质呈露"，"云髻峨峨，修眉联娟"，"明眸善睐，辅靥承权"，"柔情绰态，媚于语言"；《木兰诗》写木兰"当窗理云鬓，对镜帖花黄"；杜甫《丽人行》写春游的唐代丽人"态浓意远淑且真，肌理细腻骨肉匀，绣罗衣裳照暮春，蹙金孔雀银麒麟。头上何所有，翠为匌叶垂鬓唇。背后何所见，珠压腰衱稳称身"；李清照词《永遇乐》写当年自己妆饰"铺翠冠儿，撚金雪柳"；辛弃疾词《青玉案·元夕》写宋代妇女元夕"蛾儿雪柳黄金缕，笑语盈盈暗香去"；宋话本《碾玉观音》写秀秀养娘"莲步半折小弓弓，莺啭一声娇滴滴"；明代《金瓶梅》第二十二回写蕙莲"把鬆髻垫的高高的，头发梳的虚笼笼的，水鬓描的长长的"；等等。以上信手拈来的这些例子，说明我国历代对人的仪容审美都是十分注意和讲究的，并且充分表现出与西方不同的中华民族的特点。

中国和西方在漫长的历史过程中都积累了丰富的有关仪容审美的经验，也提出了许多有价值的仪容美学思想，例如清初的李渔在《闲情偶寄》中就比较细致地论述了仪容美的某些问题。他谈到仪容的自在美问题——面容、形体、手、足的审美；他更多地谈到仪容的修饰美——服装的审美、首饰的审美、发型的审美，等等；尤其可贵的是，他还特别注意到仪容的内在美与外在美的关系、静态美与动态美的关系。但是，一般说，不论在中国还是在西方，专门研究仪容审美规律的仪容美学，历史上并未建立起来。这个任务历史地落在了我们这一代美学理论工作者的肩上。我的这篇小文，不过是略陈鄙见，以引起同行们对仪容美学的关注，共同努力，建立和发展这一新学科，为中华民族乃至全世界各民族的精神文明建设，贡献一份力量。

1991 年 1 月 29 日写成，1996 年 10 月 30 日修改。

第六章　饮馔篇

中国人之饮食

中国人向来标榜"民以食为天"，我们认为，吃，李渔《闲情偶寄》中之所谓"饮馔"，是人生的第一件大事。林语堂在《吾国与吾民》之《中国人的生活智慧》十一《饮食》一文中说："吾们所吃的是什么？时常有人提出这么一个问题。吾们将回答说，凡属地球上可吃的东西，我们都吃。我们也吃蟹，出于爱好；我们也吃树皮草根，出于必要。经济上的必要乃为吾们的新食品发明之母，吾们的人口太繁密，而饥荒太普遍，致令吾们不得不吃凡手指所能夹持的任何东西。"[①]

台湾的张起钧教授在其《烹饪原理·自序》中说："古书说'饮食男女，人之大欲存焉'[②]，若以这个标准来论：西方文化（特别是近代的美国式的文化）可以说是男女文化，而中国则是一种饮食文化。我们中国圣贤设教把人生的倾泄导向饮食，因此在这方面形成高度的发展。"[③] 与此相应，饮食文化最为发达。

中国人的各行各业都供奉自己的祖师爷，连乞丐也不例外；厨师的祖师爷——"厨祖"，据说就是易牙。1997 年中国烹饪协会就曾在广州邀集有关人士商讨关于"厨祖"和厨师节的问题，有一位烹饪研究家根据饮食行业史料提到，旧时天津的饭庄就曾供奉易牙，以之为厨祖。本来，易牙

---

① 林语堂：《吾国与吾民》，陕西师范大学出版社 2006 年版。
② 见《礼记·礼运》。
③ 张起钧：《烹饪原理》，中国商业出版社 1985 年版。

把儿子烹成奇味供齐桓公解馋①，其惨无人性，不可奉为神祇，《淮南子·精神训》卷七谈到上述故事时，是用批判性的口气说的："桓公甘易牙之和而不以时葬。"② 但易牙的确是历史上公认的厨艺高手，所以桓公才"甘"易牙之"和"；连孟子也承认"至于味，天下期于易牙，是天下之口相似也"③。

饮食文化在中国的发展，出现了烹调艺术，即食物经过厨师们鬼斧神工般的烹、炒、煎、炸、蒸、煮、氽、焖，进行各种滋味的奇妙调和，使之成为美食。中国烹饪，与西餐理念完全不同。林语堂说："中国烹饪别于欧洲式者有两个原则。其一，吾们的东西吃它的组织肌理，它所抵达于吾们牙齿上的松脆或弹性的感觉，并其味香色。李笠翁自称他是蟹奴，因为蟹具味香色三者之至极。组织肌理的意思，不大容易懂得，可是竹笋一物所以如此流行，即为其嫩笋所给予吾人牙齿上的精美的抵抗力。一般人之爱好竹笋可为吾人善辨滋味的典型例证，它既不油腻，却有一种不可言辞形容的肥美之质。不过其最重要者，为它倘与肉类共烹能增进肉类（尤其是猪肉）的滋味，而其本身又能摄取肉类的鲜味。这第二个原则，便是滋味的调和。中国的全部烹调艺术即依仗调和的手法。虽中国人也认为有许多东西，像鱼，应该在它本身的原汤里烹煮，大体上他们把各种滋味混合，远甚于西式烹调。例如，白菜必须与鸡或肉类共烹才有好的滋味，那时鸡肉的滋味渗入白菜，白菜的滋味渗入鸡肉，从此调和原则引申，可以制造出无限的精美混合法。像芹菜，可以单独生吃，但当中国人在西餐中看见了菠菜萝卜分列烹煮都与猪肉或烧鹅放入同一盘碟而食之，未免发笑，觉得这吃法是太野蛮了。"④

林语堂说西餐中"菠菜萝卜分列烹煮都与猪肉或烧鹅放入同一盘碟而食之"，是"不懂得调和"，这见解是非常高明的，他一语道破中西饮食观

---

① 《管子·小称》："夫易牙以调和事公，公曰'惟蒸婴儿之未尝'，于是蒸其首子而献之公。"

② 《淮南子·精神训》卷七："夫仇由贪大钟之赂而亡其国，虞君利垂棘之璧而禽其身，献公艳骊姬之美而乱四世，桓公甘易牙之和而不以时葬。"

③ 《孟子·告子下》："口之于味，有同耆也；易牙先得我口之所耆者也。如使口之于味也，其性与人殊，若犬马之与我不同类也，则天下何耆皆从易牙之于味也？至于味，天下期于易牙，是天下之口相似也。"

④ 林语堂：《吾国与吾民》之《饮食》。

念的根本差别。中国跟西方在饮食上的差异，是不同的生产方式等多种因素造成的。地域的不同，生产方式的不同，生活方式的不同，风俗习惯的不同，文化哲学的不同，等等，影响到饮食观的歧途。

李渔谈"饮馔"，就明显表现着中国饮食文化的观念，他说："饮食之道，脍不如肉，肉不如蔬，亦以其渐近自然也。草衣木食，上古之风，人能疏远肥腻，食蔬蕨而甘之，腹中菜园，不使羊来踏破……吾辑《饮馔》一卷，后肉食而首蔬菜，一以崇俭，一以复古；至重宰割而惜生命，又其念兹在兹，而不忍或忘者矣。"他还在许多地方反复谈论西方人所不知道的各种食物精妙做法和各种菜蔬的调和之美。

饮食如何成为审美文化

吃、喝这两种东西几乎是人须臾不能离开的生活行为，其物质的因素和精神的因素都很显眼；当人类文明发展到一定程度，它们即成为审美文化现象。这在李渔《闲情偶寄》中可以看得十分清楚。

让我们对饮食由物质文化发展为精神文化以至审美文化的历程，进行一些具体分析。

吃，可以是一种纯物质（生理）的行为——原始人"逮"什么吃什么，几乎没有太多的选择性，填饱肚子而已。但是作为文明人，他的吃，就不仅是物质（生理）行为，同时也是一种精神行为，譬如，在比较发展的社会里，产生出一种食文化，而作为食文化，它就包括物质与精神两个因素——吃饭不仅是补充热量、进行新陈代谢，而且还有许多物质（生理）之外的讲究：文明人吃东西一般不会像野蛮人那样手抓，而是用筷子（中国）或刀叉（西方），筷子和刀叉的摆放和使用都有规矩；他们要互相礼让，饭桌上的座位也要讲究长幼尊卑；酒席上还要发表祝酒词；基督教徒吃饭时还要先祈祷……这都是食文化中的精神因素。而且社会的高度发展，在一般食文化基础上还产生了美食文化。人们在吃的时候，不但要讲究营养，讲究经济实惠，而且要讲究色香味俱美，讲究品格、风韵、情调。宴席上还常常有精工雕刻的萝卜花（或其他装饰物），人们所使用的食具要高雅，吃饭的环境要优美……所有这些——作装饰用的萝卜花、高贵的食具、优雅的环境，等等，在物质上并没有给食物增添什么（不但没有增加更多的营养，反而会使宴席更加昂贵），它们所增添的是精神因素，并且是审美因素，成为一种审美文化。"美食"作为"食"当然有物质性因素存在，仅就此而言，它属于物质文化范畴；但是"美食"除了"食"之外，更重要的是它的"美"，这时它成为一种审美现象、审美文化，而这种"美"，这种审美现象、审美文化，却是同上面所说作为物质文化范畴的"食"的内涵，同仅仅摄取营养、获得热量，有着本质的不同。李渔在《闲情偶寄·饮馔部》中谈"笋"时，说到"蔬食之美者，曰清，曰洁，曰芳馥，曰松脆而已矣。不知其至美所在，能居肉食之上者，只在一字之鲜"，这个"鲜"字，正表现了李渔所谓"笋之真趣"，而"真趣"则是笋之所以"美"的根本。他还引苏东坡的话"宁可食无肉，不可居无竹。无肉令人瘦，无竹令人俗"，强调笋不但"医瘦"，而且能"医俗"；"医瘦"是物质层面的，而"医俗"则是精神层面的，审美的。"美"，根本在精神而不在物质，它属于精神文化范畴。这就是说，美食家们吃的不仅是营养，更重要、更根本的，他们吃的是品位，是情调，是精神。一句话："美食"作为审美文化现象根本上是一种精神文化现象。

再说喝。最初，人们（原始人）喝水如"牛饮"。那是动物式的解渴，在生理上补充水分。那种"牛饮"只是物质而没有精神或者几乎没有精神。后来人们学会了喝茶，出现了茶文化——我们华夏民族对此作出了巨大贡献。喝茶与"牛饮"有质的不同，这里不仅有物质（生理上补充水分），而且有精神，有意义的追求。再后来，更出现了茶道——先是出现于中国，后来出现在日本及其他国家和民族。相对于"美食"，茶道可称为"美饮"。2004年4月18日早晨中央电视台水均益"高端访谈"，主角是日本茶道大师千玄室。八十一岁高龄的千玄室说，他在全世界讲茶道，宣扬一碗茶中的和平。他强调，茶道应突出四个字：和，敬，清，寂。请看，茶道与"牛饮"简直是天壤之别，茶道把"喝"这种物质（生理）行为，不但升华为一种精神行为，成为一种精神文化，而且进一步升华为一种审美文化。在茶道"美饮"中，人们喝得如此优雅，如此有品位，使灵魂得到陶冶和净化，得到提炼和升华，得到精神的享受，得到审美的洗礼。如同美食一样，茶道这种美饮，喝的其实主要不是物质，而是精神，是品位，是优雅，是美。从上面关于饮茶和茶道的论述也可充分知道，人们的审美活动或者人们的任何活动中所包含着的审美因素，就其"审美"

性质而言，它不是物质文化现象而是精神文化现象。

李渔在《闲情偶寄·颐养部·行乐第一》"随时即景就事行乐之法"款中特别谈到饮酒，更是强调它的精神层面，强调它给人带来的精神之乐，说："饮酒之乐，备于五贵、五好之中，此皆为宴集宾朋而设。若夫家庭小饮与燕闲独酌，其为乐也，全在天机逗露之中，形迹消忘之内。有饮宴之实事，无酬酢之虚文。睹儿女笑啼，认作班斓之舞；听妻孥劝诫，若闻金缕之歌。苟能作如是观，则虽谓朝朝岁旦，夜夜元宵可也。又何必座客常满，樽酒不空，日藉豪举以为乐哉？"

烹调是美的创造

烹调，在高级厨师那里，无疑是一种高超的艺术，是一种美的创造。人类进食，当面对着满汉全席，面对着北京烤鸭、云南过桥米线……面对着色香味俱全的山珍海味的盛宴，那就不再仅仅是动物性的"吃"，而成为"美食"，成为十分愉快的美的享受。即使普通饮食，也包含着审美活动。中国是饮食文化最发达的国家之一。恐怕世界上没有哪一个国家、哪一个民族比中国、比中华民族更善于吃、更会吃、更能吃出如此多的样式、吃出如此多的名堂的了。而且，各个地方都有自己以传统名菜享誉世界的老字号饭店，甚至一地而数家、数十家。以北京为例，光古董级的百年以上老店就有（以时间先后为序）：创建于嘉庆十三年（1808）的致美斋饭庄，拿手菜是"四吃鱼"——即一鱼而做成红烧头尾、糖醋瓦块鱼、酱汁中段、糟熘鱼片四味菜肴；创建于道光二年（1822）的同和居饭庄，主营山东福山帮的菜；创建于道光二十八年（1848）的烤肉季饭庄，用果木考嫩羊，香醇味厚；创建于咸丰三年（1853）的鸿宾楼饭庄，招牌菜是色泽明亮、软烂适口的"红烧牛尾"；创建于同治三年（1864）的全聚德烤鸭店，招牌菜即一鸭四吃的"挂炉"烤鸭；创建于光绪十六年（1890）的曲园酒楼，招牌菜是色泽金黄、香味醇厚的"东安鸡"。① 中国文人也善于写吃，梁实秋有一篇文章《馋》，里面一段是这样写的："大抵好吃的东

① 以上这段文字笔者参考了《北京青年报》2009 年 12 月 11 日 D6 版燕纯纯《京城六个百年古董级餐厅》。

西都有个季节，逢时按节的享受一番，会因自然调节而不逾矩。开春吃春饼，随后黄花鱼上市，紧接着大头鱼也来了。恰巧这时候后院花椒树发芽，正好掐下来烹鱼。鱼季过后，青蛤当令。紫藤花开，吃藤罗饼，玫瑰花开，吃玫瑰饼；还有枣泥大花糕。到了夏季，'老鸡头才上河哟'，紧接着是菱角、莲蓬、藕、豌豆糕、驴打滚、艾窝窝，一起出现。席上常见水晶肘，坊间唱卖烧羊肉，这时候嫩黄瓜，新蒜头应时而至。秋风一起，先闻到糖炒栗子的气味，然后就是炮烤涮羊肉，还有七尖八团的大螃蟹。'老婆老婆你别馋，过了腊八就是年。'过年前后，食物的丰盛就更不必细说了。一年四季的馋，周而复始的吃。馋非罪，反而是胃口好、健康的现象，比食而不知其味要好得多。"

中国人口世界第一，美食世界第一，美食家也世界第一。有哪一个民族有中国这么多菜系？一般人们说有川、鲁、粤、湘……几大菜系，其实何止"几"？"十几"、"二十几"……能止乎？走遍中华大地，每一个地方都有自己的名吃。北京的烤鸭、天津的狗不理包子、广州的烧鹅、昆明的过桥米线、福州的鱼丸、合肥的鸡蛋锅贴、杭州的桂花鲜栗羹、南京六凤居的葱油饼、上海老城隍庙的三丝眉毛酥、开封的一品包子、济南的银丝卷、宁津的龙须贡面、哈尔滨的满洲风味湖白肉、沈阳的杨家吊炉饼、长春的带馅麻花、武汉的豆皮、长沙的和记米粉、成都的赖汤圆、南宁的瓦煲饭、贵阳的肠旺面、西藏的烧肝、太原"清和元"头脑、内蒙古的全羊席、西安的羊肉泡馍、兰州的清汤牛肉面、宁夏的馓子、青海的酸奶子、新疆的抓饭、台北的永和豆浆，等等，而且，每一种著名食品，几乎都有自己的一段文化史、审美史，都有一段令人赏心悦目的精神享受史。中国人什么都能吃，什么都敢吃，从蛇到老鼠，从蝎子到蚂蚁；不吃的，只有"四条腿的板凳、两条腿的爷娘"。中国人，什么场合都能吃、什么情境都能吃。逢年过节，家家户户，吃，自然是第一要务：春节吃饺子，正月十五吃元宵（或汤圆），端午吃粽子，中秋吃月饼……而饺子、元宵（或汤圆）、粽子、月饼，又各自做出几十种甚至上百种花样。结婚是喜事，自然要摆宴请客。死了老人，是喜丧，也要大吃三日五日。日常生活，平平静静地吃；打仗，也尽量有滋有味地吃，阎锡山的兵不是打仗也在枪杆上挂着个醋葫芦吗——打败了，可以交枪，但不交醋葫芦。有的地方，经济发展并不是全国第一流的，但吃却相当"繁荣"甚至名列前茅，如今日之广西北海，外沙大排档一百一十三家，天天晚上座满，一拨没吃完，另一拨已经等在后面了。活蹦乱跳的大虾，横行着的螃蟹，摇尾游动的各色鱼类、沙虫、扇贝……一会儿工夫就变成了餐桌上的盘中之物，只听满棚数十张、数百张、数千张嘴繁忙而紧张的吸食声，有如春蚕食叶。

我们为外国人作旅游广告，除了"看在中国！"（要他们看我们的名胜古迹）之外，完全可以用大字写出来："吃在中国！"

中国人不但有吃的实践，而且有吃的理论。李渔的《饮馔部》就是我国古代难得的代表作品，历来受到人们的称道。林语堂在《中国人的生活智慧》中写道："吾们在得到某种食品之前，老早就在想念着它，心上不住地回转着，盼望着，暗中有一种内心的愉快，怀着吾们将与一二知友分享的乐趣，因是写三张邀客便条如下：'舍侄适自镇江来，以上等清醋为馈，并老尤家之真正南京板鸭一只，想其风味必佳。'或则写这样一张：'转瞬六月将尽，及今而不来，将非俟明年五月，不获复尝鲥鱼美味矣。'每岁末及秋月成钩，风雅之士如李笠翁者，照他自己的所述，即将储钱以待购蟹，选择一古迹名胜地点，招二三友人在中秋月下持蟹对酌，或在菊丛中与知友谈论怎样取端方窖藏之酒，潜思冥想，有如英国人之潜思香槟票奖码者。只有这种精神才能使饮馔口福达到艺术之水准。"林语堂在同一篇文章中比较中外饮食文化观念之不同时还写道："中国人的优容食品一如他们优容女色与生命。没有英国大诗人著作家肯折节自卑，写一本烹调书，这种著作他们视为文学境域以外的东西，没有著作的价值。但是中国的伟大戏曲家李笠翁并不以为有损身份以写菰蕈烹调方法以及其他蔬菜肉食的调治艺术。另一个大诗人袁枚写了一本专书论述烹调术，此外另有许多短篇散文谈论及此。他的谈论烹调术有如亨利·詹姆士（Henry James）的论英国皇家膳司，用一种专业的智识与庄严态度而著述之。"①林语堂所说的这本"烹调书"，就是指的《闲情偶寄·饮馔部》。《饮馔部》共分"蔬食第一"八款、"谷食第二"五款、"肉食第三"十二款，约两万余言，见解独特而入情入理，文字洗练而风趣横生。

---

① 林语堂：《吾国与吾民》之《饮食》。

平民美食家

李渔《闲情偶寄·饮馔部·蔬食第一》中谈瓜、茄、瓠、芋、山药、葱、蒜、韭、萝卜、芥辣汁等菜蔬时，适足表现出他是名副其实的平民美食家。瓜、茄、瓠、芋、山药、葱、蒜、韭、萝卜、辣芥，等等，全是老百姓的日常食物，就像"米饭"、"面条"等一样为百姓之须臾不可缺少。而李渔却把这些最平常的食物的特点，如"煮冬瓜、丝瓜忌太生，煮王瓜、甜瓜忌太熟；煮茄、瓠利用酱醋，而不宜于盐；煮芋不可无物伴之，盖芋之本身无味，借他物以成其味者也；山药则孤行并用，无所不宜，并油盐酱醋不设，亦能自呈其美"；辣芥"陈者绝佳，所谓愈老愈辣是也，以此拌物，无物不佳"；"生萝卜切丝作小菜，伴以醋及他物，用之下粥最宜"，等等，说得有声有色，趣味盎然。

李渔在其他款中还论述了面、粉、水产、家畜、家禽等几千年来中国平民日常食物，并说出许多人们习焉不察的道理，其"饭粥"款所说的饭和粥，就是中国人饭桌上最常见的食物，百吃不厌，伴随中国人一辈子。王蒙有一篇小说名为《坚硬的稀粥》，"坚硬"，乃数千年长盛不衰之谓也。的确如此。

这些都显露出李渔平民美食家的本色。

也难怪，中华民族是踏踏实实过日子的民族，几千年来中国老百姓就这样日复一日生活过来了，其执著和朴实，堪称世界之"样板"。我的朋友王学泰先生在一次访谈节目中说，关于食物内容，三千多年来的中国，人们一直食用稻米、小麦、小米、蔬菜、水果、家畜、家禽、水产品乃至酒、豆腐，等等，这些食物大多，占百分之七十以上，还是现在人们日常所吃的食物。也就是说，两三千年前的食物内容与今日没有多大差别。

食物构成在两三千年前已基本固定下来。这就是《黄帝内经》上所说的"五谷为养，五果为助，五畜为益，五菜为充"。这也是日后华夏民族的饮食构成。这种有主副食之分的食物构成方式，有其独特性，直至今日也没有多大变化。

由此看来，李渔所说的"谷食"，在中国人的饮食中一直占有非常重要，甚至可以说是主导性的地位。按照中国人饮食习惯，假如一顿饭不吃主食——即以谷物为主的食品，就如同没有吃饭一样；副食（菜蔬和少量肉类、鱼类，等等）差一点可以，但是不能没有主食。常见北方农民，几个玉米面做的窝窝头就一块萝卜咸菜，或者几张煎饼卷上大葱黄酱下肚，就算吃了一顿饭；新疆（古时所谓西域）的少数民族农民兄弟，早上怀揣一个馕再加上一个哈密瓜下地干活，就算一顿中午饭。

李渔之津津乐道"谷物"、"菜蔬"等这些"平民"食物，是中华民族的民族本性使然；他作为平民美食家也是理所当然的事情。

不好酒而好客

李渔《闲情偶寄·颐养部·行乐第一》谈到"饮"时，如是说："宴集之事，其可贵者有五：饮量无论宽窄，贵在能好；饮伴无论多寡，贵在善谈；饮具无论丰啬，贵在可继；饮政无论宽猛，贵在可行；饮候无论短长，贵在能止。备此五贵，始可与言饮酒之乐；不则曲蘖宾朋，皆凿性斧身之具也。予生平有五好，又有五不好，事则相反，乃其势又可并行而不悖。五好、五不好维何？不好酒而好客；不好食而好谈；不好长夜之欢，而好与明月相随而不忍别；不好为苛刻之令，而好受罚者欲辩无辞；不好使酒骂坐之人，而好其于酒后尽露肝膈。坐此五好、五不好，是以饮量不胜蕉叶，而日与酒人为徒。近日又增一种癖好、癖恶：癖好音乐，每听必至忘归；而又癖恶座客多言，与竹肉之音相乱。饮酒之乐，备于五贵、五好之中，此皆为宴集宾朋而设。"此"五贵"、"五好"，可谓饮酒之"文明条款"或"文明公约"，律己劝人，皆好。

自古以来，酒就与中国文人结下不解之缘，对于许多诗人来说简直是诗、酒不分家。我的朋友刘扬忠研究员有一部专门研究诗酒关系的专著《诗与酒》（台北，文津出版社1994年版），论述了中国酒文化对于历代诗人之创作心态乃至其整个人的精神状貌的影响，从文化心理的层面上揭示了诗与酒的内在联系。

晋代大诗人陶渊明流传至今的诗一百二十余首，其中写饮酒或与酒关系密切者就有六十余首，占一半。这些诗若没有酒，大概也就没有味道了。像《和郭主簿》中"春秫作美酒，酒熟吾自斟。弱子戏我侧，学语未成音"四句，酒香与亲情融为一体，每读之，总觉得心里暖暖的，像一杯茅台下肚，慢慢融化开去。陶渊明与朋友同饮，畅叙友情而通宵达旦，《归园田居》其五说："漉我新熟酒，只鸡招近局。日入室中暗，荆薪代明烛。欢来苦夕短，已复至天旭。"陶渊明独饮，则自得其乐，优哉游哉：《杂诗》其四说"一觞虽独进，杯尽须自倾"，《饮酒》其十九又说"虽无挥金事，浊酒聊可恃"。对于陶渊明，酒可以解忧（《和刘柴桑》"谷风转凄薄，春醪解饥劬"、《游斜川》"中觞纵遥情，忘彼千载忧"），亦可以助乐（《杂诗》其一"得欢当作乐，斗酒聚比邻"）。倘无酒，中国文学史上就不会有陶渊明。

中国文学史上另一个和酒不可分的大诗人是唐代的李白，向被称为"酒星魂"、"酒圣"、"酒仙"。杜甫《饮中八仙歌》写李白："李白斗酒诗百篇，长安市上酒家眠。天子呼来不上船，自称臣是酒中仙。"郭沫若说："李白真可以说是生于酒而死于酒。"如果说陶渊明饮酒常常是恬淡的，那么李白则总是借着酒气而更加豪放，请看其《将进酒》："君不见黄河之水天上来，奔流到海不复回。君不见高堂明镜悲白发，朝如青丝暮成雪。人生得意须尽欢，莫使金樽空对月。天生我材必有用，千金散尽还复来。烹羊宰牛且为乐，会须一饮三百杯。岑夫子，丹丘生，将进酒，杯莫停。与君歌一曲，请君为我倾耳听。钟鼓馔玉不足贵，但愿长醉不复醒。古来圣贤皆寂寞，惟有饮者留其名。陈王昔时宴平乐，斗酒十千恣欢谑。主人何为言少钱，径须沽取对君酌。五花马，千金裘，呼儿将出换美酒，与尔同销万古愁。"虽然李白也有《下终南山过斛斯山人宿置酒》"欢言所得憩，美酒聊共挥，长歌吟松风，曲尽河星稀"那样恬淡如陶渊明的写酒诗；但其绝大部分写酒诗的主调则是豪情万丈，砸锅卖铁也要一醉方休，"与尔同销万古愁"。如此借酒撒疯而气冲斗牛豪迈盖天者，中外诗人恐怕找不出第二人。

我不会吸烟，也不赞成吸烟，在我家里从不预备香烟招待客人；我不会喝酒，但绝不反对喝酒，我的酒柜里常常备有少量美酒，供客人饮用，我也陪上几杯。酒是个好东西。几杯酒下肚，陌生人也会成为朋友。酒是宴会的灵魂，若无"魂"，宴也无趣。酒是人与人之间沟通的桥梁，也是感情的黏合器。我所供职的研究室里有几位善饮的青年学者，常常在星期二上班的中午，拉朋呼友到附近小饭馆畅饮，久而久之，形成几位相对固定的酒友，他们自己戏称"九届二中全会"（九届者，酒界也；二中者，星期二中午也），有会长、副会长、秘书长。每逢聚会，气氛热烈，杯盏交错，叮咚作响，谈古论今，妙语横生。而且，因为是学者喝酒，所以酒会往往变成了学术讨论会。人仗酒力，十分投入，头冒热气，眉飞色舞，论述自己的学术观点头头是道；有时还有交锋，争得不可开交，好在最后有酒作结论：当喝到说话不利落的时候，此次讨论自然也就告一段落。但喝酒须适可而止，不宜过量。当喝到出言不逊，甚至需要别人往家抬的时候，那就变雅事为不雅，实在无趣了。虽然古代风流名士"死便埋我"博得许多人赞赏，似乎喝酒喝到这个份儿上才够劲儿、够味儿；但我更赞成李渔关于饮酒的"五贵"和"五好、五不好"的主张。李渔自谓："不好酒而好客；不好食而好谈；不好长夜之欢而好与明月相随而不忍别；不好为苛刻之令，而好受罚者欲辩无辞；不好使酒骂坐之人，而好其于酒后尽露肝膈。"只有这样，才能喝得文明，富有雅趣，才真正称得上是"美饮"。像时下酒桌上那样强人喝酒，斗智斗勇，非要把对方灌醉的酒风，实在不可取。

肉食之妙

《闲情偶寄·饮馔部·肉食第三》，李渔以"肉食者鄙"为开头，提出："饮食之道，脍不如肉，肉不如蔬，亦以其渐近自然也。草衣木食，上古之风，人能疏远肥腻，食蔬蕨而甘之。"这明显表现了中国人在饮食方面的民族特点。自古以来中国与西方的饮食传统、饮食结构具有重大不同：中国更重素食，西方更重肉食。李渔的观点正是这种不同饮食传统、饮食结构的反映。现在，随着对外交流的不断扩大，各民族、各地区关系日渐紧密，中西之间的饮食习惯和饮食结构逐渐接近、逐渐融和。

中国人当然不是不吃肉，也不是不喜欢吃肉。中国人吃肉有自己的花样，李渔在《闲情偶寄·饮馔部·肉食第三》中所提到的猪、牛、羊、犬、鸡、鸭、鹅、野禽，以及鱼、虾、鳖、蟹等各种水族，正表明我们在肉食方面都有着非常丰富的实践经验和优秀传统，应该发扬。而且李渔自己有新的创造，如他详细谈到怎样做鱼才更鲜美："食鱼者首重在鲜，次则及肥，肥而且鲜，鱼之能事毕矣。然二美虽兼，又有所重在一者。如鲟、如鲦、如鲫、如鲤，皆以鲜胜者也，鲜宜清煮作汤；如鳊、如白、如鲥、如鲢，皆以肥胜者也，肥宜厚烹作脍。烹煮之法，全在火候得宜。先期而食者肉生，生则不松；过期而食者肉死，死则无味。迟客之家，他馔或可先设以待，鱼则必须活养，候客至旋烹。鱼之至味在鲜，而鲜之至味又只在初熟离釜之片刻，若先烹以待，是使鱼之至美，发泄于空虚无人之境；待客至而再经火气，犹冷饭之复炊，残酒之再热，有其形而无其质矣。煮鱼之水忌多，仅足伴鱼而止，水多一口，则鱼淡一分。司厨婢子，所利在汤，常有增而复增，以致鲜味减而又减者，志在厚客，不能不薄待庖人耳。更有制鱼良法，能使鲜肥迸出，不失天真，迟速咸宜，不虞火候者，则莫妙于蒸。置之镟内，入陈酒、酱油各数盏，覆以瓜姜及蕈笋诸鲜物，紧火蒸之极熟。此则随时早暮，供客咸宜，以鲜味尽在鱼中，并无一物能侵，亦无一气可泄，真上着也。"他还解说虾之妙用："笋为蔬食之必需，虾为荤食之必需，皆犹甘草之于药也。善治荤食者，以焯虾之汤，和入诸品，则物物皆鲜，亦犹笋汤之利于群蔬。笋可孤行，亦可并用；虾则不能自主，必借他物为君。"对于"醉蟹"，更有独到的造诣，他说："予于饮食之美，无一物不能言之，且无一物不穷其想象，竭其幽渺而言之；独于蟹螯一物，心能嗜之，口能甘之，无论终身一日皆不能忘之，至其可嗜可甘与不可忘之故，则绝口不能形容之。……蟹之为物至美，而其味坏于食之之人。以之为羹者，鲜则鲜矣，而蟹之美质何在？以之为脍者，腻则腻矣，而蟹之真味不存。更可厌者，断为两截，和以油、盐、豆粉而煎之，使蟹之色、蟹之香与蟹之真味全失。此皆似嫉蟹之多味，忌蟹之美观，而多方蹂躏，使之泄气而变形者也。世间好物，利在孤行。蟹之鲜而肥，甘而腻，白似玉而黄似金，已造色香味三者之至极，更无一物可以上之。和以他味者，犹之以爝火助日，掬水益河，冀其有裨也，不亦难乎？凡食蟹者，只合全其故体，蒸而熟之，贮以冰盘，列之几上，听客自取自食。剖一筐，食一筐，断一螯，食一螯，则气与味纤毫不漏。出于蟹之躯壳者，即入于人之口腹，饮食之三昧，再有深入于此者哉？凡治他具，皆可人任其劳，我享其逸，独蟹与瓜子、菱角三种，必须自任其劳。旋剥旋食则有味，人剥而我食之，不特味同嚼蜡，且似不成其为蟹与瓜子、菱角，而别是一物者。此与好香必须自焚，好茶必须自斟，童仆虽多，不能任其力者，同出一理。讲饮食清供之道者，皆不可不知也。"

　　这些论述，可谓绝妙！李渔把食物之美、食物之何以美、人怎样创造了它们的美以及人如何享用它们的美，等等，一一描述清楚、揭示明白，直达其最精细之处、最要紧之处，简直无以复加。我们可以拿着李渔的这些文字骄傲地对西方人说：请看，这就是中国的美食实践和美食理论！

　　中国的美食和饮食美学，是中国的国宝之一，其价值之高，不亚于中国的绘画、中国的书法、中国的戏曲、中国的武术……

　　中国美食中，关于肉食做法多种多样，蒸、煮、焖、烤、煎、烹、炸、炒……各有其妙，而其中炒更具特色——炒肉丝，炒肉片，炒鳝丝，葱爆羊肉……样样都能勾出人的馋虫儿。这里不妨多介绍一点关于炒的知识。

　　王学泰在 2006 年 6 月的一次讲演中，特别说到"炒"的中国传统特色：不仅欧美没有"炒"（西洋烹饪中 saute 实际上是指"煎"，有的译作"炒"是不准确的），就是日、韩这些汉文化圈中的民族也没有"炒"。炒最初的含义是"焙之使干"（其声音如"吵"，故名），后来才专指一种烹饪法。它的特点大体有三：一是在锅中加上少量的油，用油与锅底来作加热介质，"油"不能多，如果多了就变成"煎"了；二是食物原料一定要切碎，或末、或块、或丝、或条、或球，然后把切成碎块的各种食物原料按照一定的顺序倒入锅中，不停搅动；第三才是根据需要把调料陆续投入，再不断翻搅至熟，也就是说食物是在熟的过程中入味的。"炒菜"包括清炒、熬炒、煸炒、抓炒、大炒、小炒、生炒、熟炒、干炒、软炒、老炒、熘炒、爆炒等细别。其他如烧、焖、烩、炖等都是"炒"的延长或发展。炒滥觞于南北朝，最早记载于《齐民要术》，成熟于两宋，普及于明清。明清以后炒菜成为老百姓日常生活中用以下饭的肴馔，人们把多种食品，不论荤素、软硬、大小一律切碎混合在一起加热，并在加热至熟中调味。这种混合多种食物成为一菜的烹饪方法在西洋是不多见的，只有法式烩菜类才有把荤素合为一锅的做法（这有些像我们古代的羹）。炒菜的发明使得我们这个以农业为主、基本素食的民族得以营养均衡。

　　学泰对李渔也很推崇，他在讲演和著作中，不少地方引述李渔，例如，"东坡肉"的命名，即从李渔的话谈起。

　　就学问之宽博、涉猎之广泛和幽默感而言，今日之学泰，有当年李渔之风；而学泰更儒雅，更学者化。

羊大为美

羊是人们的一个重要肉食来源，特别是信伊斯兰教的穆斯林兄弟。

李渔《闲情偶寄·饮馔部·肉食第三》中虽反对宰割牛犬，但明确把羊作为食物，说："羊肉之为物，最能饱人，初食不饱，食后渐觉其饱，此易长之验也。凡行远路及出门作事，卒急不能得食者，啖此最宜。秦之西鄙，产羊极繁，土人日食止一餐，其能不枵腹者，羊之力也。"

羊的驯化在我国也有较早的历史。据考古资料，河南裴李岗遗址出土的羊的牙齿、头骨和陶羊头，距今约八千年前；而稍晚一些，甘肃秦安大地湾新石器时代遗址出土的羊头骨，距今也有七千多年。在我国古代，羊一方面用作肉食，另一方面还用于祭祀和殉葬。《诗经·豳风·七月》："四之日其蚤，献羔祭韭。"

《夏小正·二月》："初俊羔助厥母粥。俊也者，大也。粥也者，养也。言大羔能食草木，而不食其母也。羊盖非其子而后养之，善养而记之也。或曰：夏有煮祭，祭者用羔。"①

我们在本书中特别关注的是：羊与中国古代审美文化有着密切关系——从古人所谓"羊大为美"即可得到个中信息。不过，羊之美或者羊之给人的美感，是起于味觉？起于视觉？还是起于其他方面的感觉？是功利的？还是超功利的？"羊大为美"这个观念是如何演化的？等等，这都是些众说纷纭的很麻烦的问题，而且是很不容易说清楚的问题。比较流行的、也为大多数人所接受的观点当然就是"羊大为美"。据汉代许慎《说文解字》："美，甘也，从羊，从大。"②宋代徐铉校定《说文解字》"美"字条下说"羊大则美"③。这主要是从味觉着眼，因为味觉对人们最初的审美活动有着重要意义，《荀子·王霸》说："故人之情，口好味而臭（嗅）

---

① 《夏小正》是我国现存最早的文献之一，也是现存采用夏时最早的历书，它按月令将古代天文、气象、物候和农事结合叙述，全文三千余字。它产生的时代至迟在西汉或西汉之前，现在人们所知道的是它收入西汉戴德汇编的《大戴礼记》，成为其中一篇。近年有清李调元《夏小正笺》（中华书局 1985 年版）和夏纬瑛《夏小正经文校释》（农业出版社 1981 年版）出版。

② （清）段玉裁：《说文解字注》释曰："羊大则肥美"，"五味之美皆曰甘"。

③ （宋）徐铉校定：《说文解字》，社会科学文献出版社 2005 年版。

味莫美焉。"在以狩猎和农耕为主的古代，"甘"、"大"肥厚之羊，从味觉上说，自然是"美"的。近年来萧兵提出"羊人为美"的新看法，他在《从"羊人为美"到"羊大则美"》①、《〈楚辞〉审美观琐记》② 等文章中提出："'美'的原来含义是冠戴羊形或羊头装饰的'大人'（'大'是正面而立的人，这里指进行图腾扮演、图腾乐舞、图腾巫术的祭司或酋长），最初是'羊人为美'，后来演变为'羊大则美'。"此外，马叙伦在《说文解字六书疏证》中曾提出"羊女为美"的观点，认为"（美）字盖从大，羊声……（美）盖媄之初文，从大犹从女也"③。就是说，"美"是"媄"的初文。④ "羊"只是读音，没有意义；而"大"是"人"，而且是"女人"。所以马叙伦得出结论："羊女为美。"

但无论如何，在古代中国，"羊"总是与"美"联系着，这大概是不争的事实。

说食"犬"

犬是人类的朋友。然而，不幸的是，人类也把这朋友当作吃的对象。李渔不忍，在《闲情偶寄·饮馔部·肉食第三》"牛犬"款中，对牛、犬之被食，充满同情和悲哀，然而无可奈何，所能做的不过是在自己的书中"略而不论"。

对于食犬，我有撕心裂肺之痛。

记得文学研究所当年撤离河南息县五七干校时，前脚走，我们喂养的两条狗——时时绕于膝前、忠实履行看家护院职责的大黄和小黑——后脚就被村民套去杀掉吃了。

大黄是个"小伙子"，粗壮，腿略短，长着一身狮子般的黄毛，威武中稍带憨态，我们下地干活时，它一直送到地头，趴在那里，等你收工。小黑是个"姑娘"，身条纤细而略显高挑，行动敏捷而富有灵气。有一天一只兔子从田野跑过，我们这些好事者群起追之，没跑多远便气喘吁吁；

---

① 萧兵：《从"羊人为美"到"羊大则美"》，《北方论丛》1980 年第 2 期。
② 萧兵：《〈楚辞〉审美观琐记》，载李泽厚主编《美学》1981 年第 3 期。
③ 马叙伦：《说文解字六书疏证》（第二册），上海书店 1985 年版，第 119 页。
④ （汉）许慎：《说文解字》云："媄，色好也，从女，从美。"

小黑和大黄见势奋勇拔腿，一往直前。我们于喘息之余翘首眺望，只见一个黑点在前，一个黄点在后，愈晃愈远；没一会儿，小黑竟然叼着一只兔子回到我们身边。这是头年秋天的事情。转过年来，春暖花开的时候，细心的女同志发现小黑饭后呕吐，她们说，小黑怀孕了。果然，几个月后，一窝毛茸茸的小生命诞生了，引得我们快乐了好一阵子。

就是这样两个朋友，活活被人吃掉了。幸好干校撤走时我第一批离开，没有亲历那惨剧；听殿后的同志说，那天没等我们走远，村民就闯入我们的住地，不由分说用绳索套着狗脖子，飞快拖走，我们的人势单力薄，喊之无力，追之不及，只能远远听到狗的惨叫声。一想起这事，我心里总要翻腾好长时间，戚戚然不能自已；以至于多少年过去之后，有一次在广东湛江开会，看到大街上店铺前宰杀后剥去皮倒挂起来的一条条死狗，总感到不是滋味。会议主人请我们品尝当地名吃"白切狗肉"，我眼前立刻浮现出大黄和小黑的影子，不但始终不敢看那盛狗肉的盘子，而且饭桌上的其他菜也几乎无法再下筷子。去年夏天到牡丹江镜泊湖休假，当地的同志非要请我们去朝鲜族饭馆吃狗肉凉面，一听"狗肉"两字，我心里一阵阻塞，连忙谢绝说，免，免！

我有一种负罪感。

狗是人类能够"过心"的朋友，同人生死与共。有一个美国电影专门描写一群爱斯基摩犬拉雪橇，于暴风雪中穿过峡谷，在人几乎不能生存的绝境里，奇迹般把主人送到目的地。从古至今，许许多多"义犬"的故事不断流传。它们常常舍命救主；或者，主人去世，狗一直守在身旁，不食而亡……比我们与大黄、小黑的情感更有过之，真是催人泪下。

吃甲鱼，忆吴晓铃先生

读李渔《闲情偶寄·饮馔部·肉食第三》"鳖"款，使我想起在五七干校与吴晓铃先生一起赶了几十里路去罗山县城吃"鳖"（也叫甲鱼或圆鱼，俗称王八）的往事。吴先生说甲鱼的裙是它最好的部分，会吃者当吃其裙；还认为甲鱼的最好的吃法是做羹，营养最丰富——《闲情偶寄》中李渔引古人诗"嫩芦笋煮鳖裙羹"也特别称赞"鳖裙羹"，真乃"英雄所见略同"。那次"盛事"我已在《评点李渔》一书中记述，此不详说。现在谈谈与吴先生的其他几次交往。

吴晓铃先生（1914—1995）原籍辽宁绥中，自幼随父居住北京。早年就读于燕京大学，得郑振铎先生小说戏曲文献、版本目录学方面之真传，后转入北京大学师从胡适之、罗常培、魏建功诸先生，在音韵、训诂、校雠、考据之学等方面打下坚实基础，成为我国著名的古典戏曲和小说研究专家。

吴先生不但古典文学（尤其是戏曲）学问做得好，小品文写得漂亮，而且是名副其实的美食家，北京有名的饭馆，什么全聚德、萃华楼、东来顺……他吃遍了。他下饭店，不光吃饭，还要深入后厨，与大师傅切磋厨艺，许多名厨都是他的好朋友。"文革"结束不久，具体时间我记不清了（吴先生任北京市政协委员的时候），有一次他告诉我，现在的食品质量和饭店服务比以前可差多了。日本朋友来京，他在全聚德请客，对贵宾夸耀："这是我们最好的饭店，其烤鸭脆香可口，冠盖京华。"不想话音刚落，烤鸭上来，鸭肉不但片得太厚，个别的还难以咬动。他顿时觉得很没面子。送走客人，他把服务员叫来很沉痛地说："本来我最喜欢你们的烤鸭，可今天是怎么了？没有想到你们给外国客人留下这么不好的印象。你们的经理是我的朋友，我为你们难过。"事后全聚德经理专门到吴先生家赔礼道歉，并且又特地请吴先生光临烤鸭店指导。这件事的前前后后，好像吴先生曾撰文发表在《北京晚报》上。

吴先生文雅而幽默，平易近人又热情好客。他平生最喜欢做的事大概就是结交朋友，尤其在演艺界，有不少莫逆之交，如马连良、郝寿臣、侯宝林等许多著名表演艺术家，电影演员王晓棠、言小朋夫妇，等等，都是他家的座上客。这些表演艺术的顶级行家遇有舞文弄墨之事，常常苦于笔涩而求助于吴先生，而他也总是爽快受命，并且每每完成得十分漂亮。"文革"时马连良作为罪名之一受到批判的那篇有关《海瑞罢官》的文章（可能1962年发表于《北京日报》或《光明日报》），实出自吴先生之手，为此，他也陪着挨了不少批斗。吴先生同现代京剧《沙家浜》中饰演胡传魁的著名演员周和桐也是好朋友，在信阳五七干校时，特地买了一斤信阳毛尖托回京探亲的同志带给周和桐，那天我在现场，他把写在茶叶包装纸上的一句话指给我看，还模仿胡传魁的腔调念道："喝出点儿味儿来"——熟悉《沙家浜》的人一看就明白此话乃由胡传魁的台词化来。吴先生还有许多在中华戏曲专科学校兼课时的学生，如王金璐等，师生情谊甚笃；甚至未曾经他授课的一些梨园名角也尊吴先生为老师，一提起或一见到他，崇敬之情油然而生。像梅兰芳的入室女弟子言慧珠，对一般人可能显得傲气，但在吴先生面前，则以"学生"自称。听人说，"文革"前一次盛夏，吴先生在青岛海水浴场沙滩上漫步，突然一位穿着鲜艳泳衣的漂亮女士，大老远喊着"吴老师吴老师"，急速跑来，热情握手，嘘寒问暖。一时，沙滩上众多目光皆聚焦于此，且惊奇不已。谁知在青岛沙滩上海浴的众人之中亦有不少识者，他们悄悄指着这位女士喃喃叹曰：嗨嗨，呵呵，这不是言慧珠吗！不错，她正是京剧四大须生之一、言派创始人言菊朋的女儿，红遍全国的上海京剧院女演员：言慧珠。用今天的话说，她可是个"大腕儿"、"明星"乃至"巨星"。当时还不像现在这样疯狂追星，也没有现在的所谓"追星族"；倘搁在今天，青岛海滩上不围得里三层外三层、水泄不通才怪！但是没有几年，悲剧发生。"文革"中，言慧珠无法忍受迫害而自挂白绫，结束了四十七岁的美丽生命。一代名伶陨落，吴先生闻知，心潮起伏，难以平静，痛惜良久。

与朋友聚会，请朋友吃饭，是吴先生一大乐事。有一次不知什么缘由他同我们谈起朋友喝酒相聚的事。那大约是在20世纪50年代，北京有一家人，乃前清官宦之后，因手头紧，要卖一坛好酒，说这坛酒是其先人在道光年间埋于地下的，已逾百年矣。吴先生闻讯，与几个朋友赶去。一看，果然是好酒。打开坛盖：酒已成黏糊状，香气袭鼻……于是买下。吴先生说，那酒虽好，但已经稠得不能直接喝了，必须兑上今天的上等粮食酒才好享用。吴先生郑重其事发帖给知己朋友，摆了一桌酒席，详细讲述此酒来历，让大家细细品味，然后畅怀共饮。我当时被吴先生的描述陶醉了，只恨自己无缘。

吴先生朋友多，人缘好，所以，人乐意助他，他更乐意助人。从河南五七干校回京后，一次他家（校场头条）的下水道堵了，请几个年纪稍轻有一把子力气的朋友和学生帮忙，于是我们三人——当时还赋闲在家的京剧武生王金璐，文学研究所有名的拼命三郎栾贵明，还有我，应声前往。不到半天，活儿就干完了。中午吴先生请我们吃了一顿丰盛的午餐，席间海阔天空谈起来。吴先生对京剧界特别关注，并且为当时的京剧前景担忧。他的侄子"文革"前入戏校学京剧，是一名很有天赋的京剧苗子，

"文革"中却不能正常练功。吴先生连连叹息："京剧如此状态，未来可怎么得了，怎么得了！"拳拳之心，殷殷之情，溢于言表。此心此情，上天可鉴！"文革"后情况有了转变，他的侄子，当年我们在他家见到的那个长得十分秀气、还一脸稚气的小伙子，据说成了京剧院的领导——这是后话。吴先生当时所谈，我印象最深的是关于王金璐的遭遇和前途。这位京剧名角正处于人生和事业低谷："文革"时他被发配到西北某剧团，不幸摔断了腿，一时不能再演戏了，似乎面临着被淘汰、被辞退的命运。吴先生愤愤不平，甚至要骂人。他表示一定要同朋友们商量，为王金璐谋出路。我与王金璐先生只有这一面之识，后续情况我不得而知。但"文革"后我从媒体知道王先生果然重返舞台，成为"武生泰斗"级的人物，为此我甚感欣慰。我想这其中应该有吴晓铃先生之力。还有一件直接与我有关的事不能忘怀。那时我妻子正好来京探亲，不知怎么就说起她十几年屡治不愈的头痛病，来京看病连号都挂不上。吴先生一听，即曰："何不早说？这事好办。我给你写个条，不用挂号，直接去宣武医院神经内科找徐大夫。"后吴先生又补了一句："徐大夫是侯宝林的干女儿。"第二天我们就去找了徐大夫。那时她不到四十岁，一看是吴先生的手书，立即笑脸相迎，详细诊问，最后又起身相送。这是我们历年寻医问病最顺当、最舒服、最痛快、最满意的一次。此后再没有见过徐大夫，想她现在早已过了古稀之年。愿好人一生平安、幸福！

其实吴先生一直关心我、帮助我。1982年我的《论李渔的戏剧美学》出版，马上送给吴先生请教。他看了，很高兴，说你再拿来一本，我去美国访问，送给哈佛大学的韩南教授。吴先生从美国回来说，大作已赠予韩南教授，他说很好。不久韩南来中国社会科学院文学研究所作学术交流，点名与我会见。当时的文学研究所所长许觉民在松鹤楼宴请韩南，我有幸忝列其间。

吴先生仙逝已经十又四年。但我脑海时时闪出先生睿智而风趣的笑脸，还有他抬头看人时那有点儿凸显的眼球。我情不自禁地问一声：先生，你在那边过得还好吗？

面食

　　中国的面食包含着丰富的审美因素。中国种植小麦已经有四五千年的历史了。小麦和由它磨成的面，自古成为中国北方的主食。数千年来，中国北方人吃面，绝不仅仅是充饥，而是美的享受。面条最早就是中国发明的。据称青海省民和县出土了四千年以前的"面条"[①]。不过，由于我没有亲见那"面条"的实物，不敢细论。一般而言，汉之前，将麦磨成面粉制作食品似不普遍，较多是"粒食"；至汉魏，大量磨麦为面才促成"面食"流行。或曰，面条乃由魏晋时之"汤饼"演化而来。据《世说新语》《容止》第二则："何平叔（何晏字平叔）美姿容，面至白，魏明帝疑其傅粉。正夏月，与热汤饼。既啖，大汗出，以朱衣自拭，色转皎然。"所谓"汤饼"，即类似于今之面片，煮而食之。晋人束皙《饼赋》[②]云："玄冬猛寒，清晨之会，涕冻鼻中，霜成口外，充虚解战，汤饼为最。"由《世说新语》所讲故事，亦可知道魏明帝乃通过与何晏吃热腾腾的"汤饼"，促其发汗，以验证何晏之面色是否天生美白。至南北朝，始由"饼"成"条"。那时"汤饼"亦称"馎饦"。北魏贾思勰《齐民要术》[③]卷九《饼法第八十二》曰："馎饦，接如大指许，二寸一断，著水盆中浸，宜以手向盆旁接，使极薄，皆急火逐沸熟煮，非直光白可爱，亦自滑美殊常。"

---

　　① 2009 年 7 月 18 日中国网（china.com.cn）发布之《青海省民和县喇家遗址：东方的"庞贝古城"》一文称：在该址发现了"迄今齐家文化时期保存最好的房址、独特的'壁炉'、壕沟、窑洞式建筑、小广场、'干栏式'建筑、祭坛上的特殊墓葬和前所未有的史前地震、洪水瞬间发生的灾难遗迹，以及我们的先民在 4000 年前已经用谷子等混合做成了最早的面条"。

　　② （晋）束皙：《饼赋》，载《事文类聚》续集卷一十七。《四库总目提要》云："《事文类聚·前集》六十卷、《后集》五十卷、《续集》二十八卷、《别集》三十二卷、《新集》三十六卷、《外集》十五卷、《遗集》十五卷（江西巡抚采进本），前、后、续、别四集皆宋祝穆撰，《新集》、《外集》元富大用撰。《遗集》元祝渊撰。其合为一编，则不知始自何人，疑即建阳书贾所为也。"并说：其他此类书籍"所收古人著作，大抵删摘不完，独是书所载必举全文，故前贤遗佚之篇，间有藉以足征者。如束皙《饼赋》，张溥《百三家集》仅采数语，而此备载其文，是亦其体裁之一善。"

　　③ 《齐民要术》是北魏杰出农学家贾思勰所著的一部综合性农书，是中国现存的最完整的农书，大约成书于北魏末年（533—534）。较早版本有北宋崇文院刻本，天禧四年（1020）诏刻，天圣中刊成；南宋龙舒本，绍兴十四年（1144）张辚刻于龙舒。较好版本为 1922 年商务印书馆《四部丛刊》影印明钞本，行款和校宋本所记相符。

所谓"二寸一断"，显然是"条"状。至唐宋，"汤饼"、"馎饦"，称为"不托"。欧阳修《归田录》[1]："汤饼，唐人谓之不托，今俗谓之馎饦矣。"后来更有了"面条"之名。南宋凌万顷《玉峰志·食物》[2]云："药棋面：细仅一分，其薄如纸。"[3]

经过千百年的实践，山西、陕西的面条造就了自己特殊的名声。它有各种各样的做法，各种各样的味道，堪称美味——拉面、刀削面、手擀面、饸饹面，汤面、炒面、蒸面、凉拌面，牛肉面、鸡丝面、排骨面、阳春面……美不胜收。据说汉代有了馒头，魏晋有了包子，至今北方包馅的面食，包子、饺子、馄饨、锅贴、馅饼、烧卖……数不胜数，美味可口。玉米从明代传入中国，山东、山西、河南、河北等地普遍种植，于是用玉米面摊出大如脸盆、薄如蝉翼的煎饼，就成为山东某些地方农民的绝活和美食，至今我还常常思念小时候在淄博吃煎饼卷大葱、抹黄酱的生活。东北的黏豆包和朝鲜族的打糕，给人以特殊的味道，吃一次就很难忘记。新疆维吾尔族的馕，据说是通过丝绸之路从土耳其、中亚诸国传过来的，1978 年我去和田第一次吃它，觉得是平生吃过的最好吃的食品之一，享受了一顿美餐，其色香味形（馕上还印着花纹）俱佳，至今仍萦绕脑海。美啊！

直至今日，李渔《闲情偶寄·饮馔部》关于"糕饼"、"面"、"粉"的见解仍然不断被人们提及。2007 年 4 月 15 日上午，中央电视台第二频道现场直播的"美容美食烹饪大赛"（面食部分），主要比赛糕饼的制作，选手们手持面团，又擀又捏，推拉腾挪，腕转指舞，看似忙忙碌碌实则从容不迫、有条不紊，不一会儿，春饼、葱油饼、千层饼、搅面馅饼、黄桥烧饼、荷叶饼、老婆饼、香酥牛肉闻喜饼……依次呈现在观众面前，其色其形，美轮美奂，其香其味，让人馋涎欲滴。主持人在解说选手作品时，我首先听到这样一句话："我国清代美食家、戏曲家李渔说：'糕贵乎松，饼利于薄。'看看今天选手做得如何。"

---

[1]　（宋）欧阳修《归田录》，二卷，凡一百十五本。欧阳修晚年辞官闲居颍州时作。现有三秦出版社 2004 年林青校注本。

[2]　（宋）凌万顷《玉峰志》现有元亨利贞书屋影印国家图书馆藏清黄氏士礼居抄本。

[3]　参见 2010 年 3 月 1 日《北京青年报》C2 版浮云《面条进化史》。

梁实秋《雅舍谈吃·薄饼》①对北京薄饼的做法和吃法描述得惟妙惟肖，特别是吃法："吃的方法太简单了，把饼平放在大盘子上，单张或双张均可，抹酱少许，葱数根，从苏盘中每样捡取一小箸，再加炒菜，最后放粉丝。卷起来就可以吃了，有人贪，每样菜都狠狠的捡，结果饼小菜多，卷不起来，即使卷起来也竖立不起来。于是出馊招，卷饼的时候中间放一根筷了，竖起之后再把筷子抽出。那副吃相，下作！"

粉之美

李渔《闲情偶寄·饮馔部·谷食第二》"粉"有云："粉之名目甚多，其常有而适于用者，则惟藕、葛、蕨、绿豆四种。藕、葛二物，不用下锅，调以滚水，即能变生成熟。昔人云：'有仓卒客，无仓卒主人。'欲为仓卒主人，则请多储二物。且卒急救饥，亦莫善于此。驾舟车行远路者，此是糇粮中首善之物。粉食之耐咀嚼者，蕨为上，绿豆次之。欲绿豆粉之耐嚼，当稍以蕨粉和之。凡物入口而不能即下，不即下而又使人咀之有味，嚼之无声者，斯为妙品。吾遍索饮食中，惟得此二物。绿豆粉为汤，蕨粉为下汤之饭，可称二耐，齿牙遇此，殆亦所谓劳而不怨者哉！"

"粉"应该是古人发明而沿用至今的方便食品。

中国人的智慧在美食方面简直是无所不在，譬如各种"干粮"的发明。20世纪50年代初我在博山上初中，那时好多山区来的孩子家贫无法在食堂入伙，只好从家里背干粮。半个月回家一次，走几十里山路，用被单背几十斤煎饼。有人会问，半个月，"干粮"不发霉吗？诸君有所不知：那煎饼是脱水的，干干的放在那里，半月、一月，几乎新鲜如初。更妙的是，摊煎饼的稀面是发过酵的，一方面好消化；另一方面其酸味可佐食，连菜也省了。当时我想不出比酸煎饼更好的速食品了。

李渔说的藕、葛、蕨、绿豆四种"粉"之发明和广泛应用，也是中国人对世界美食的伟大创造和贡献。尤其藕、葛二粉，不用下锅，调以滚水，即能变生成熟，卒急救饥，莫善于此；而粉食之耐咀嚼者，为蕨与绿豆。李渔赞曰："凡物入口而不能即下，不即下而又使人咀之有味，嚼之

---

① 梁实秋：《雅舍谈吃·薄饼》，见《雅舍小品》，陕西师范大学出版社2010年版。

无声者，斯为妙品。"

聪明而善于美食的中国古人，感谢你！为你骄傲！为你自豪！

蟹之美

蟹之美以及食蟹过程中的百般情致，简直叫李渔在《饮馔部·蟹》中说绝了。林语堂《吾国与吾民》一文，对李笠翁这样称赞："秋月远未升起之前，像李笠翁这样的风雅之士，就会像他自己所说的那样，开始节省支出，准备选择一个名胜古迹，邀请几个友人在中秋朗月之下，或菊花丛中持蟹对饮。他将与知友商讨如何弄到端方太守窖藏之酒。他将细细琢磨这些事情，好像英国人琢磨中奖号码一样。"

蟹之美，美到何种程度？李渔说："心能嗜之，口能甘之，无论终身一日皆不能忘之，至其可嗜可甘与不可忘之故，则绝口不能形容之。"只可意会，不可言传。李渔可谓嗜蟹如命。"蟹季"到来之前，先储钱以待。自蟹初出至告竣，不虚负一夕、缺陷一时；同时，还要"涤瓮酿酒，以备糟之醉之之用"。糟名"蟹糟"，酒名"蟹酿"，瓮名"蟹瓮"，事蟹之婢称为"蟹奴"（林语堂在《中国人的饮食》中说李笠翁自称"蟹奴"，恐怕是记错了）。而且，李渔认为食蟹必须自取自食。吃别的东西，可以别人代劳，唯蟹、瓜子、菱角三种须自任其劳。"旋剥旋食则有味，人剥而我食之，不特味同嚼蜡，且似不成其为蟹与瓜子、菱角，而别是一物者。"吃的过程本身，就是一种美。

后来我读到梁实秋一篇文章，题名《雅舍谈吃·蟹》，也说到同李笠翁差不多的食蟹体验，例如，他也说"食蟹而不失原味的唯一方法是放在笼屉里整只地蒸"，并且，要自己动手。

但是，这些说的都是平常心情之下食蟹；特殊情况之下又不同。例如，1976年10月，当得知"四人帮"垮台的消息时，人们纷纷到菜店买蟹，而且点名要"仨公一母"。只要是蟹就行，至于蟹的味道，没有人讲究。

中国人把蟹作为盘中餐，到李渔所生活的明末清初，至少有两千多年的历史了。扬州大学教授邱庞同在《饮食杂俎——中国饮食烹饪研究·蟹馔史话》（山东画报出版社2008年版）中作了比较详细的论述。兹录部分内容，以飨读者。

周代就有蟹酱，名叫"蟹胥"，是祭祀时用的。汉代，"青州之蟹胥"已经很有名，"四时所为膳食"。隋炀帝特别喜欢吃扬州蜜蟹、糖蟹，善于拍马屁的地方官员令人驰马进贡，给皇帝尝鲜。唐宋时食蟹之风更是大盛，发明了各种各样的吃法，如唐代韦巨源《烧尾宴食单》中，记有"金银夹花平截"的品种，"剔蟹细碎卷"，即将烹熟的螃蟹剔取蟹黄、蟹肉，再用某一原料分别"卷"成。又据刘恂《岭表录异》，广州还有用细面粉为皮包裹蟹黄、蟹肉做成的"蟹黄"，"珍美可尚"。还有所谓"水蟹"和"黄膏蟹"："水蟹，螯壳内皆咸水，自有味。广人取之，淡煮，吸其咸汁下酒。黄膏蟹，壳内有膏如黄酥，加以五味，和壳之，食亦有味。"宋代蟹馔的品种更多。《东京梦华录》中记有炒蟹、渫蟹、洗手蟹、酒蟹；《梦粱录》中记有枨醋赤蟹、白蟹、蟛蜞签、蟛蜞辣羹、奈香盒蟹、辣羹蟹、签糊齑蟹、枨醋洗手蟹、枨醋蟹、五味酒蟹、酒泼蟹，等等。元代无名氏的《居家必用事类全集·饮食类》中有两道蟹馔，一是螃蟹羹："大者十只，削去毛净，控干。剁去小脚稍并肚膪，生拆开，再剁作四段。用干面蘸过下锅煮。候滚，入盐、酱、胡椒调和供。与冬瓜煮，其味更佳。"文中提出螃蟹羹中加冬瓜同煮则风味更佳的主张是很少见的。二是蟹黄兜子："熟蟹大者三十只，斫开，取净肉。生猪肉斤半，细切。香油炒碎鸭卵五个。用细料末一两，川椒、胡椒共半两（擂），姜、橘丝少许，香油炒碎葱十五茎，面酱二两，盐一两，面同打拌匀。尝味咸淡，再添盐。每粉皮一个，切作四片，每盏先铺一片，放馅，折掩盖定，笼内蒸熟供。""兜子"是宋代就有的一种名食。一般将绿豆粉皮切片，铺在盏中，然后放入馅心，再用粉皮折掩盖上，上笼蒸熟。食时将"盏"倒扣在碟中，则"兜子"便底朝上地盛在碟中了。这道蟹黄兜子的馅心由蟹粉、猪肉、炒鸭蛋和多种调料调成，风味定是很奇特的。《居家必用事类全集》中还收录有酒蟹、酱醋蟹、法蟹、糟蟹、蟹酱的制法。其中，法蟹是按官办标准配方腌制的，糟蟹是用歌诀方式表现的，均反映了当时人在菜肴、食品制作上"标准化"的探索，是极有意义的。如"法蟹"：团脐大者十枚，洗净，控干。经宿，用盐二两半、麦黄末二两、曲末二两半，仰迭蟹在瓶中，以好酒二升，物料倾入，蟹半月熟。用白芷末二钱，其黄易结。"糟蟹"：三十团脐不用尖

（水洗，控干，布拭），糟盐十二五斤鲜（糟五斤，盐十二），好醋半升并半酒（拌匀槽内），可七日到明年（七日熟，留半年）。

西施舌

李渔在《闲情偶寄·饮馔部》中所说名叫"西施舌"的海鲜，唯资深美食家有口福品尝，一般人可能并不熟悉，我周围的人没有一个知其庐山真面目。

梁实秋在《雅舍谈吃·西施舌》中，引郁达夫1936年有《饮食男女在福州》记西施舌云："《闽小记》里所说西施舌，不知道是否指蚌肉而言，色白而腴，味脆且鲜，以鸡汤煮得适宜，长圆的蚌肉，实在是色香味形俱佳的神品。"梁实秋按曰："《闽小记》是清初周亮工宦游闽垣时所作的笔记。西施舌属于贝类，似蛏而小，似蛤而长，并不是蚌。产浅海泥沙中，故一名沙蛤。其壳约长十五公分，作长椭圆形，水管特长而色白，常伸出壳外，其状如舌，故名西施舌。初到闽省的人，尝到西施舌，莫不惊为美味。其实西施舌并不限于闽省一地。以我所知，自津沽青岛以至闽台，凡浅海中皆产之。"梁实秋说："我第一次吃西施舌是在青岛顺兴楼席上，一大碗清汤，浮着一层尖尖的白白的东西，初不知为何物，主人曰是乃西施舌，含在口中有滑嫩柔软的感觉，尝试之下果然名不虚传，但觉未免唐突西施。高汤氽西施舌，盖仅取其舌状之水管部分。若郁达夫所谓'长圆的蚌肉'，显系整个的西施舌之软体全入釜中。"

我在青岛居有年，却孤陋寡闻，未知所谓"西施舌"确指何物。惭愧，惭愧！打电话给青岛的亲戚和挚友刘培业老弟询问，培业是土生土长的青岛人，他电话中详细描述了西施舌形状、特点，绘声绘色，但我因未见实物，终不甚了了。最后他说，你来青岛，我请你吃西施舌。今夏去青岛避暑，第三天，培业兴冲冲说，明日吃西施舌。后又补了一句：电话里我已夸下海口请你吃西施舌，但如今此物稀罕，各个饭店都缺货。今天终于落实：把三个大饭店的西施舌凑在一起，共二十几只，可以实现诺言了。

西施舌宴在城阳区长城饭店二楼举行，培业夫妇做东，我们夫妇率刚刚从美国回来探亲的女儿、女婿、外孙、外孙女赴宴，来自济南和青岛本市的几位亲戚作陪。这里环境幽雅，犹如一个大花园。窗外绿树掩映，鸟声啾啾。草地上不知什么花，淡淡香气飘入室内。酒过三巡，女服务员郑重端上一盘码放漂亮的海鲜，类似大蛤蜊，皮色微红，每一只都张着口，白白的"舌头"约二三寸长，从壳中翘出，傲然挺立，高雅大气。培业说，这就是西施舌。尝一口，又脆又柔，细腻滑嫩，确实不凡！五岁大的小外孙瀛洲·杜·伟迪端坐桌前，犹如一个小大人，把西施舌拿给他，尝都不尝，只是对它漂亮的壳感兴趣，统统搜集起来，说要带回美国去；而一岁大的小外孙女璐玛·星星·伟迪则只知乱抓，口中呀呀有声，给在座的人添了几分乐趣。女婿比尔·威廉·伟迪，在威斯康星州濒临密歇根湖（Lake Michigan）的格仑贝长大，但那是淡水湖，少见海产品，对第一次品尝的西施舌倍加赞赏。女儿则忙着用数码相机拍下我吃西施舌的场景，而且给了几个特写镜头。

　　这样的海鲜宴，我平生第一回。

第七章　花木篇

"予谈草木，辄以人喻"：审美态度

李渔《闲情偶寄·种植部·草本第三》曾说："予谈草木，辄以人喻。"此书凡写到花木和其他自然事物，几乎都是如此。他不把自然看作物，而是看作人，同你我一样的有七情六欲的活生生的人。因此，他写花鸟鱼虫，写山川日月，写风雪雨露……才灵动，才亲切，才让人体验到感受到人的温度、人的情感、人的爱和恨、人的苦和乐。在李渔看来，人与自然是朋友，是亲戚。在他笔下，不但李花是"吾家花"，李果是"吾家果"；而且牡丹是"花王"，芍药是"花相"，桃花"红颜薄命"，杏花淫冶风流，"莲为花之君子"而"瑞香乃花之小人"，姊妹花懂得"兄长娣幼之分"，玫瑰、芙蕖专门利人而"令人可亲可溺"，黄杨"知命"而冬青"不求人知"，"合欢蠲忿、萱草忘忧"……

李渔在这里所持的是一种审美态度或曰美学态度。

这涉及学界不断讨论的一系列相关的重大问题：何为美学？何为美？美何在？

大家知道，美学这一术语和这个学科是舶来品，它来自西方。高建平博士在刚刚完成的一部著作《美学：从古典到现代》中对截至目前国内外仍然众说纷纭的"美学"起源问题进行辨析，提出一种新的观点：虽然"美学"这个词是从鲍姆加登开始的，但是严格意义上的美学，或被打上引号的"美学"，真正而确定无疑的起源是康德。高建平借一位西方美学家盖耶的话说，鲍姆加登更像是一位摩西，从沃尔夫主义的岸边窥见了新的理论，而不是一位征服了新的美学领地的约书亚。那么，约书亚是谁？是康德，他带领人们来到了一个新的美学领地，即"审美无利害"和"艺术自律”的领地。总之，“美学”从康德，而不是从鲍姆加登，也不是从毕达哥拉斯或柏拉图，也不是从夏夫茨伯里、维柯、夏尔·巴图开始的。这个看法值得重视，值得研究。

关于什么是美？美在何处？我在刚刚出版的《价值美学》（中国社会科学出版社 2008 年版）中提出：美是一种价值形态，而价值是一种关系——对象对于人的一种关系。美作为一种特殊价值形态，是对象与人所构成的关系，即对象以其感性形态对于人所具有的意义，其积极意义就是美、崇高……其消极意义即是丑、卑下……；美和崇高的毁灭即是悲剧，丑和卑下的毁灭即是喜剧，等等。

李渔处处从人与花木之间关系的角度来看花木，以花木（作为感性形态）对于人所具有的意义的角度来看花木，这就是一种审美角度、审美立场和审美态度。李渔的时代，18 世纪，即使在西方，还没有“美学”这个学科，也没有“美学”这个词。所以，很自然，李渔自己不会意识到自己所取的是今天我们所说的“审美”的或“美学”的角度、立场和态度，就如同莫里哀喜剧里的某个人物说了一辈子话没有想到自己说的是散文。但李渔自觉或不自觉进行的活动，我们今天给它一个命名：它正是一种审美活动。李渔对花木的鉴赏是一种审美实践活动，李渔对这种审美鉴赏进行思考和理性把握，则是审美理论活动。①

生态美学

三百年前人们还不知道“美学”，更不可能知道所谓“生态美学”，李渔等人当然也如此。但李渔思想中已经（不自觉地）存在生态美学的因

---

① 在数月之前写完了本书，今天（2009 年 12 月 30 日）看到《美与时代》2009 年第 12 期下（总第 377 期）南开大学文学院杨岚教授《李渔对自然的审美》一文，深得我心，故作一补注。该文是我看到的截至目前对李渔有关“对自然的审美”问题分析相当透彻的文章。我基本赞成杨岚的观点，特别是他（我与杨岚素昧平生，不知是位先生还是女士）对李渔《种植部》的总体把握是到位的：“他（李渔）没有从园艺技术角度谈，也没有从实用功能谈（如《本草纲目》），而是把重心放在草木性情、花树容姿、自然法则、天地之文的探索上，形成了中国古典文化中关于植物审美的集大成之作。”整篇文章即阐发这个基本观点，其四个部分“一、花木社会，人情世理”，“二、草木人格，花卉性情”，“三、花木知己，藤草伯乐”，“四、艺人匠心，天地文章”，大都论述得精彩新颖，相信能够给李渔研究者以启示。

子。因为，从李渔所描写花木的文字大家会看到，李渔处处以人与花木的亲和关系来看待花木的美。仅举二例。李渔《闲情偶寄·种植部·藤本第二》描述"玫瑰"曰："花之有利于人，而无一不为我用者，茇荷①是也；花之有利于人，而我无一不为所奉者，玫瑰是也。茇荷利人之说，见于本传。玫瑰之利，同于茇荷，而令人可亲可溺，不忍暂离，则又过之。群花止能娱目，此则口眼鼻舌以至肌体毛发，无一不在所奉之中。可囊可食，可嗅可观，可插可戴，是能忠臣其身，而又能媚子其术者也。花之能事，毕于此矣。"李渔《闲情偶寄·种植部·草本第三》描述"菜"曰："菜果至贱之物，花亦卑卑不数之花，无如积至贱至卑者而至盈千累万，则贱者贵而卑者尊矣。'民为贵，社稷次之，君为轻'者，非民之果贵，民之至多至盛为可贵也。园圃种植之花，自数朵以至数十百朵而止矣，有至盈阡溢亩，令人一望无际者哉？曰：无之。无则当推菜花为盛矣。一气初盈，万花齐发，青畴白壤，悉变黄金，不诚洋洋乎大观也哉！当是时也，呼朋拉友，散步芳塍，香风导酒客寻帘，锦蝶与游人争路，郊畦之乐，什佰园亭，惟菜花之开，是其候也。"在李渔看来，无论玫瑰还是菜花，都是人类的朋友，其他花木亦可作如是观。这就是中国人的"天人合一"的态度。张载《西铭》②曰："故天地之塞，吾其体。天地之帅，吾其性。民吾同胞，物吾与也。"朱熹《朱子语类》卷九十八说《西铭》篇曰："中间句句段段，只说事亲事天。自一家言之，父母是一家之父母。自天下言之，天地是天下之父母。这是一气，初无间隔。'民吾同胞，物吾与也。'万物皆天地所生，而人独得天地之正气，故人为最灵，故民同胞，物则亦我之侪辈。""天人合一"，这正是生态美学的哲学基础。

近日看到我的老同学和好朋友曾繁仁教授谈"生态美学的突破"（《中国社会科学报》2009年9月1日），很受启发。

我们正处于"生态社会"，我们的美学也发展出一支"生态美学"。生态美学究竟有怎样的突破？曾繁仁提出数项，我认为其要者乃三点，一是其哲学基础的变化，由人类中心主义过渡到生态整体主义；二是在美学对

---

① 茇荷：即荷花，或曰芙蕖。

② （宋）张载：《西铭》，为《正蒙·乾称篇》中的一部分，曾将共录于学堂双牖之右侧，原题《订顽》，后程颐将《订顽》改称为《西铭》。

象上超越了艺术中心主义，开始把人与自然的审美关系视为最基本最原初的审美关系；三是美学范式的突破，以审美生存、四方游戏、家园意识、绿色阅读、环境想象与生态美育等为新的美学范式。曾繁仁还特别强调了中国儒家的"天人合一"、道家的"道法自然"、佛家的"众生平等"等古代智慧，对今天的生态美学建设的重要启示和生态美学构成上的积极意义。

发掘中国古典美学的优秀传统，助今日生态美学建设一臂之力，是今天学人需要做的很有意义的一件事情。这其中包括对李渔美学的开掘和研究。

花鸟虫鱼

随着人类社会实践的发展，"自在之物"渐渐变成"自为之物"，"自然"转化为"文化"。这其中包括花鸟虫鱼在社会发展到一定阶段，成为人们的玩赏之物。这里面应该包含某种审美因素。养鱼养鸟完全不同于养猪养鹅，种花种草也完全不同于种谷种麦。它们不是物质活动而是精神活动，不是满足物质需要而是满足精神需要。它们像听戏、下棋一样，是娱乐，是陶情怡志。

在许多人那里，一只鸟就像一位音乐家，或者像一幅能活动的画；鸟的鸣叫比音乐好听，鸟的多彩羽毛像绸缎一样美丽。不少人爱鸟成癖，北京有些养鸟的老人，宁肯自己不吃鸡蛋，也要省给鸟吃。有的嗜花如命，李渔即是一例。有的视狗为卫士，我的一位大学同学在五七干校时就曾和狗形影不离。另有一趣事：据吴晓铃先生告诉我，有位著名京剧演员养了一只小狼狗，后来它常常咬他的脚后跟以至出血，于是把狗送去检验，发现是一只狼——此事真假，姑且不论，吴先生已经仙逝，但这位风趣可爱的老人，时时令人想起。有的把猫当家人。现代作家梁实秋特别爱猫，据我所知，他至少有五篇文章写猫，而且充满感情，特别对他的白猫王子，更是一往情深，以至专门记述"白猫王子五岁"、"白猫王子六岁"、"白猫王子七岁"……但是也有人特别讨厌猫，例如，鲁迅，他尤其对猫叫春时的表现不能忍受。

三百年前的李渔也非常不待见猫，而赞赏狗和鸡。在此文中，他把猫、鸡、狗作了对比，认为"鸡之司晨，犬之守夜，忍饥寒而尽瘁，无所利而为之，纯公无私者也；猫之捕鼠，因去害而得食，有所利而为之，公私相半者也"。这样一对比，品格之高下，显而易见。李渔另有《逐猫文》和《瘗狗文》。前者历数家养黑猫疏于职守、懒惰跋扈、欺凌同类等罪状而逐之；后者则是在他的爱犬"神獒"为护家而以身殉职之后，表彰它鞠躬尽瘁，"其于世也寡求、其于人也多益"的"七德"、"四功"而葬之。

李渔《一家言》中有关花木鸟兽的文章，写得如此有灵气、有风趣、有品位、有格调，实在难得。

寓情于花草

李渔《闲情偶寄·种植部·众卉第四》云："草木之类，各有所长，有以花胜者，有以叶胜者。花胜则叶无足取，且若赘疣，如葵花、蕙草之属是也。叶胜则可以无花，非无花也，叶即花也，天以花之丰神色泽归并于叶而生之者也。不然，绿者叶之本色，如其叶之，则亦绿之而已矣，胡以为红，为紫，为黄，为碧，如老少年、美人蕉、天竹、翠云草诸种，备五色之陆离，以娱观者之目乎？即其青之绿之，亦不同于有花之叶，另具一种芳姿。是知树木之美，不定在花，犹之丈夫之美者，不专主于有才，而妇人之丑者，亦不尽在无色也。观群花令人修容，观诸卉则所饰者不仅在貌。"

前曾说过，李渔写花草之篇章，皆可作性情小品读。何也？如前所述，因为李渔名为写物、写花，实则写人。不是以物（花草）喻人，就是寓情于物（花草），总之，都是写人之性情、世故。读了这些作品，你会感到它们在拉近人与人之间的感情。通过近半个世纪的文学生涯，我认为文学根本上是为沟通人与人之间的感情而存在的，不然它就没有什么意义。曾在2008年9月8日《社会科学报》第4版读到两位诺贝尔文学奖得主——日本作家大江健三郎和土耳其作家奥尔罕·帕慕克的对话，其中大江的一段话深得我心："我之所以希望年轻人都来阅读小说，就是想让他们体验到，想象力这种理解的能力，即使对于每个个体来说也是极为重要的，尤其在这个让很多年轻人都孤立地闷居在家中的社会里。我认为，人们可以通过阅读小说来获得这种理解他者的体验。"作家可以通过他的作品体验人、理解人、体验读者、理解读者；读者可以通过作品体验作家、理解作家；同时读者可以通过作品体验他人、理解他人。总之，人与人可以通过作品互相沟通、互相体验、互相理解。这在今天这个容易使人隔膜和孤独的社会里尤其重要。

中国传统的文本分析

李渔《闲情偶寄·种植部·草本第三》之"芙蕖"，是作为范文选在中学课本里面的：

> 芙蕖与草本诸花，似觉稍异；然有根无树，一岁一生，其性同也。《谱》云："产于水者曰草芙蓉，产于陆者曰旱莲。"则谓非草本不得矣。予夏季倚此为命者，非故效颦于茂叔，而袭成说于前人也。以芙蕖之可人，其事不一而足。请备述之。群葩当令时，只在花开之数日，前此后此，皆属过而不问之秋矣，芙蕖则不然。自荷钱出水之日，便为点缀绿波，及其劲叶既生，则又日高一日，日上日妍，有风既作飘飘之态，无风亦呈袅娜之姿，是我于花之未开，先享无穷逸致矣。迨至菡萏成花，娇姿欲滴，后先相继，自夏徂秋，此时在花为分内之事，在人为应得之资者也。及花之既谢，亦可告无罪于主人矣，乃复蒂下生莲，莲中结实，亭亭独立，犹似未开之花，与翠叶并擎，不至白露为霜，而能事不已。此皆言其可目者也。可鼻则有荷叶之清香，荷花之异馥，避暑而暑为之退，纳凉而凉逐之生。至其可人之口者，则莲实与藕，皆并列盘餐，而互芬齿颊者也。只有霜中败叶，零落难堪，似成弃物矣，乃摘而藏之，又备经年裹物之用。是芙蕖也者，无一时一刻，不适耳目之观；无一物一丝，不备家常之用者也。有五谷之实，而不有其名；兼百花之长，而各去其短。种植之利，有大于此者乎？予四命之中，此命为最。无如酷好一生，竟不得半亩方塘，为安身立命之地；仅凿斗大一池，植数茎以塞责，又时病其漏，望天乞水以救之。殆所谓不善养生，而草菅其命者哉。

我在网上看到北京师范大学出版社版的中学语文教案，老师在给中学生们讲解此文时作以下文本分析：

　　文章主要说明"芙蕖之可人"。作者围绕这一中心，按照事物本身的条理，安排结构和线索。它以"可人"二字为"意脉"，以芙蕖生长的时间（春、夏、秋，即花开之前、花开之时、花开之后）为"时脉"，以芙蕖生长的规律（叶、茎、花、蓬、藕）为"物脉"，将三脉理成三线，交织于文中，缝合为一体，脉络清晰，条理井然，层次分明，结构谨严。文章中段以"可目"为"主脑"，"可鼻"、"可口"、"可用"为"陪宾"，详略得体，繁简得宜，不仅中心鲜明，而且重点突出……

　　这段分析用"三脉"（即以芙蕖之"可人"二字为"意脉"，以芙蕖生长时间为"时脉"，以芙蕖生长规律为"物脉"）把握全文特点，又用"主脑"、"陪宾"揭示文章中段的中心和重点，便于学生理解李渔《芙蕖》一文的精粹之处，十分富有"中国特色"。这使我想起中国古代的文章评点。

　　从宋代的吕祖谦、谢枋得、刘辰翁的古文和诗词评点，明代文章家所谓八股文作法……直到清代金圣叹、毛宗岗、张竹坡等人的小说戏曲评点，等等，都很讲究文章的写作方法和修辞手法，他们对作文立意、主旨（李渔所说"主脑"），起承转合的运用，结构布局，叙述方法，关节链接，遣词造句以至于人物性格的塑造，等等，都有精到论述。例如南宋谢枋得（其评点著作主要有《文章轨范》、《批点〈檀弓〉》、《唐诗解》等）论句法修辞，就有长短错综句法、词类活用句法、句尾添字句法、整句句法、省略句法、倒装句法、紧缩句法、借代句法等多种；明代后七子之一王世贞则对"篇法"、"句法"、"字法"有更细致论述："首尾开合，繁简奇正，各极其度，篇法也。抑扬顿挫，长短节奏，各极其致，句法也。点缀关键，金石绮彩，各极其造，字法也。"① 清初金圣叹也要求子弟读书时不要"只记得若干事迹"，而应注意"文字"技巧运用之奥秘，他在《第五才子书施耐庵水浒传》卷三《读第五才子书法》② 中说："吾最恨人家子弟，凡遇读书，都不理会文字，只记得若干事迹，便算读过一部书了。虽《国策》、《史记》，都作事迹搬过去，何况《水浒传》？"他在《水浒传序三》中又提出作文要"字有字法，句有句法，章有章法，部有部法"。毛宗岗评点《三

---

　　① （明）王世贞：《艺苑卮言》卷一，《历代诗话续编》（中），中华书局1983年版，第963页。

　　② （清）金圣叹：《第五才子书施耐庵水浒传》，中华书局影印本1975年版。

国演义》①时，在《读三国志法》中说得也很精彩："《三国》一书，有奇峰对插，锦屏对峙之妙。其对之法，有正对者，有反对者，有一卷之中自为对者，有隔数十卷而遥为对者。如昭烈则自幼便大，曹操则自幼便奸。张飞则一味性急，何进则一味性慢。议温明是董卓无君，杀丁原是吕布无父。袁绍盘河之战，战败无常；孙坚岘山之役，生死不测。"

　　李渔自己也是非常讲究文章作法的，这从他《闲情偶寄·种植部·草本第三》"金钱"款之一段文字可看出："金钱、金盏、剪春罗、剪秋罗诸种，皆化工所作之小巧文字。因牡丹、芍药一开，造物之精华已竭，欲续不能，欲断不可，故作轻描淡写之文，以延其脉。吾观于此，而识造物纵横之才力亦有穷时，不能似源泉混混，愈涌而愈出也。合一岁所开之花，可作天工一部全稿。梅花、水仙，试笔之文也，其气虽雄，其机尚涩，故花不甚大，而色亦不甚浓。开至桃、李、棠、杏等花，则文心怒发，兴致淋漓，似有不可阻遏之势矣；然其花之大犹未甚，浓犹未至者，以其思路纷驰而不聚，笔机过纵而难收，其势之不可阻遏者，横肆也，非纯熟也。迨牡丹、芍药一开，则文心笔致俱臻化境，收横肆而归纯熟，舒蓄积而馨光华，造物于此，可谓使才务尽，不留丝发之余矣。然自识者观之，不待终篇而知其难继。何也？世岂有开至树不能载、叶不能覆之花，而尚有一物焉高出其上、大出其外者乎？有开至众彩俱齐、一色不漏之花，而尚有一物焉红过于朱、白过于雪者乎？斯时也，使我为造物，则必善刀而藏矣。乃天则未肯告乏也，夏欲试其技，则从而荷之；秋欲试其技，则从而菊之；冬则计穷其竭，尽可不花，而犹作蜡梅一种以塞责之。数卉者，可不谓之芳妍尽致，足殿群芳者乎？然较之春末夏初，则皆强弩之末矣。至于金钱、金盏、剪春罗、剪秋罗、滴滴金、石竹诸花，则明知精力不继，篇帙寥寥，作此以塞纸尾，犹人诗文既尽，附以零星杂著者是也。由是观之，造物者极欲骋才，不肯自惜其力之人也；造物之才，不可竭而可竭，可竭而终不可竟竭者也。究竟一部全文，终病其后来稍弱。其不能弱始劲终者，气使之然，作者欲留余地而不得也。吾谓才人著书，不应取法于造物，当秋冬其始，而春夏其终，则是能以蔗境行文，而免于江淹才尽之诮矣。"此段文字有趣之处，在于"合一岁所开之花，可作天工

_____

① （清）毛纶、毛宗岗点评：《三国演义》，中华书局 2009 年版。

一部全稿"的比拟。李渔把一年四季相继所开之花，比喻为具有无穷才力之天公作文的过程：梅花、水仙是试笔之文，"气虽雄"而"机尚涩"，故花不甚大而色不甚浓；桃、李、棠、杏，文心怒发而兴致淋漓，但这时"思路纷驰而不聚，笔机过纵而难收"，故"其花之大犹未甚、浓犹未至"，"横肆"而未"纯熟"；至牡丹、芍药一开，"文心笔致俱臻化境，收横肆而归纯熟，舒蓄积而馨光华"，这时似乎达到极致了；然而，秋冬之日，天公未肯告乏也，"必善刀而藏"："夏欲试其技，则从而荷之；秋而试其技，则从而菊之；冬则计穷力竭，尽可不花，而犹作腊梅一种以塞责之"。至于金钱、石竹……诸花，"则明知精力不继，篇帙寥寥，作此以塞纸尾，犹人诗文既尽，附以零星杂著者是也"，也就是说，金钱等花，只是一桌大席上主菜之间作点缀用的小菜数碟而已。此喻甚妙，令人回味无穷。读李渔这段话，不但领略了他的情思，而且认识了他的巧智。有的人作文以情思见长，有的人作文以巧智取胜，李渔则兼而有之。

中国文人的优秀评点，不但内容丰富，情趣横生，诗意盎然，而且在形式上也有西人不可及之处，往往三言两语便直达文章的细微精妙之穴，令人叫绝。他们的理论批评文字是我们的宝贵财富。

从中学老师之讲解课文，我看到了今人对古代传统成功的继承和发展。谁说中国古代文论不能进行现代转换？

而且，我还想指出：中国传统的评点式文本分析与西方"新批评"的"细读法"，有相通之处，又有很大区别，值得研究。

新批评是一种"作品本体论"，强调批评应该从作家转向作品，从诗人转向诗本身。其细读法作为一种"细致的诠释"，反对印象式批评，而是强调运用"结构—肌质"理论和"语境"理论①等对作品作详尽分析和解释；而且批评家似乎是在用放大镜读每一个字，捕捉着文学词句中的言外之意、暗示和联想等。其操作过程大致分为以下三个步骤：首先是了解

---

① "结构—肌质"理论的倡导者是兰色姆，他认为，结构与肌质是相互对应又联系紧密的概念，所谓结构是一首诗的逻辑线索和概要，而诗的形象就是诗歌的肌质。诗的结构和肌质是一个不容分割的有机整体。"语境"理论由瑞恰兹提出。语境指的是某个词、句或段与它们的上下文的关系，正是这种上下文确定了该词、句或段的意义。在此基础上，瑞恰兹进一步扩展了语境的范围。一是当时写作时的话语语境，二是指文本中的词语所体现的"表示一组同时再现的事件的名称"，这里词语蕴涵了历史的积淀（关于"新批评"的论述以及相关资料，我参考了紫金网《英美新批评》一文，特此说明）。

词义，然后是理解语境，再次是把握修辞特点。中国的评点，也对文本进行细致解析，几乎穷尽其妙。也讲究语境、讲究上下文的关系、讲究言外之意……

但是，中国评点从不将作者与作品分离，而是"知人论世"；而且中国古代的评点文字还尽力发挥评点者的想象力，充满个人印象、感悟和审美透视，不讲究长篇大论的逻辑分析和概念演绎，也不太注意论述的前后次序，行文自由，随心所欲，如天马行空，毫无羁绊。

垂柳

柳是很能也很易使人动情的一种树。而柳也特别能够勾起我年轻时的回忆。山东大学是我的母校，我在济南读了四年书，每每去游大明湖，那里的湖水、柳和荷花组成一道特能抓人眼球的风景。柳条依依摆动，像温柔多情的少女。荷花凝立水中，如沉思的女神。"四面荷花三面柳，一城春色半城湖"，这是大明湖的标志，也是整个济南城的标志。大明湖里的许多楹联我记不起了，唯独这副对子，时隔近半个世纪也还清晰如昨，我想，大概走到哪里也忘不了。后来到了北京，在这里生活了四十五年，有时到北海公园游玩，一见岸边垂柳，似晤旧时相识。北海垂柳使人联想妙龄女子的婀娜身姿和似水柔情，垂柳撩人，对对情侣携手漫步，也是令人陶醉的景致。前几年修了元大都土城公园，臭水沟整治成了一条清水河。我最高兴的是河边种上一行垂柳，我时时像会见情人般走到河堤上，享受柳条拂面的亲切，并且数次摄下她的倩影。

柳当然不完全是愉快亲切，也有伤情的一面。在古代，柳树往往成为离别和伤感的代码。一提柳，很容易使人想起古人灞桥折杨柳枝送别的场景，在交通很不发达的时代，灞桥揖别往往是生离死别。说到柳，还能使人想到《诗经》中"昔我往矣，杨柳依依，今我来思，雨雪霏霏"等字字珠玑的诗句。我想，诗人自己一定是在无限感慨之中吟诵这些句子的。还有王维的那首家喻户晓的诗："渭城朝雨浥轻尘，客舍青青柳色新。劝君更饮一杯酒，西出阳关无故人。"那清新的柳色，更撩起离别的愁情。还有柳永词中所写"晓风残月"的"杨柳岸"，也颇能触发士大夫不得志的惆怅情思和中下层知识分子的失意遭际。

北京元大都土城公园垂柳（2008 年春，田光华摄）

李渔《闲情偶寄·种植部》之写柳，则别辟蹊径，主要从他那个时代小老百姓或市民阶层的闲情娱乐立意。他特别拈出柳树"非止娱目，兼为悦耳"的特点。"娱目"很好理解，那"悦耳"怎么讲呢？原来，柳树是蝉、鸟聚集之处；有柳树就会有鸟鸣悦耳。李渔还特别强调："鸟声之最可爱者，不在人之坐时，而偏在睡时。"而且鸟音只宜"晓（凌晨）听"。为什么？因为白天人多，鸟处于惴惴不安的状态，必无好音。"晓则是人未起，即有起者，数亦寥寥，鸟无防患之心，自能毕其能事，且扣舌一夜，技痒于心，至此皆思调弄，所谓'不鸣则已，一鸣惊人'者是也。"

知柳又知鸟者，笠翁也。柳与鸟若有知，当为得笠翁这样的知音而高兴。

菊花之美乃人工之美

菊花自古就被中国人所喜爱，而中国文人自古就有菊花情结。两千二百多年前战国时代大诗人屈原《离骚》中就有"朝饮木兰之坠露兮，夕餐秋菊之落英"之句，晋代田园诗人陶渊明"采菊东篱下，悠然见南山"、"秋菊有佳色，裛露掇其英"的赏菊诗句，更为人们所熟知。唐代杜甫、白居易、刘禹锡、李商隐，等等，有许多咏菊名篇流传于世。北宋，我国第一部菊花专著刘蒙的《菊谱》问世。至南宋诗人范成大，不但写诗咏菊（其《重阳后菊花》诗曰："寂寞东篱湿露华，依前金屋照泥沙。世情儿女无高韵，只看重阳一日花。"）且有《范村菊谱》。明代文人高濂亦有艺菊专著《遵生八践》，总结出种菊之分苗法、扶植法、和土法、浇灌法，捕虫法、摘苗法、雨场法、接菊法八法。清代艺菊之风更甚。而现代学许多作家如老舍等也有养菊之好，每年在他的小院里侍弄菊花，自己观赏又赠送朋友。我的老师蔡仪先生，虽然住房局促，也在窗外挤出片地搭一花棚，每秋屋里屋外倒腾菊花占去他暇时一大部分。

若要选国花，菊花无疑是最有力的候选者之一。当然，可备候选而拼死去作一番激烈竞争者，在在有之，而且恐怕争得难分难解；然而，若从花之体现人的本性、意志、爱好，体现"美"这个字的本质含义（美是在人类客观历史实践中形成的、以感性形象表现着人之本质的某种特殊价值形态）来说，恐怕菊花有优势。李渔把花分为"天工人力"两种。例如

"牡丹、芍药之美，全仗天工，非由人力"；而"菊花之美，则全仗人力，微假天工"。从菊花上可以充分体现出中国人的勤与巧的品性。李渔描绘了艺菊的过程。种菊之前，已费力几许：其未入土，先治地酿土；其既入土，则插标记种。等到分秧植定之后，防燥、虑湿、摘头、掐叶、芟蕊、接枝、捕虫掘蚓以防害，等等，竭尽人力以俟天工。花之既开，亦有防雨避霜之患，缚枝系蕊之勤，置盎引水之烦，染色变容之苦。总之，为此一花，自春徂秋，自朝迄暮，总无一刻之暇。"若是，则菊花之美，非天美之，人美之也。"此言艺菊之勤。而在所有花中，艺菊恐怕又最能表现人之巧智。哪一种花有菊花的品种这样多？上百种、上千种，都是人按照自己审美观念、审美理想"创造"（说"培育"当然也可，但这"培育"，实是创造）出来的：什么"银碗"、"金铃"、"玉盘"、"绣球"、"西施"、"贵妃"……如狮子头，如美人面，如月之娴静，如日之灿烂，沁人心脾的清香，令人陶醉的浓香……数不胜数，应有尽有。

再加上众多著名诗人墨客的题咏，菊之品位更是高高在上。

就此，选菊花为国花，不可以吗？

牡丹

这里又是一个以物喻人的例子。在一般人那里，牡丹是富贵的文化符号；但是在李渔这里，牡丹成为一个反抗权势的英雄。

李渔《闲情偶寄·种植部·木本第一》"牡丹"款通过武后将牡丹从长安贬逐到洛阳的故事，塑造了牡丹倔强不屈的性格。人们当然不会把故事当作实事，但故事中牡丹形象的这种不畏强权、特立独行的品行，着实令人肃然起敬。此文叙事说理，诙谐其表，庄重其里。文章一开头，作者现身说法，谓自己起初也对牡丹的花王地位不服，等到知晓牡丹因违抗帝王意旨在人间遭受贬斥的不幸境遇之后，遂大悟，牡丹被尊为花中之王理所当然：不加"九五之尊（花王），奚洗八千之辱"（牡丹从长安贬至洛阳，走了八千屈辱之路）？并且李渔自己还不远数千里，从"秦（陕西）之巩昌，载牡丹十数本而归"（至居住地南京），以表示对牡丹"守拙得贬"品行的赞赏、理解和同情。这段幽默中带点儿酸楚的叙述，充满着人生况味的深切体验，字里行间，既流露着对王者呵天呼地、以"人"害

"天"的霸权行径的不满,又表现出对权势面前不低头的"强项"品格的崇敬和钦佩。从这里,人们不是可以看到晚明徐渭、李贽、汤显祖、袁宏道、袁中道等人蔑视权贵、反传统精神照在李渔身上的影子吗?

如果说李渔从巩昌携牡丹数本回南京乃是处于对牡丹花"守拙得贬"品行的赞赏,那么稍早于李渔的一位奇人、明末大旅行家徐霞客从太和山(武当)携"榔梅"回家(江阴),则完全出于孝心——"为老母寿"。榔梅非梅也。据徐弘祖在《徐霞客游记》之《游太和山日记》[①] 中描绘:"度岭,谒榔仙祠。旁多榔梅树,亦高耸,花色深浅如桃杏,蒂垂丝作海棠状。梅与榔本山中两种,相传玄帝插梅寄榔,成此异种云。"随后徐霞客继续写到求榔梅之难,颇有点传奇意味:"……其旁榔梅数株,大皆合抱,花色浮空映山,绚烂岩际。地既幽绝,景复殊异。予求榔梅实,观中道士噤不敢答,既而曰:'此系禁物,前有人携出三四枚,道流株连破家者数人。'余不信,求之益力,出界数枚,皆已黝烂,且订无令人知。及趋中琼台,余复求之,主观乃谢无有。因念由下琼台而出,可往玉虚岩,便失南岩、紫霄,奈何得一失二,不若仍由旧径上。至路旁泉溢处,左越蜡烛峰,去南岩应较近。忽后有追呼者,则中琼台小黄冠,以师命促余返。观主握手曰:'公渴求珍植,幸得两枚,少慰公怀,但一泄于人,罪立至矣。'出而视之,形侔金橘,漉以蜂液,金相玉质,非凡品也。"徐霞客赶在清明节回家,"以太和榔梅为老母寿"。

水仙

李渔《闲情偶寄·种植部》"水仙"条云:"水仙一花,予之命也。予有四命,各司一时:春以水仙、兰花为命,夏以莲为命,秋以秋海棠为命,冬以蜡梅为命。无此四花,是无命也;一季缺予一花,是夺予一季之命也。水仙以秣陵为最,予之家于秣陵,非家秣陵,家于水仙之乡

---

① (明)徐弘祖《徐霞客游记》,是以日记体为主的中国地理和文学名著。作者徐霞客(1586—1641),名弘祖,字振之,号霞客,江苏江阴人,明末著名地理学家、旅行家和文学家。他经30年考察撰成60万字《徐霞客游记》,去世前托其外甥季梦良整理原稿,后由其外甥季梦良和王忠纫将游记手稿编辑成书,最早有明崇祯十五年(1642)初刻本,今有中华书局、上海古籍出版社等多个版本。

也。……予之钟爱此花，非痂癖也。其色其香，其茎其叶，无一不异群葩，而予更取其善媚。妇人中之面似桃，腰似柳，丰如牡丹、芍药，而瘦比秋菊、海棠者，在在有之；若如水仙之淡而多姿，不动不摇，而能作态者，吾实未之见也。以'水仙'二字呼之，可谓摹写殆尽。使吾得见命名者，必颓然下拜。"

这是一篇妙文。在李渔所有以草木为题材的性灵小品中，此文写得最为情真意浓，风趣洒脱。从此文，更可以看出李渔嗜花如命的天性。

李渔自称"有四命"：春之水仙、兰花，夏之莲，秋之秋海棠，冬之腊梅。"无此四花，是无命也。一季缺予一花，是夺予一季之命也。"李渔讲了亲历的一件事：丙午之春，当"度岁无资，衣囊质尽"，"索一钱不得"的窘境之下，不听家人劝告，毅然质簪珥而购水仙。他的理由是：宁短一岁之命，勿减一岁之花。

花木由"自在之物"变为"人为之物"，从"自然"变为"文化"，从"实用对象"变为"审美对象"，这是人类客观历史实践的结果。花木一旦成为审美对象，一方面有其"普适性"，即人们常说的所谓"共同美"；另一方面又有其差异性，即不同的人各有不同的审美追求甚至审美"嗜好"，这是由每个人有每个人独特的经历、家庭环境、教育、文化素养、世界观、审美观等所造成的。例如，李渔于万千花木中，以"春之水仙、兰花，夏之莲，秋之秋海棠，冬之腊梅"为"四命"，这是他的审美特异性。

我并不认为水仙比起其他花木有什么特别美的地方，但是李渔对水仙情有独钟。之所以如此，可能与他居住在水仙之乡"秣陵"达二十年之久有一定关系，俗话说，女人最容易爱上身边的男人，同理，李渔是否也容易爱上二十年在身边不断耳濡目染的水仙呢？当然还会有其别的原因，例如水仙的审美特性与李渔自己独有的审美心理结构可能有某些契合的地方。格式塔心理学美学认为，在自然界的物理场、人的生理场、心理场之间，在审美主体和审美客体之间，存在着力的样式、内在结构的根本一致性，即所谓"异质同构"性。由此，我们设问：水仙的审美特点与李渔审美心理结构之间，是否也存在某种"异质同构"呢？我一时说不清楚。不管具体情况如何，反正李渔"邪门"了，特别喜爱水仙。他认为，除了水仙"其色其香、其茎其叶无一不异群葩"之外，更可爱的是它"善媚"：

"妇人中之面似桃，腰似柳，丰如牡丹、芍药，而瘦比秋菊、海棠者，在在有之；若水仙之淡而多姿，不动不摇而能作态者，吾实未之见也。"呵，原来水仙的这种在清淡、娴静之中所表现出来的风韵、情致，深深打动了这位风流才子的心。这可能是李渔对水仙情有独钟的最主要原因。

文震亨的科学角度和李渔的审美角度

文震亨《长物志》卷二《花木·松》① 云："松、柏古虽并称，然最高贵者，必以松为首。天目最上，然不易种。取栝子松植堂前广庭，或广台之上，不妨对偶。斋中宜植一株，下用文石为台，或太湖石为栏俱可。水仙、兰蕙、萱草之属，杂莳其下。山松宜植土冈之上，龙鳞既成，涛声相应，何减五株九里哉！"

文氏所论，乃取"科学"角度，即把松作为一种植物来看待；顶多，他是以园林中如何种植花木的技术角度来立论的。

但是李渔《闲情偶寄·种植部·竹木第五》"松柏"款则不同，他是取"审美"角度，他塑造了非常富有情趣的松柏形象。

请看李渔是如何描述松柏的：

> 苍松古柏，美其老也。一切花竹，皆贵少年，独松、柏与梅三物，则贵老而贱幼。欲受三老之益者，必买旧宅而居。若俟手栽，为儿孙计则可，身则不能观其成也。求其可移而能就我者，纵使极大，亦是五更，非三老矣。予尝戏谓诸后生曰："欲作画图中人，非老不可。三五少年，皆贱物也。"后生询其故。予曰："不见画山水者，每及人物，必作扶筇曳杖之形，即坐而观山临水，亦是老人矍铄之状。从来未有俊美少年厕于其间者。少年亦有，非携琴捧画之流，即挈盒持樽之辈，皆奴隶于画中者也。"后生辈欲反证予言，卒无其据。引此以喻松柏，可谓合伦。如一座园亭，所有者皆时花弱卉，无十数本

① （明）文震亨《长物志》，完成于崇祯七年，全书十二卷，分室庐、花木、水石、禽鱼、书画、几榻、器具、位置、衣饰、舟车、蔬果、香茗十二类，有浙江鲍士恭家藏本，收入《四库全书》。

老成树木主宰其间，是终日与儿女子习处，无从师会友时矣。名流作画，肯若是乎？噫，予持此说一生，终不得与老成为伍，乃今年已入画，犹日坐儿女丛中。殆以花木为我，而我为松柏者乎？

在李渔笔下，松柏已经不是自然事物，而是人；至少可以说是一种人文符号，文化符号。它们已经融入人的生活活动之中，成为人文活动的一个环节，一个有机部分，一个具有社会生命、文化生命的机体。它们是可以同"俊美少年"对话的扶筇曳杖的矍铄长者。李渔是以诙谐的笔调描述松柏的苍古、老成之美的。李渔说："苍松古柏，美其老也。"他用通常所见绘画中描写的情景作例子，戏谓后生："欲作画图中人，非老不可。"何也？山水画中，总有"矍铄"老者"扶筇曳杖"观山临水，而年青后生只配作"携琴捧画之流"、"挈盒持樽之辈"，可见以老为美、以老为尊、以老为贵，"引此以喻松柏，可谓合伦"。李渔还有一个比喻："如一座园亭，所有者皆时花弱卉，无十数本老成树木主宰其间，是终日与儿女子习处，无从师会友时矣。"他忽然笔锋一转，自嘲曰："噫，予持此说一生，终不得与老成为伍，乃今年已入画，犹日坐儿女丛中。殆以花木为我，而我为松柏者乎？"你瞧，李渔说得多么有趣！

按照我们中国人的审美传统，如果说竹是象征"气节"、"高雅"等品格的审美符号，荷花是象征"出污泥而不染"等品格的审美符号，那么松柏则是象征"苍劲老成"、"坚贞不屈"、"千古不朽"等品格的审美符号。

岁寒而知松柏之后凋也。

陈毅元帅有诗云："大雪压青松，青松挺且直。要知松高洁，待到雪化时。"在这里，青松坚贞不屈的高大形象像一座纪念碑一样矗立起来了。

你想知道中国人怎样爱梅、怎样赏梅吗？

你想知道中国人怎样爱梅、怎样赏梅吗？请看李渔在《闲情偶寄·种植部》"梅"中的描绘：山游者必带帐篷，实三面而虚其前，帐中设炭火，既可取暖又可温酒，可以一边饮酒，一边赏梅；园居者设纸屏数扇，覆以平顶，四面设窗，随花所在，撑而就之。你看，爱梅爱得多么投入！赏梅赏得多么优雅！倘若爱梅、赏梅能达到这种地步，梅如有知，应感激涕零矣。

在中国，通常一说到梅花就想到它的傲视霜雪、高洁自重的品格，它也因此受到人们的喜爱。其实，远在七千年以前的新石器时代梅就被中国先民开发利用，先是采集梅果用于祭祀，并且在烹调时以之增加酸味；大约到魏晋南北朝，人们才开始对梅花进行审美欣赏；到宋元，梅花之审美文化达到鼎盛时期，一直延续至今。

对梅花进行了专门研究的程杰教授在其所著《中国梅花审美文化研究》（四川出版集团巴蜀书社 2008 年版）中说，梅与梅花是中国原生态的，最富于中国文化特色的植物，是华夏民族精神的典型载体。梅与梅花也是一个开发历史跨度较大，文化年轮丰富、完整的植物，包含着深厚的社会文化积淀，是解剖中国社会历史和思想文化演变轨迹一个重要的意象标本。梅花被中国古代文人志士赋予三种情趣，即清气、骨气与生气。

程教授所言甚是。

毛泽东词云："风雨送春归，飞雪迎春到。已是悬崖百丈冰，犹有花枝俏。"此即言其傲视霜雪；陆游词云："无意苦争春，一任群芳妒。零落成泥碾作尘，只有香如故。"此即言其高洁自重。

梅花的这种品性，在中国古代特别受到某些文人雅士的推崇，林逋"梅妻鹤子"的故事是其典型表现。据宋代沈括《梦溪笔谈》[1] 等书载，宋代钱塘人林逋（和靖），置荣利于度外，隐居于西湖的孤山，所住的房子周围，植梅蓄鹤，每有客来，则放鹤致之。这就是以梅为妻，以鹤为子。如果一个人能够视梅为妻，那么，其爱梅达到何种程度，可想而知。

但是在中国士大夫阶层中还有另一种趣味，即过分人为化，强行改变花木的自然形态以适合自己的审美情趣，如龚自珍所说之"病梅"。龚氏《病梅馆记》[2] 有云："江宁之龙蟠，苏州之邓尉，杭州之西溪，皆产梅。或曰：'梅以曲为美，直则无姿；以欹为美，正则无景；以疏为美，密则

---

　　[1]　宋代沈括《梦溪笔谈》，包括《笔谈》、《补笔谈》、《续笔谈》三部分。《笔谈》二十六卷，分为十七门，依次为"故事、辩证、乐律、象数、人事、官政、机智、艺文、书画、技艺、器用、神奇、异事、谬误、讥谑、杂志、药议"。《补笔谈》三卷，包括上述内容中十一门。《续笔谈》一卷，不分让。1957 年，中华书局有胡道静《新校正梦溪笔谈》。

　　[2]　（清）龚自珍：《病梅馆记》，见 1959 年王佩诤校中华书局上海编辑所本《龚自珍全集》。

无态。'固也。此文人画士，心知其意，未可明诏大号以绳天下之梅也；又不可以使天下之民，斫直、删密、锄正，以夭梅病梅为业以求钱也。梅之欹之疏之曲，又非蠢蠢求钱之民能以其智力为也。有以文人画士孤癖之隐明告鬻梅者，斫其正，养其旁条，删其密，夭其稚枝，锄其直，遏其生气，以求重价：而江浙之梅皆病。文人画士之祸之烈至此哉！"龚氏对这种戕害自然的行为愤愤然、怏怏然，非要加以矫正不可。"予购三百盆，皆病者，无一完者。既泣之三日，乃誓疗之：纵之顺之，毁其盆，悉埋于地，解其棕缚；以五年为期，必复之全之。予本非文人画士，甘受诟厉，辟病梅之馆以贮之。呜呼！安得使予多暇日，又多闲田，以广贮江宁、杭州、苏州之病梅，穷予生之光阴以疗梅也哉！"

从《李》看李渔善为小品文者如是

李渔《闲情偶寄·种植部·木本第一》中关于李花，写了这样一段文字：

> 李是吾家果，花亦吾家花，当以私爱嬖之，然不敢也。唐有天下，此树未闻得封。天子未尝私庇，况庶人乎？以公道论之可已。与桃齐名，同作花中领袖，然而桃色可变，李色不可变也。"邦有道，不变塞焉，强哉矫！邦无道，至死不变，强哉矫！"自有此花以来，未闻稍易其色，始终一操，涅而不淄，是诚吾家物也。至有稍变其色，冒为一宗，而此类不收，仍加一字以示别者，则郁李是也。李树较桃为耐久，逾三十年始老，枝虽枯而子仍不细，以得于天者独厚，又能甘淡守素，未尝以色媚人也。若仙李之盘根，则又与灵椿比寿。我欲绳武而不能，以著述永年而已矣。

没有想到李渔竟然由李花作出这么漂亮、这么情趣盎然而富有深意的一篇小品文来。

此文开头"吾家果"、"吾家花"，表现了李渔一贯的幽默风格，这且不说；其中心是借李花之"色不可变"，而赞扬了人世间坚贞守一的品格。

一上来，他将梨花与桃花作了对比："桃色可变，李色不可变也。"然后，抓住"可变"与"不可变"，引经据典，生发开去。先是引用《中庸》"国有道，不变塞焉，强哉矫！国无道，至死不变，强哉矫"，重点强调"不变"之可贵品质。《中庸》第十章曰："子路问强。子曰：'南方之强与？北方之强与？抑而强与？宽柔以教，不报无道，南方之强也，君子居之。衽金革，死而不厌，北方之强也，而强者居之。故君子和而不流，强哉矫！中立而不倚，强哉矫！国有道，不变塞焉，强哉矫！国无道，至死不变，强哉矫！'"这是子路向孔子问"强"的一段话。朱子《集注》释曰："子路，孔子弟子仲由也。子路好勇，故问强。与，平声。抑，语辞。而，汝也。宽柔以教，谓含容巽顺以诲人之不及也。不报无道，谓横逆之来，直受之而不报也。南方风气柔弱，故以含忍之力胜人为强，君子之道也。衽，席也。金，戈兵之属。革，甲胄之属。北方风气刚劲，故以果敢之力胜人为强，强者之事也。此四者，汝之所当强也。矫，强貌。诗曰'矫矫虎臣'是也。倚，偏着也。塞，未达也。国有道，不变未达之所守；国无道，不变平生之所守也。此则所谓中庸之不可能者，非有以自胜其人欲之私，不能择而守也。君子之强，孰大于是。夫子以是告子路者，所以抑其血气之刚，而进之以德义之勇也。"用朱子的话说就是："国有道，不变未达之所守；国无道，不变平生之所守也。"接着又引述了《论语·阳货》中的一段话："不曰坚乎，磨而不磷；不曰白乎，涅而不淄。""磷"者，薄也，"磨而不磷"即磨而不薄；"涅"者，染黑也，"涅而不淄"即染而不黑。李渔借用孔子的话，赞赏"自有此花以来，未闻稍易其色，始终一操"的美好操行。最后李渔又以李树之"耐久"为话由，发了一番感慨："李树较桃为耐久，逾三十年始老，枝虽枯而子仍不细，以得于天者独厚，又能甘淡守素，未尝以色媚人也。若仙李之盘根，则又与灵椿比寿。我欲绳武而不能，以著述永年而已矣。"所谓"绳武"，是《诗经·大雅·下武》中的话："昭兹来许，绳其祖武。"绳，继续；武，足迹，即表明自己要绍续李花之好品格。

读此文不但令人心畅，而且发人深思。

好文章！好文章！

顺便说一说：李渔讲的是李花，而其果，向为人们所关注。以往的说法是：桃养人，杏伤人，李子树下埋死人。不久前有关专家为李子平反。据科学鉴定，李子对人大有益处，其营养价值甚至在桃、杏之上。

由"杏"说到艺术对象

李渔所谓李性专而杏性淫，当然是人的意识投射。但是话又说回来，文人赋诗作文，当描写自然现象时，或借物抒情，或托物起兴，舍意识投射便无所施其技。由此更可以看出李渔所写，乃是文学作品，而不是关于植物学的科学文章。在整个《闲情偶寄》中，他是把李、杏等自然物作为艺术对象来看待的。我曾发表过一篇《论艺术对象》的文章，有一段是这样写的：

> 艺术却绝非廉价地、无缘无故地把自然界作为自己的对象。只有如马克思所说"自然是人的身体"、自然界的事物与人类生活有着密切的本质联系时，艺术才把自己的目光投向它。譬如，艺术中常常写太阳、月亮、星星，常常写山脉、河流、风雨、雷电，常常写动物、植物，会说话的鸟，有感情的花……但是这一切作为艺术的对象，或是以物喻人，或是借物抒情，或是托物起兴，总之，只是为了表现人类生活；不然，它们在艺术中便没有任何价值、任何意义。就连那些所谓"纯粹"的山水诗、风景画、花鸟画，所写所画也绝非纯粹的自然物，而是寄托着、渗透着人的思想感情、生活情趣、审美感受、理想、愿望，而且也只有这样，那些自然物才能成为艺术的对象。如八大山人的鹰、郑板桥的竹、齐白石的虾、徐悲鸿的马，很明显地都是寄托着人的思想情趣。早在唐代，大诗人白居易在一首《画竹歌》[①]中，就明确地指出绘画的这个特点。长庆二年（公元822年），画家肖悦赠给白居易一幅墨竹画，诗人作《画竹歌》答之。诗中指出：画的是竹，而表现的却是人的思想感情。诗曰："人画竹身肥臃肿，肖画茎瘦节节竦；人画竹梢死羸垂，肖画枝活叶叶动。不根而生从意生，不笋而成由笔成。野塘水边碕岸侧，森森两丛十五茎。婵娟不失筠粉态，萧飒尽得风烟情。举头忽看不似画，低耳静听疑有声……"

---

① 据顾学颉整理的《白居易年谱简编》，《画竹歌》作于长庆二年壬寅（822），是年白居易五十一岁，自中书舍人除杭州刺史。《画竹歌》收入元稹于长庆四年甲辰（824）为白居易编的《白氏长庆集》。

请看，这画中不是处处渗透着人的思想感情吗？重写意、重表现的中国山水画、花鸟画是如此，即使重写实、重再现的西洋风景画也是如此。例如列维坦的风景画，那森林，那河流……难道不是明显地表现着画家的某种审美趣味、某种思想感情吗？即使同一个自然物，在哲学家眼里（即作为哲学对象）与在艺术家眼里（即作为艺术对象），也是很不一样的。这里有一个有趣的例子：天上的星星在诗人海涅眼里和在哲学家黑格尔眼里具有多么不同的意义。海涅回忆说："一个星光灿烂的良夜，我们两个并肩站在窗前，我一个二十二岁的青年人……心醉神迷地谈到星星，把它们称为圣者的居处。老师（指黑格尔——引者注）喃喃自语道：星星，唔！哼！星星不过是天上一个发亮的疮疤。我叫喊起来：看在上帝面上，天上就没有任何福地，可以在死后报答德行吗？但是，他瞪大无神的眼睛盯着我，尖刻地说道：那么，您还想为了照料过生病的母亲，没有毒死自己的兄弟，希望得到一笔赏金罗？"[1] 在海涅那里，星星是圣者的居处，是福地，是人死后可以报答德行的地方，总之星星与人类生活密切联系者，因而是艺术（诗）的对象；而星星在黑格尔眼里，却不过是天上一个发亮的疮疤——即以它作为自然物的本来性质呈现着，因而只是哲学和科学的对象。

蔷薇

李渔《闲情偶寄》中说："结屏之花，蔷薇居首。其可爱者，则在富于种而不一其色。大约屏间之花，贵在五彩缤纷，若上下四旁皆一其色，则是佳人忌作之绣，庸工不绘之图，列于亭斋，有何意致？他种屏花，若木香、酴醾、月月红诸本，族类有限，为色不多，欲其相间，势必旁求他种。蔷薇之苗裔极繁，其色有赤，有红，有黄，有紫，甚至有黑；即红之一色，又判数等，有大红、深红、浅红、肉红、粉红之异。屏之宽者，尽其种类所有而植之，使条梗蔓延相错，花时斗丽，可傲步障于石崇。然征

---

① ［俄］阿尔森·古留加：《黑格尔小传》，刘半九、伯幼等译，商务印书馆 1978 年版，第 145 页。

名考实，则皆蔷薇也。是屏花之富者，莫过于蔷薇。他种衣色虽妍，终不免于捉襟露肘。（按：着重号为引者所加）"

蔷薇与木香、酴醾、月月红诸本，皆屏花——即所谓"结屏之花"，而以蔷薇为优。我印象最深的是我的母校青岛山东大学八关山下沿山坡而生的一片蔷薇花墙，每到春天到来，黄、红、赤、紫，争辉斗艳，老远即觉香气袭人。那花墙似乎有一种使人亲和的魔力，月光之下，不知玉成了多少对情侣。

李渔真艺术家也。艺术的本性贵独创、忌雷同，李渔基于他的艺术天性，无时无刻不在贯彻这一原则。在《闲情偶寄·种植部·藤本第二》小序中，从批评维扬（今扬州）茶坊酒肆处处以藤本植物为花屏，到商贾者流家效户则"川、泉、湖、宇等字"为别号，似乎无意间又在申说贵独创、忌雷同这个原则。还是某人说的那句名言：第一个把女人比作花儿的，是天才；第二个，是庸才；第三个，是蠢才。

海棠

如果说牡丹是生在富家大户的、雍容华贵的、似乎因生性高贵而不肯屈从权威的（甚至像故事里所说敢于违抗帝王旨意）大家闺秀；如果说梅花是傲霜斗雪、风刀霜剑也敢闯的、英姿飒爽的巾帼英雄；如果说桃花（李渔所说的那种未经嫁接的以色取胜的桃花）是藏在深山人未知的处女；那么，秋海棠则好似一个出身农家的、贫寒的、纤弱可爱、妩媚多情的待字少女。李渔正是塑造了秋海棠的这样一种性格。他说，秋海棠较春花更媚。"春花肖美人之已嫁者，秋花肖美人之待年者；春花肖美人之绰约可爱者，秋花肖美人之纤弱可怜者。"

李渔还有一首《丑奴儿令·秋海棠》词："从来绝色多迟嫁，脂也慵施，黛也慵施。慵到秋来始弄姿。 谁人不赞春花好，浓似胭脂，灿似胭脂。雅淡何尝肯欲斯？"颇有味道。

秋海棠无论什么贫瘠的土地都能生长，"墙间壁上，皆可植之；性复喜阴，秋海棠所取之地，皆群花所弃之地也"。李渔还讲了一个故事，更增加了秋海棠的可怜与可爱："相传秋海棠初无是花，因女子怀人不至，涕泣洒地，遂生此花，可为'断肠花'。"

花之美与意识形态含义

罂粟在李渔生活的清初只是一种好看的花，李渔在《闲情偶寄·种植部·草本第三》中还将它与牡丹、芍药并列，赞曰："牡丹谢而芍药继之，芍药谢而罂粟继之，皆繁之极、盛之至者也。欲续三葩，难乎其为继矣。"然而一二百年之后，它在人们心目中改变了形象，成了"恶毒的美人"。为什么？其果乃提炼鸦片的原料也。鸦片对中国人的毒害尤甚，故林则徐烧鸦片，成了中华民族的大英雄。正因此，现在一提罂粟，顿觉毛骨悚然。人们很少再欣赏这种花了。

李渔把罂粟和葵放在一起比较，说："花之善变者，莫如罂粟，次则数葵。"又说："花之易栽易盛，而又能变化不穷者，止有一葵。是事半于罂粟，而数倍其功者也。"则在李渔那里，葵在某些方面又优于罂粟。然而，今天人们对葵的好印象，却并非它"易栽易盛，而又能变化不穷"，也不是受了荷兰画家梵高所画的"燃烧"的《向日葵》之影响，而是多半起于政治意识形态——它的"向阳"的品格，象征着忠于我们的"红太阳"，"文化大革命"中尤其如此，就像疯了一样。

如果说向日葵在"文化大革命"中的走红是由于"愚爱"、"愚忠"，那么萱在中华民族传统中则真是母慈儿孝的象征。萱，在中国有着特殊寓意，即忘忧，故又名忘忧草。古时候，游子离家，先在母亲居住的北堂种些萱草，冀其减轻思念而忘忧也。故"萱"和"萱堂"成了母亲的代称。

其实，在日常生活中，萱就是金针菜，也即我们经常吃的黄花菜。

玉簪和凤仙：乡土的质朴美

李渔《闲情偶寄·种植部·草本第三》"玉簪"款曰："花之极贱而可贵者，玉簪是也。插入妇人髻中，孰真孰假，几不能辨，乃闺阁中必需之物。然留之弗摘，点缀篱间，亦似美人之遗。呼作'江皋玉佩'，谁曰不可？"

其"凤仙"款又曰："凤仙，极贱之花，此宜点缀篱落，若云备染指甲之用，则大谬矣。纤纤玉指，妙在无瑕，一染猩红，便称俗物。况所染之红，又不能尽在指甲，势必连肌带肉而丹之。迨肌肉褪清之后，指甲又不能全红，渐长渐退，而成欲谢之花矣。始作俑者，其俗物乎？"

玉簪和凤仙，乃中国古代女性（主要是普通百姓）之宠爱物。何也？可作化妆之用。李渔所谓"江皋玉佩"，"江皋"喻居住在江边的"帝之二女"，"玉佩"指她们佩戴之首饰，这里是说玉簪花可以作为女人的美丽首饰来佩戴。关于"帝之二女"，有一段古代传说中的故事。据《山海经·山经·中山经·中次十二经》："又东南一百十里，曰洞庭之山，其上多黄金，其下多银铁，其木多柤梨橘櫾，其草多葌、蘪芜、芍药、芎䓖。帝之二女居之，是常游于江渊。澧沅之风，交潇湘之渊，是在九江之间，出入必以飘风暴雨。"郭璞注曰："天帝之女，处江为神，即《列仙传》所谓江妃二女也。"① 唐代诗人孟郊《湘妃怨》有"玉珮不可亲，徘徊烟波夕"句。李渔借这个故事赞扬玉簪花作为女人首饰之妙用，谓"花之极贱而可贵者，玉簪是也。插入妇人髻中，孰真孰假，几不能辨，乃闺阁中必需之物"。我看是过誉了。而他对凤仙的贬抑，说"纤纤玉指，妙在无瑕，一染猩红，便称俗物"，却又过甚。玉簪和凤仙在古代女性中的这两项用途，是下层妇女或女孩子带有游戏性质的一种妆饰活动而已。记得我小时候在农村姥姥家，就见表姐和她的小朋友们以凤仙染指甲，以小鲜花（包括玉簪之类）插在头发上做妆饰。好玩儿而已。虽是游戏，她自己、她的同伴，却也的确觉得漂亮；就连我这样的小屁男孩儿，当时还不甚懂得什么是女孩的美，也懵懵懂懂觉得好看。而且与今天城市女人用高档化妆品不同，感觉不到乡村的表姐们太多的忸怩作态的脂粉气，而是带着泥土的质朴，有着清水出芙蓉的味道。

---

① 《山海经》可谓中国早期的百科全书，内容包含历史、地理、民族、神话、宗教、生物、水利、矿产、医学诸方面。一般认为，它由三大部分组成，其中以《山经》成书年代最早，为战国时作；《海经》为西汉所作；《大荒经》及《大荒海内经》为东汉至魏晋所作。《山海经》的今传本为十八卷三十九篇，其中《山经》（又称《五藏山经》）五卷，包括《南山经》、《北山经》、《东山经》、《中山经》；《海内经》、《海外经》八卷；《大荒经》及《大荒海内经》五卷。晋郭璞作注，其后考证注释者有清代毕沅《山海经新校正》和郝懿行《山海经笺疏》。今有中华书局2009 年版方韬注《山海经》。

没有想到我还有郑玄这么个同乡

"书带草"是我很熟悉的一种家居花草，我阳台上和窗台上就有好几盆，虽算不上漂亮，据说却是室内换空气的好品种。

李渔词《忆王孙·山居漫兴》中有"满庭书带一庭蛙，棚上新开枸杞花"句，意境甚美。而《闲情偶寄·种植部·众卉第四》"书带草"款则记述了书带草与东汉大学问家郑玄的许多故事。

查《后汉书·郡国志四》"东莱郡"刘昭注引晋伏琛《三齐记》曰：郑玄教授不期山，山下生草，大如薤叶，长一尺余，坚韧异常，土人名曰康成书带。

而且，再查：郑玄是山东高密人，远祖郑国曾是孔子的学生；八世祖郑崇，西汉哀帝时官至尚书仆射。他本人自幼天资聪颖，又性喜读书，勤奋好学，八九岁就精通加减乘除的算术，十六岁即精通儒家经典，详熟古代典制，文章写得漂亮，人称神童，后其毕生精力注释儒家经典凡百余万言。

郑玄一生献身学术与教育，曾游学淄川，在城北黉山建书院，授生徒五百人，并引来四方众多文学之士。

对于淄川和高密，我都备感亲切。我读小学、读初中都在博山，从那里往北走二十里地（汽车上高速公路一眨眼的工夫）就是淄川，那是我好朋友的家居地，而且是大文豪蒲松龄的故乡。大学毕业后，我虽供职京城，却长期安家青岛，探亲、开会，路过高密无数次——当年在火车上一听报高密站名，就知道到家了。再加上郑玄是我天天与之相处的书带草之祖，我简直把这位郑老爷子当作老朋友了。

真的没有想到我还有郑老爷子这么个有大学问的同乡，而且还是与书带草密切相关的雅得不能再雅的同乡。

幸哉！

花草有性，各呈其妙

李渔《闲情偶寄·种植部·众卉第四》最后说到五种花："老少年"、

"天竹"、"虎刺"、"苔"和"萍"。

虽然在李渔看来，"老少年"乃草中仙品，秋阶得此，群花可废，并说"盖此草不特于一岁之中，经秋更媚，即一日之中，亦到晚更媚。总之后胜于前，是其性也"；说"天竹"是"竹不实而以天竹补之"，亦是趣事；还说"长盆栽虎刺，宣石作峰峦"，只要布置得宜，"虎刺"可成一幅案头山水。但我看，李渔这些话说得太大，有点儿替它们吹牛。

除"老少年"、"天竹"、"虎刺"之外，李渔不得不承认"余皆"（主要指"苔"与"萍"）平常不过，真可谓"至贱易生之物"。值得称道的是，李渔能在"至贱"之中找出不贱之处，从平常之中说出不平常的地方。如苔虽易生，却并不任人随意摆布：冀其速生者，彼必故意迟之；然一生之后，又令人无可奈何矣。又如，水上生萍，固然极多雅趣；而其弥漫太甚，充塞池沼，使水居有如陆地，亦恨事也。

其实，何必在自然界的生物里面、花草之间，分贵贱、比高低？菜花比之于牡丹，似有天壤之别；然四月田畴菜花盛开，一眼望去遍地金黄，岂不美哉！年轻时我到南方出差，第一次见到此景此情，一下子惊呆了，至今难忘。那气象比牡丹更能夺人。

我从中得出一个结论：花草有性，各呈其妙。自然事物各有自身的生命欲求，各有其生存价值。

"民吾同胞，物吾与也"

宋理学家张载在《正蒙·乾称》[①] 中说："乾称父，坤称母，予兹藐焉，乃浑然中处。故天地之塞，吾其体；天地之帅，吾其性。民吾同胞，物吾与也。"《正蒙·大心》又说："大其心则能体天下之物。"所谓"民吾同胞，物吾与也"，所谓"能体天下之物"，都是一种破除人与人、人与物之间隔阂而能体悟人与天地万物为一体的境界。这种传统精神在中国历代文人中一直继承着，李渔身上也时现之。

---

① 《正蒙》是北宋哲学家张载的主要哲学著作，约成书于熙宁九年（1076），其门人苏昞在张载逝世后将其"离其书为十七篇"。现存最早版本见于宋本《诸儒鸣道集》中。清王夫之有《张子正蒙注》，古籍出版社1956年出版校点本。

李渔《闲情偶寄·种植部·草本第三》有三百余字的小序，在讲了一通人之有根与草之有根，其"荣枯显晦、成败利钝"情理攸同的事例之后，发出这样的感慨："世间万物，皆为人设。"李渔此言有点"以人为中心"的意思，与张载又有区别。

在现代西方，类似李渔这样以人为中心的人本主义（西方人称之为"人类中心主义"）却是被批判的对象。他们要批判人类的"自私自利"，他们主张非人类中心主义，提出超越人本主义或者说超越人道主义。其实，若讲人与自然的关系，中国人比西方人更懂得"天人合一"，更尊重自然，更亲近自然。中国人讲"人道"与"天道"的一致，认为害"天"即害"人"。李渔亦如是。然而，在当今的世间，人是最高的智慧；在调理人与自然的关系时，人处于主导地位。这样看来，人无疑是万物的领袖。在宇宙历史发展到现今这个阶段上，只有人是"文化的动物"，只有人有道德，懂得什么是价值，只有人能够意识到什么样的行为对人对物是"利"是"弊"，而且只有人才能确定行为的最优选择。那么，现今能够超越人道主义吗？我看，难乎其难。人道主义本身尚未充分实现，何谈超越？

玉兰花

李渔《闲情偶寄·种植部·木本第一》"玉兰"款描绘玉兰曰："世无玉树，请以此花当之。花之白者尽多，皆有叶色相乱，此则不叶而花，与梅同致。千干万蕊，尽放一时，殊盛事也。"这如玉之花，的确可爱。

北京人尤其喜欢玉兰。记得正值初春我去北京医院看病，候诊时，一位六十多岁的护士大妈（我想她是返聘人员）正与一对年逾七旬的患者夫妇交谈去颐和园拍摄玉兰花的经验，从他们的言谈和眼神中我似乎看到了玉兰之美。我也曾与朋友去颐和园观赏过玉兰，我尤其喜爱紫色的，觉得它格外沉稳、大方、华贵、雍容。

上个世纪 90 年代移家安华桥边，我的窗下，院子里有两棵白玉兰，还有一簇迎春花。每到春节过后，虽然残冬竭力抵抗着春之脚步，但是迎春花还是冷不防从雪花丛中钻出来开放。而白玉兰从深冬起就酝酿着花苞，积蓄着力量，没等迎春花谢，就羞答答地张开小嘴向春天表示爱意。

只要我往窗下一瞅，白玉兰花开了，我知道春天确实已经充塞于天地之间了。

可惜的是，去年楼前挖沟埋管道，伤了最大的那棵白玉兰的根，今年花期到时，花苞始终没有开放；别的白玉兰花谢之后都长叶子了，唯独这棵树只见花苞枯萎、干瘪。

人怎么能这样残忍！

瑞香

瑞香原产我国，江南各省均有分布。其变种有金边瑞香、白瑞香、蔷薇瑞香等。金边瑞香，其繁殖可用种子随采随播，扦插极易。蔷薇瑞香又叫水香瑞香，花被裂片里面为白色，表面带粉红色；还有淡红瑞香，叶深绿色，花淡红紫色。

笠翁称："瑞香乃花之小人。何也？《谱》载此花'一名麝囊，能损花，宜另植'。予初不信，取而嗅之，果带麝味，麝则未有不损群花者也。同列众芳之中，即有朋侪之义，不能相资相益，而反祟之，非小人而何？"这使瑞香蒙受了冤屈；且李渔有"挑拨离间"之嫌。夹竹桃的叶、花和树皮都有剧毒，难道就变为"花之恶人"不成？

从笠翁称瑞香为"花之小人"，我想到差不多与李渔同时的散文家汪琬①的小品《鸭媒》。该文刻画了一个"鸭奸"的形象："江湖之间有鸭媒焉，每秋禾熟，野鸭相逐群飞，村人置媒田间，且张罗焉。其媒昂首鸣呼，悉诱群鸦下之，为罗所掩略尽。夫鸭之与鸭类也，及其箸涩狡猾，而思自媚于主人，虽戕其类不顾，呜呼，亦可畏矣哉！"

"鸭媒"的恶名是汪琬硬给加上去的，犹如"花之小人"乃李渔罗织罪名。不过，话又说回来，作为小品文，李渔和汪琬都是成功的。以物喻人，指桑骂槐，借古讽今，等等，这是文人惯用的手段。虽然自然物蒙受了不白之冤，但却创造了人文价值。

① 汪琬（1624—1691），清初散文家。字苕文，号钝庵，长洲（今江苏吴县）人。顺治进士，曾任刑部郎中、户部主事等职。康熙时举博学鸿词科，授编修。曾结庐太湖尧峰山，人称尧峰先生。论文要求明于辞义，合乎经旨。所著有《钝翁类稿》、《尧峰文钞》等。《鸭媒》见于《钝翁类稿》。《钝翁类稿》有中华书局1985年影印本。

山茶花

一提山茶花，人们会立刻想到古人对它的描绘。如苏轼《邵伯梵行寺山茶》："山茶相对阿谁栽，细雨无人我独来。说似与君君不会，灿红如火雪中开。"陆游《山茶花》："东园三日雨兼风，桃李飘零扫地空。惟有山茶偏耐久，绿丛又放数枝红。"两位大诗人的著名诗句（尤其是"灿红如火雪中开"和"绿丛又放数枝红"），逗起人们对山茶花的美丽想象。

山茶之可爱，一是其性，一是其色。

其性何如？李渔《闲情偶寄·种植部·木本第一》"山茶"款说它不像桂花与玉兰那样"最不耐开，一开辄尽"，而是"最能持久，愈开愈盛"，而且"戴雪而荣"。因此，李渔赞这种花为"具松柏之骨，挟桃李之姿，历春夏秋冬如一日，殆草木而神仙者"。

其色何如？李渔的描绘极妙："由浅红至深红，无一不备。其浅也，如粉如脂，如美人之腮，如酒客之面；其深也，如朱如火，如猩猩之血，如鹤顶之珠。可谓极浅深浓淡之致，而无一毫遗憾者也。"

李渔可谓山茶花之知音。难得！难得！

我也喜欢山茶花。上个世纪70年代"文革"末期遭遇唐山大地震，所里派我们几个年轻同志去王淑明同志家帮助搭地震棚，在他家向阳的一间大房子里看到一盆山茶花，虽未到开花时候，但枝繁叶茂，十分喜人，花期盛开可预期也。我在羡慕之余，如果不是地震逼人，真想问问这花怎么养得如此之好。"文革"结束后，80年代初去广西开会，坐飞机从桂林七星公园带回一盆红色茶花，像爱护婴儿一样爱护它。无奈好景不长，眼见它叶子发黄，后又一片片脱落，最后竟离我们而去。伤心之余，连盆葬之。以后虽再也不敢养山茶花了，但每每遇见公园里和朋友家或含苞或盛开的山茶花，总是爱不释眼。只恨自己没这本事。

菜

李渔《闲情偶寄·种植部》谓"菜"：

菜为至贱之物，又非众花之等伦，乃《草本》、《藤本》中反有缺遗，而独取此花殿后，无乃贱群芳而轻花事乎？曰：不然。菜果至贱之物，花亦卑卑不数之花，无如积至贱至卑者而至盈千累万，则贱者贵而卑者尊矣。"民为贵，社稷次之，君为轻"[①]者，非民之果贵，民之至多至盛为可贵也。园圃种植之花，自数朵以至数十百朵而止矣，有至盈阡溢亩，令人一望无际者哉？曰：无之。无则当推菜花为盛矣。一气初盈，万花齐发，青畴白壤，悉变黄金，不诚洋洋乎大观也哉！当是时也，呼朋拉友，散步芳塍，香风导酒客寻帘，锦蝶与游人争路，郊畦之乐，什佰园亭，惟菜花之开，是其候也。

菜花之美，在于其盈阡溢亩的气势。若论单朵，它绝比不上牡丹、芍药、荷花、山茶，也不如菊花、月季、玫瑰、杜鹃；论香，它比不上水仙、栀子、梅花、兰花。但是，它的优势在于花多势众，气象万千。每逢暮春三月，江南草长，漫山遍野，"万花齐发，青畴白壤，悉变黄金"，其洋洋大观的气魄，如大海，如长河，如星空；相比之下，不论是牡丹、芍药、荷花、山茶，还是菊花、月季、玫瑰、杜鹃，以至水仙、栀子、梅花、兰花，都忽然变得格局狭小，样态局促。这时，确如李渔所说，"呼朋拉友，散步芳塍，香风导酒客寻帘，锦蝶与游人争路，郊畦之乐，什佰园亭"。

茉莉

茉莉花，人见人爱，爱看其花，爱闻其味。江苏有一首著名的民歌《茉莉花》，据说清末李鸿章曾把它当国歌用。有一篇文章说，李鸿章去日不落帝国出差，麻烦来了。英国人为示隆重提议奏响两国国歌，"国歌？咱大清没这玩意儿呀"，小的们乱作一团。还是中堂大人临危不惧："来段儿《茉莉花》吧，好听。"于是，江南小调《茉莉花》与不列颠天音浩荡的《天佑吾王》相映成趣。《走向共和》里的北洋政府国歌其实就是"茉

---

① "民为贵"三句：语出《孟子·尽心下》。社为土神，稷为谷神，社稷表示国家。

莉花"。北京人尤其爱喝茉莉花茶，干脆称茉莉花为"茶叶花"。

笠翁《闲情偶寄·种植部·木本第一》"茉莉"款谓："茉莉一花，单为助妆而设，其天生以媚妇人者乎？是花皆晓开，此独暮开。暮开者，使人不得把玩，秘之以待晓妆也。是花蒂上皆无孔，此独有孔。有孔者，非此不能受簪，天生以为立脚之地也。若是，则妇人之妆，乃天造地设之事耳。"这是说茉莉花乃天生为女人妆饰之花。我是北方人，江浙一带或南方其他盛产茉莉花的地方妇女如何用来进行"晓妆"以增媚，我不得而知；但我知道北方人如何酷爱茉莉花之沁人心脾的香味儿。"文革"后期，闲来无聊，我和我的朋友们把心思用在养花上。王俊年兄特别喜欢茉莉，尤爱其香，一次特地约我去他家赏茉莉。一进裱褙胡同他家小院，一股香气袭鼻而来，使人灵魂为之酥软。于是我下决心也养一盆茉莉。秋末的一天，俊年带领我和杨世伟，一行三人，骑自行车逾一个半小时，到北京西南郊丰台花乡去买花，我购得一盆茉莉，喜不自胜。李渔说："妻梅者，止一林逋，妻茉莉者，当遍天下而是也。"我虽未到"妻茉莉"之境界，但视之为心中明珠，倒也仿佛。我浇水施肥，天天呵护有加，每晨起床先闻其香。

黄杨、棕榈：两种性格

李渔《闲情偶寄·种植部·竹木第五》写黄杨"每岁长一寸，不溢分毫，至闰年反缩一寸，是天限之木也"；而谓棕榈"直上而无枝"，且"无枝而能有叶"。

我看李渔乃刻画了黄杨和棕榈两种性格。

一种是黄杨的"知命"而无争，以"故守困厄"为当然。它每岁长一寸，不溢分毫；而遇闰年，"反缩一寸"（读者诸君对"遇闰年，反缩一寸"且莫叫真儿，只把这话当作是小说家言或寓言故事，它肯定没有科学根据）。请看：岁长一寸，老天爷对它已经够吝啬和苛刻了；而遇闰年不长反缩，这简直是虐待，岂非"不仁之至、不义之甚者矣"！然而，黄杨"冬不改柯，夏不易叶"，顺应造化的摆布而安之若素。李渔叹曰："乃黄杨不憾天地，枝叶较他木加荣，反似德之者，是知命之中又知命焉。莲为花之君子，此树当为木之君子！"对李渔所说黄杨生长之坎坷历程，我所知不多，但黄杨之木质细密，因而能制成精美木雕，我略知一二。浙江东阳的黄杨木雕，久负盛名，被誉为"天下第一雕"。一次参观东阳黄杨木雕展览，有人物，有动物，有屏风……布局十分巧妙，丰满而不散乱，主题突出而层次分明，造型夸张而变化有度，不能不令人叫绝三声。

"直上而无枝"的棕榈是另一种却也是令人尊敬的品性："植于众芳之中，而下不侵其地，上不蔽其天"，实在是所求者少，不但不损害他人，且尽量不给世界添麻烦。

冬青："身隐焉文"

冬青本是非常普通的一种植物，作为人们的观赏对象来说，它实在也说不上多么漂亮。而且作为自然物，它本无知无识，无情无义，无爱无恨，无苦无乐。可是李渔在《闲情偶寄·种植部·竹木第五》"冬青"款中却说："冬青一树，有松柏之实而不居其名，有梅竹之风而不矜其节，殆'身隐焉文'之流亚欤？然谈傲霜砺雪之姿者，从未闻一人齿及。是之推不言禄，而禄亦不及。予窃怂之，当易其名为'不求人知树'。"

李渔写冬青，又是在刻画和颂扬一种优秀的人文品格："身隐焉文。"

这里用的是一个典故。故事发生在春秋时的晋国。初时，晋公子重耳受迫害出亡，介子推随从左右，忠心耿耿。后重耳登国君位，遍赏勋臣，唯不及介子推。而介子推亦不争；不但不争，反而偕母归隐。别人劝他把自己的功劳向国君陈说，他坚决不肯。《左传·僖公二十四年》记介子推的话："言，身之文也，身将隐，焉用文之？"冬青的品格类此："有松柏之实而不居其名，有梅竹之风而不矜其节"，李渔命其名为"不求人知树"，实可当之。

当然，所谓"身隐焉文"，是人的品格，是介子推的品格。李渔此文将它赋予冬青——为了弘扬"身隐焉文"的介子推品格，李渔硬是给冬青"黄袍加身"，使之荣耀于世。

这是文人惯用的"伎俩"，而赖此种"伎俩"，却成就了许多优秀的寓言和童话作品。

第八章　颐养篇

生与死

李渔《闲情偶寄·颐养部·行乐第一》云：

> 伤哉！造物生人一场，为时不满百岁。彼夭折之辈无论矣，姑就永年者道之，即使三万六千日尽是追欢取乐时，亦非无限光阴，终有报罢之日。况此百年以内，有无数忧愁困苦、疾病颠连、名缰利锁、惊风骇浪，阻人燕游，使徒有百岁之虚名，并无一岁二岁享生人应有之福之实际乎！又况此百年以内，日日死亡相告，谓先我而生者死矣，后我而生者亦死矣，与我同庚比算、互称弟兄者又死矣。噫，死是何物，而可知凶不讳，日令不能无死者惊见于目，而怛闻于耳乎！是千古不仁，未有甚于造物者矣。

李渔在此思考了一个非常重要的哲学问题，即生与死。这个问题历来被哲人不断思考着，远的不说，即以明代思想家李贽为例。李贽《焚书》卷四《伤逝》篇云："生之必有死也，犹昼之必有夜也。死之不可复生，犹失之不可复返也。人莫不欲生，然卒不能使之久生；人莫不伤逝，然卒不能止之使勿逝。既不能使之久生，则生可以不欲矣。既不能使之勿逝，则逝可以无伤矣。故吾直谓死不必伤，唯有生乃可伤耳。勿伤逝，愿伤生也。"李贽识悟了死乃任何人也不能避免的客观事实之后，得出的结论是："既不能使之勿逝，则逝可以无伤矣。故吾直谓死不必伤，唯有生乃可伤耳。勿伤逝，愿伤生也。"就是说，活着就应爱惜生命。这个结论是积极的。

对此，李渔的追问是：人生百年，不能无死，造物不仁乎？仁乎？

李渔所谓"千古不仁，未有甚于造物者矣"，这个思想明显出于老子，但原意与此并不相同。《道德经》① 第五章曰："天地不仁，以万物为刍狗；圣人不仁，以百姓为刍狗。天地之间，其犹橐籥乎？虚而不屈，动而愈出。多言数穷，不如守中。"王弼注曰："天地任自然，无为无造，万物自相治理，故不仁也。仁者必造立施化，有恩有为。造立施化，则物失其真。有恩有为，则物不具存。物不具存，则不足以备载。天地不为兽生刍，而兽食刍；不为人生狗，而人食狗。无为于万物而万物各适其所用，则莫不赡矣。若慧（通惠）由己树，未足任也。"老子原意是说，天地无所谓"仁"或"不仁"，任自然而已——其实李渔在其他诗文中也有很接近老子的说法："死生一大数，岂为猪豚移？"② 它合乎"人情物理"。

然而，李渔在《行乐第一》中反其意而用之，并生发出自己的一番道理。

"死"是不祥的，可怕的；但又是无可回避、不可避免的。这是每个人必须面对的事实和归宿。怎么办？李渔得出一个相当现实而又有些无可奈何、自我宽慰而又不免消极的结论："不仁者，仁之至也。知我不能无死，而日以死亡相告，是恐我也。恐我者，欲使及时为乐，当视此辈为前车也。"

一句话：既然死不可避免，那么大家都来抓紧有生之年，及时行乐吧；而且老天爷以"死"来"恐我"，意思也是叫我们"及时为乐"。

李渔所采取的当然不失为一种可行的态度，但在今天的我们看来却不是理想的态度。我在 2008 年 10 月 22 日《北京青年报》上看到我的朋友周国平研究员一篇关于生死问题的讲演稿，深得我心。抄录几段，以飨读者：

> 人生哲学实际上思考的问题归根到底是人生的意义的问题，人活着到底有没有意义、有什么意义？这个问题可以分成两个问题，一个是生和死的问题，另外一个问题是幸福的问题，生存更重要的意义在

---

① 见《老子道德经注校释》，（魏）王弼注，楼宇烈校释，中华书局 2008 年版。
② （清）李渔：《问病答》（五言古），《李渔全集》第一卷，第 6 页。

幸福上。

生和死这两方面确实是有冲突的，所有的问题都是这两个矛盾引起的，都是要解决这两个问题。

我们平时对死亡的问题是回避的……我很欣赏西藏一位高僧的说法："任何时候想这个问题都不早，因为哪个人先来到，没有人能知道。"你明天还在不在这个世界上？今天是没有办法肯定的，突然的死亡是没有办法预测的，死亡是随时可能会来到的不速之客。

哪怕今天晚上死，我也能够非常安详，我们要有这样的心态。这样的心态从哪里来？不可能从天上掉下来，是靠平时的修行得来的。这是人生很大的成就。

西方哲学家苏格拉底有一句名言"哲学就是预习死亡"，我们总有一天是要死亡的，现在要预习好。

实际上真正思考死亡、知道人生有限这不完全是消极的，是让你对人生更认真，更好地规划人生，去实现自己的价值，让你进取积极。对死亡的思考增加了对人生的思考，你可以很积极地生活，争取你的利益你的幸福，但是你同时还要看到你所得到的你争取的一切都是有限的暂时的，你争取到的财富、地位、名誉都是暂时的，从人生这个大的角度来说，都是过眼烟云，所以就不要太在乎。

人生最大享受是享受生命本身，比如说健康、和大自然的和谐相处、爱情、和睦的家庭、亲情、婚姻，这些东西是永恒的，不是钱越多生活质量越好。

彻底的唯物主义者，参透生死，遵从自然规律，时刻准备着，坦然迎接死的到来；但平时生活中的每一刻却绝不虚度，而是应自然之召唤，有滋有味地快乐地活着，爱着，工作着，创造着，享受着。

这就是幸福。这里就有快乐。

"乐不在外而在心"

什么是快乐？乐在何处？李渔《闲情偶寄·颐养部·行乐第一》之"贵人行乐之法"有云："乐不在外而在心。心以为乐，则是境皆乐，心以为苦，则无境不苦。”这是说，快乐是一种内心的感觉。金圣叹评《西厢》有三十三个“不亦快哉”，皆诠释如是感觉。如，其一：“夏七月，赤日停天，亦无风，亦无云，前后庭赫然如洪炉，无一鸟敢来飞，汗出遍身，纵横成渠，置饭于前，不可得吃，呼簟欲卧地上，则地湿如膏，苍蝇又来缘颈附鼻，驱之不去，正莫可如何，忽然大黑车轴，疾澍澎湃之声，如数百万金鼓，檐溜浩于瀑布，身汗顿收，地燥如扫，苍蝇尽去，饭便得吃，不亦快哉！”其二：“十年别友，抵暮忽至，开门一揖毕，不及问其船来陆来，并不及命其坐床坐榻，便自疾趋入内，卑辞叩内子：‘君岂有斗酒如东坡妇乎！’内子欣然拔金簪相付，计之可作三日供也，不亦快哉！”其三：“空斋独坐，正思夜来床头鼠耗可恼，不知其戛戛者是损我何器，嗤嗤者是裂我何书，中心回惑，其理莫措，忽见一狻猫，注目摇尾，似有所瞷．敛声屏息，少复待之，则疾趋如风，唧然一声，而此物竟去矣，不亦快哉！”①

不同的人，处于不同境况之下，有着不同的或苦或乐的感觉。身为平民很难想象达官贵人的快乐；反之亦如是。但我想权势和财富绝不等于快乐。根据我所接触的史料，在中国古代长达两千多年的帝王专制统治时代，论贵，谁能贵过皇帝？然而，看看历代皇宫里的残酷争斗，弑父杀兄，“快乐”几何？有的人把做官视为乐事，袁宏道则相反。他在《答林下先生》的信中认为，为官者“奔走尘土，无复生人半刻之乐”。对于什么是真正的快乐，他有自己独特的看法：“然真乐有五，不可不知。目极世间之色，身极世间之安，口极世间之谭，一快活也。堂前列鼎，堂后度曲，宾客满席，觥罍若飞，烛气熏天，巾簪委地，皓魄入帷，花影流衣，二快活也。箧中藏万卷书，书皆珍异。宅畔置一馆，馆中约同心友十余人，就中择一识见极高如司马迁、罗贯中、关汉卿者为主，分曹部署，各成一书，远文唐宋酸儒之陋，近完一代未竟之篇，三快活也。千金买一舟，舟中置鼓吹一部，知己数人，游闲数人，泛家浮宅，不知老之将至，四快活也。然人生受用至此，不及十年，家资田地荡尽矣。然后一身狼狈，朝不谋夕，托钵歌妓之院，分餐孤老之盘，往来乡亲，恬不为怪，五

① （清）金圣叹：《第六才子书西厢记》四之二前语。见（元）王实甫著、金圣叹批点《第六才子书西厢记》，（台北）三民书局 1999 年版。

快活也。"①

李渔的观点是：一个人的内心感受如何，才是苦乐感之源。这个思想至少包含百分之五十以上的真理。同样一种环境和遭际，有人以为乐，有人以为苦。《论语·雍也》中孔子称赞他的学生颜回："贤哉回也，一箪食，一瓢饮，在陋巷，人不堪其忧，回也不改其乐。贤哉回也。"像颜回这样"一箪食，一瓢饮"的"陋巷"生活，对于某些人来说可能"不堪其忧"；而对于颜回，则"不改其乐"，乐在其中。同样一种行为，在某人看来是乐，而对于另外的人则是苦。譬如，"吃亏"。晚于李渔的清代扬州八怪之一郑板桥曰"吃亏是福"，至少吃亏对他来说并不是一件多么痛苦的事情；而对于《儒林外史》中严监生这样一个斤斤计较的守财奴，这样一个想尽千方百计使自己占便宜而让别人吃亏的人，假如他吃一点亏，大概能一夜睡不好觉，苦不堪言。

若想人生快乐，还需具有非常重要的一种生活态度，即有所作为、有所寄托。一个为理想而工作（哪怕是十分辛苦的劳作）人，是快乐的。晚明袁宏道在致其妻舅李子髯公的信中说："人情必有所寄，然后能乐。故有以弈为寄，有以色为寄，有以文为寄。古之达人，高人一层，只是他情有所寄，不肯浮泛虚度光景。每见无寄之人，终日忙忙，如有所失，无事而忧，对景不乐，即自家亦不知是何缘故。这便是一座活地狱，更说甚铁床铜柱，刀山剑树也？可怜！可怜！"② 一个无理想、无寄托的人，生活如行尸走肉，不可能有真正的快乐。

有的朋友说：李渔"心以为乐，则是境皆乐，心以为苦，则无境不苦"，是唯心主义。假如在三十或二十多年前，我可能说出同样的话。但是现在我不这么看，而是认为：这里谈不上"唯心"、"唯物"的问题。唯心主义、唯物主义是哲学概念。只有面对认识论上"心"和"物"谁是第一性、谁是第二性的提问时，才产生"唯心"、"唯物"的分野。而且，即使"唯心"，也并非一无是处。李渔此处所论，只是日常生活中常常发生的一种心理现象，属于心理学范畴。即使坚定的革命的"唯物主义者"，

① （明）袁宏道：《答林下先生》，见《袁中郎集》之《尺牍》；又见《袁中郎随笔》，作家出版社1995年版，第73页。
② （明）袁宏道：《致李子髯》，见《袁中郎集》之《尺牍》；又见《袁中郎随笔》，第82页。

如《红岩》中的江姐，在敌人监狱中那样极端残酷的环境里为迎接新中国诞生而绣红旗时，心里也感到无比快乐和幸福。

至于李渔所说"故善行乐者，必先知足"，我则一半赞成，一半反对。赞成者，是因为人应有自知之明，应该正视现实，不要有过分之想。不是每一个"灰姑娘"都能遇上"白马王子"，倘遇不上，就寻死觅活，那是自找苦吃，且不值得同情；刘德华在中国也只有一个，若非刘德华不嫁，或者父亲倾尽家产而满足女儿同刘德华会面之奢望，那是自造悲剧，而且贻笑天下。反对者，是因为"不知足"乃是发展的动力。只要符合科学规律，越是不知足，越是有辉煌和快乐的未来。

关于"退一步法"

李渔《闲情偶寄·颐养部·行乐第一》之"贫贱行乐之法"中说："穷人行乐之方，无他秘巧，亦止有退一步法。"（着重号为引者所加）这"退一步法"，可以有两个方面的含意。

一是积极的。如果原来没有把自己的位置摆对，奢望过高（如揪着自己的头发想离开地球）而无法实现，于是懊恼、痛苦，甚至因此而寻死觅活；通过"退一步"而反思，回到实事求是的立场上来，得到了解脱，得到了心理平衡，重新投入实实在在的境地而创造愉快的生活。这是应该鼓励的。而且，从心理分析医生角度看，李渔的"退一步法"，是一种有效的心理疗法，三百多年前，李渔凭此法可以成为一位优秀的心理医生，他的"退一步法"似可与后来的弗洛伊德学说互补。

二是消极的。实即精神胜利法，也即鲁迅所谓阿Q主义。李渔说："我以为贫，更有贫于我者；我以为贱，更有贱于我者；我以妻子为累，尚有鳏寡孤独之民，求为妻子之累而不能者；我以胼胝为劳，尚有身系狱廷，荒芜田地，求安耕凿之生而不可得者。以此居心，则苦海尽成乐地。"又说："所谓退步者，无地不有，无人不有，想至退步，乐境自生。"阿Q之"精神胜利"其实即以此为师——自己挨了打，本来是件晦气和屈辱的事情，退一步想：只当儿子打老子，于是转瞬间，仿佛自己又占了便宜，高兴起来。鲁迅时代的阿Q和千百年来处于社会最底层的阿Q们，以"精神胜利"麻痹自己，而不至于为此吃不下睡不着，窝窝囊囊抑郁而死。谁说阿 Q 主义没用？

精神胜利法是弱者的哲学。挨了强者的欺侮，既无反抗之力，又无反抗之心，于是，只得忍了，也只得认了；然而忍了、认了又不甘心，就又想出一个自欺欺人的招儿，只当被儿子欺侮了。于是照样过那种屈辱的生活。

对于一个需要自强的民族和需要振作的人民来说，精神胜利法当然是消极的，是件坏东西。鲁迅当年给以嘲笑和鞭笞，是对的。今天我们也不需要它。

家之乐

李渔《闲情偶寄·颐养部·行乐第一》之"家庭行乐之法"中说："世间第一乐地，无过家庭。'父母俱存，兄弟无故，一乐也。'① 是圣贤行乐之方，不过如此。"

这里说得倒是很有道理。这与现代人对家庭快乐和家庭伦理的看法相近。有的学者这样定义家庭及家庭伦理："简单的说，家庭 = 爸爸和妈妈，我爱你们。"英文即 FAMILY = FATHER AND MOTHER, I LOVE YOU（林志锋《家庭的起源探讨》）。

家庭是怎样产生的呢？家庭作为一种雌雄结合而组成的单位，是基因选择的需要，是繁衍后代以延续族群的产物。就此而言，广义的说动物亦有"家庭"。家庭有各种形式：多夫多妻、一夫多妻、一妻多夫、一夫一妻，等等。人类作为迄今为止地球上唯一有文化的最有发展潜力的具有最高智慧的动物，其家庭的产生、形成和发展有一个漫长的过程，而且慢慢纳入文明和理性的轨道。恩格斯在 1884 年写了一篇重要论文《家庭、私有制和国家的起源》，就路易斯·亨·摩尔根的有关研究成果，申说了马克思主义关于家庭、私有制及国家问题的思想，以证实唯物主义历史观的原理。恩格斯研究了史前各文化阶段的特点，以及家庭的起源、演变和发

---

① "父母俱存"三句：《孟子·尽心上》："君子有三乐，而王天下不与存焉。父母俱存，兄弟无故，一乐也。仰不愧于天，俯不怍于人，二乐也。得天下英才而教育之，三乐也。君子有三乐，而王天下不与存焉。"

展过程，特别是他着重论述了人类史前各阶段文化基础上早期婚姻状况，从原始状态中发展出来的几种家庭形式，最后得出的结论是：一夫一妻制家庭的产生和最后胜利乃是文明时代开始的标志之一。

就目前世界各个地区各个民族的总体情况而言，一夫一妻制是家庭存在的最普遍的形式，也是迄今最稳定、对社会发展最有利的形式。

中华民族历来重视家庭，认为家庭组织得、建设得好不好，关系到整个社会的存亡与发展。儒家经典之一《大学》①所讲之三纲领（"大学之道在明明德，在亲民，在止于至善"）和八条目（"古之欲明明德于天下者，先治其国。欲治其国者，先齐其家。欲齐其家者，先修其身。欲修其身者，先正其心。欲正其心者，先诚其意。欲诚其意者，先致其知。致知在格物"），其中重要的不可缺少的一环就是"齐家"。儒家论证"若治国必先齐其家"的思想，曰："其家不可教而能教人者，无之"；"一家仁一国兴仁，一家让一国兴让"；"《诗》云：'桃之夭夭，其叶蓁蓁，之子于归，宜其家人。'宜其家人而后可以教国人。《诗》云：'宜兄宜弟。'宜兄宜弟，而后可以教国人。《诗》云：'其仪不忒，正是四国。'其为父子兄弟足法，而后民法之也。此谓治国在齐其家"……这里包含着今天我们需要继承和发扬的优秀传统。

在文明社会，无论古代还是现代，人类最真挚的爱，人类社会最质朴的人伦之美，都充分表现在家庭里。首先是夫妻之爱，"有情人终成眷属"的主题历来歌咏不绝；其次是父母与子女的爱；再次是兄弟姊妹之爱。它们都是不可替代的。这中间产生过多少美丽的故事啊！

今天我们也在提倡家和万事兴，家和万事乐，家和万事美。重要的，是在一个"和"字。"和"则乐，"和"则美。

寝居："不尸不容"

李渔《闲情偶寄·颐养部·行乐第一》谈"坐"曰："从来善养生者，莫过于孔子。何以知之？知之于'寝不尸，居不容'②二语。使其好

---

① 《大学》为四书之一，见南宋朱熹《四书章句集注》，中华书局1983年版。
② "寝不尸"二句：语见《论语·乡党》。

饰观瞻，务修边幅，时时求肖君子，处处欲为圣人，则其寝也，居也，不求尸而自尸，不求容而自容；则五官四体，不复有舒展之刻。岂有泥塑木雕其形，而能久长于世者哉？'不尸不容'四字，绘出一幅时哉圣人，宜乎崇祀千秋，而为风雅斯文之鼻祖也。吾人燕居坐法，当以孔子为师，勿务端庄而必正襟危坐，勿同束缚而为胶柱难移。抱膝长吟，虽坐也，而不妨同于箕踞①；支颐丧我②，行乐也，而何必名为坐忘③？但见面与身齐，久而不动者，其人必死。此图画真容之先兆也。"

对于孔子关于寝居的"寝不尸，居不容"之语，不同的人可作不同的解释，或曰不同的人各自强调不同的方面。

例如，朱熹《论语集注》卷六释曰："尸，谓偃卧似死人也。居，居家。容，容仪。范氏曰：'寝不尸，非恶其类于死也。惰慢之气不设于身体，虽舒布其四体，而亦未尝肆耳。居不容，非惰也。但不若奉祭祀、见宾客而已，申申夭夭是也。'"表现出老夫子的矜持和严肃。

关于寝居，佛教也有自己的说法。他们认为有"坐"才有"定"，这是内心修养的重要方法。佛家"坐定"功夫最深，乃至最后"坐化"。

而李渔对孔子的话则另作别解，他所强调的是这两句话使人身心处于活泼泼的自由舒适状态的含意，即寝居也应是文明的享受。并且李渔认为这才是孔子"寝不尸，居不容"的本意。就是说，"寝居"一方面需风雅斯文（美），另一方面活泼舒适（乐）。假如人们连在家里坐卧都"好饰观瞻，务修边幅，时时求肖君子，处处欲为圣人，则其寝也，居也，不求尸而自尸，不求容而自容；则五官四体，不复有舒展之刻"，活像"泥塑木雕"，岂不苦煞？李渔的结论是："吾人燕居坐法，当以孔子为师，勿务端庄而必正襟危坐，勿同束缚而为胶柱难移。"而这个要求"宜乎崇祀千秋，而为风雅斯文之鼻祖也"。

这表现了李渔养生学中的一个重要思想，即顺从自然，随意适性，自由舒坦。李渔在其他地方多次表述过这个意思。如他谈饮食，提倡"爱食者多食"，"怕食者少食"，"欲借饮食养生，则以不离乎性者近似"，"平

---

① 箕踞：《庄子·至乐》："庄子妻死，惠子吊之。庄子则方箕踞，鼓盆而歌。"
② 支颐丧我：王维《赠东岳焦炼师》有"支颐问樵客，世上复何如"句；其《山中示弟》有"山林吾丧我，冠带尔成人"句。
③ 坐忘：《庄子·大宗师》："堕肢体，黜聪明，离形去知，同于大通，此为坐忘。"

生爱食之物，即可养生，不必再查《本草》"，"欲调饮食，先匀饥饱"，"太饥勿饱"，"太饱勿饥"，等等。他谈"行乐"，无论"贵人行乐"、"富人行乐"、"贫贱行乐"、"家庭行乐"、"道途行乐"、"春季行乐"、"夏季行乐"、"秋季行乐"、"冬季行乐"以及睡、坐、行、立、饮、谈等之"随时即景就事行乐"……无不贯彻其随意适性、顺从自然、自由舒坦的原则。① 假如用现代的一些美学家"美即自由"的观念来看李渔，他的主张无疑是最符合"美"的本意了。

沐浴：对自己也对别人的尊重

李渔《闲情偶寄·颐养部·行乐第一》"沐浴"云："盛暑之月，求乐事于黑甜之外，其惟沐浴乎？潮垢非此不除，浊污非此不净，炎蒸暑毒之气亦非此不解。此事非独宜于盛夏，自严冬避冷，不宜频浴外，凡遇春温秋爽，皆可借此为乐。"

对于穆斯林兄弟来说，沐浴身体，保持洁净，是对真主的尊敬。沐浴是他们虔诚信仰的一部分。

对于世上的普通百姓，经常沐浴，的确是很愉快的事情，而且也可以说是对自己、对别人的尊重。

但是，有的人为了事业（或某个时候太专心于事业），是可以长时间不洗澡的。据说隋朝的大学问家王通（文中子）玩儿命做学问"不解衣者六岁"——连衣服都不脱，定然亦不能沐浴；我大学的老师高亨教授曾说，他在清华研究院读书时，整年不洗澡。

据说，过去中国北方的农民一生只洗三次澡：刚出生的时候，结婚的时候，死的时候。

俱往矣，今日人们（包括曾经不洗澡的北方农民）沐浴清水乃至沐浴

① 李渔的这个思想与禅宗的有关主张很接近。《景德传灯录》卷六有曰："有源律师来问：和尚修道，还用功否？师曰：用功。曰：如何用功？师曰：饥来吃饭，困来即眠。曰：一切人总如是，同师用功否？师曰：不同。问：何故不同？师曰：他吃饭时不肯吃饭，百种须索，睡时不肯睡，千般计较，所以不同也。"李渔熟悉禅宗，对其有所继承。他的《十二楼·奉先楼》回前诗有曰："衲子逢人劝出家，几人能撇眼前花？别生东土修行法，权作西方引路车。茹素不须离肉食，参禅何用着袈裟？但存一粒菩提种，能使心苗长法华。"诙谐地借禅而申说自己的养生主张。黄强《李渔与养生文化》（见《李渔研究》第114—132页）对此有较好的论述，可参见。

温泉，已成习惯了。

洁净也是一种美。

三句话即露诙谐本色

李渔《闲情偶寄·颐养部·行乐第一》谈"立"曰：

> 立分久暂，暂可无依，久当思傍。亭亭独立之事，但可偶一为
> 之，旦旦如是，则筋骨皆悬，而脚跟如砥，有血脉胶凝之患矣。或倚
> 长松，或凭怪石，或靠危栏作轼，或扶瘦竹为筇；既作羲皇上人①，
> 又作画图中物，何乐如之！但不可以美人作柱，虑其础石太纤，而致
> 栋梁皆仆也。

李渔论"立"时，认为需分"久"与"暂"。"暂可无依，久当思
傍。"就是说，若久站，则"或倚长松，或凭怪石，或靠危栏作轼，或扶
瘦竹为筇；既作羲皇上人，又作画图中物，何乐如之"。这里突出了一个
重要的美学问题，即"立"不但要讲究"乐"，也要讲究"美"。常言道，
坐有坐相，站有站相。所谓相，不但有舒适与否的问题，还有个美不美的
问题。李渔的要求是，既要"乐"（所谓"何乐如之"），又要"美"（所
谓"作画图中物"）。

李渔说到这里，立刻显出诙谐幽默的本色："但不可以美人作柱，虑
其础石太纤，而致栋梁皆仆也。"多么可爱而有趣的李十郎！②

这也是一种美。

---

　　①　羲皇上人：晋陶潜《与子俨等疏》："常言五六月中，北窗下卧，遇凉风暂至，自谓是羲
皇上人。"

　　②　（清）李桓辑《国朝耆献类征·文艺四·李渔》："李渔，字笠翁，钱塘人。流寓金陵。
著一家言，能为唐人小说，吴梅村所称精于谱曲，时称李十郎。"吴梅村《赠武林李笠翁》诗有
"十郎才调岁蹉跎"句，将李渔比为《霍小玉传》中"才调风流"之"十郎"李益，于是时人以
"李十郎"称李渔。

你怎样解读《闲情偶寄》?

林语堂在《吾国与吾民》中说:

> 十七世纪李笠翁的著作中,有一重要部分,专事谈论人生的娱乐方法,叫做《闲情偶寄》,这是中国人生活艺术的指南。自从居室以至庭园,举凡内部装饰,界壁分隔,妇女的妆阁,修容首饰,脂粉点染,饮馔调治,最后谈到富人贫人的颐养方法,一年四季,怎样排遣忧虑,节制性欲,却病,疗病,结束时尤别立蹊径,把药物分成三大动人的项目,叫做本性酷好之药,其人急需之药,一心钟爱之药。此最后一章,尤富人生智慧,他告诉人的医药知识胜过医科大学的一个学程。这个享乐主义的剧作家又是幽默大诗人,讲了他所知道的一切。

我们今天的读者不能不承认三百多年前的李渔的确是一个相当聪明的老头儿。说《闲情偶寄》是中国人"生活艺术的指南",我看当之无愧;但是说李渔所"告诉人的医药知识胜过医科大学的一个学程",大概是推崇过甚了。

上面是半个世纪以前林语堂先生对《闲情偶寄》的解读。今天的学者也有独特解读。黄强教授在《李渔与养生文化》中认为,李渔"构建了一个庞杂的养生理论体系,《闲情偶寄》八部无一不是李渔养生理论的组成部分"。黄强细论曰:"《颐养部·行乐第一》云:'至于悦色娱声、眠花籍柳、构堂建厦、啸风嘲月诸乐事,他人欲得,所患无资,业有其资,何求不遂?'则《词曲》、《演习》、《声容》、《居室》诸部所述在李渔看来属颐养之道自不待言。同部又提及'灌园之乐'、'藉饮食养生',则《种植》、《饮馔》二部所述也属颐养之道。至于《器玩部》言及骨董、屏轴、炉瓶之类,更是颐养者追求闲适情趣不可或缺之物。'闲情偶寄'这一书名也透露全书各部均为养生怡情所设,区别在于《颐养部》总论养生,专论养生,而其他各部分论养生者必备的专门知识。"① 仔细想想,黄强说得

---

① 载《李渔研究》,第114页。

也不无道理。也许可以这样说：站在不同立场上，从不同角度解读《闲情偶寄》，可以得出不同结论。黄强主要从养生学立场和角度看《闲情偶寄》，故所见皆养生，得出它是一部养生学著作的结论。这就像鲁迅所说，一部《红楼梦》，"单是命意，就因读者的眼光而有种种：经学家看见《易》，道学家看见淫，才子看见缠绵，革命家看见排满，流言家看见宫闱秘事"①。

若站在美学家的立场上，所见则应是另外的情形：它是一部美学小百科。

心和

李渔以"和"的思想释"病"，而特别强调"心和"，自有其高明之处。他所谓"人身所当和者，有气血、脏腑、脾胃、筋骨之种种，使必逐节调和，则头绪纷然，顾此失彼，穷终日之力，不能防一隙之疏。防病而病生，反为病魔窃笑耳。有务本之法，止在善和其心。心和则百体皆和。即有不和，心能居重驭轻，运筹帷幄，而治之以法矣"，在今天也有重要参考价值。

"和"，在这里即讲究平衡。若失衡，即会得病。而所谓平衡，又需特别讲究内在的平衡。我国传统医学宝库中现存最早的一部典籍《黄帝内经》，以其"阴阳五行学说"、"脉象学说"、"藏象学说"、"经络学说"、"病因学说"、"病机学说"以及"养生学"、"运气学"等学说，而倡导内在平衡。有人说，《黄帝内经》之"内"，内求之谓也，医家说："关键是要往里求、往内求，首先是内观、内视，就是往内观看我们的五脏六腑，观看我们的气血怎么流动，然后内炼，通过调整气血、调整经络、调整脏腑来达到健康，达到长寿。所以内求实际上是为我们指出了正确认识生命的一种方法、一种道路。这种方法跟现代医学的方法是不同的，现代医学是靠仪器、靠化验、靠解剖来内求。中医则是靠内观、靠体悟、靠直觉来内求。"

总之，就是如李渔所讲的"心和"，即求内在平衡。

────────────

① 见《鲁迅全集·集外集拾遗补编·〈绛洞花主〉小引》。

春季行乐

李渔说："春之为令，即天地交欢之候，阴阳肆乐之时也。人心至此，不求畅而自畅，犹父母相亲相爱，则儿女嬉笑自如。睹满堂之欢欣，即欲向隅而泣，泣不出也。"

诚然如此。谁不喜爱春天呢？

春季行乐，莫过于学孔老夫子。《论语·先进》中记述了孔子和他的几个学生关于"各言其志"的一段对话。与曾皙（点）的对话是这样的：

"点！尔何如？"

鼓瑟希，铿尔，舍瑟而作，对曰："异乎三子者之撰。"

子曰："何伤乎？亦各言其志也。"

曰："莫春者，春服既成，冠者五六人，童子六七人，浴乎沂，风乎舞雩，咏而归。"

夫子喟然叹曰："吾与点也！"

走出"房间"，更多地与大自然相亲相爱吧。

"止忧"而不止"忧患意识"

李渔《闲情偶寄·颐养部·止忧第二》谈到"止忧"与"忘忧"："忧可忘乎？不可忘乎？曰：可忘者非忧，忧实不可忘也。"

的确，一个个人，一个民族，一个国家，其实是不能"忘忧"的。所谓不能忘忧，即必须有"忧患意识"。当然，不能"忘忧"并不是叫你成天哭丧着脸，而是叫你做事兢兢业业，不苟且，不敷衍，不马虎，成功时想到失败，甜蜜时想到痛苦，享福时想到灾难。这就叫做"忧患意识"。我以为，"忧患意识"里包含着一种忧患的美，或叫做忧伤的美。

李渔又说："忧不可忘而可止，止即所以忘之也。"所谓"止忧"，绝非要止"忧患意识"，而只是让人振作起来，不为忧愁压倒，奋发进取。

倘有什么创伤而造成忧愁和心痛，想真正"医治"它，大概只有时间这一副药；而这，可能是很长的一个过程。或者，这愁和痛，终生不可止。我爸爸在抗日战争中牺牲已经过去了六十七年，现在想起儿时噩耗传来妈妈悲痛欲绝的情形，还历历在目；直到妈妈七十八岁（1995）去世，我爸爸牺牲的隐痛也没有在她心头散去——别人可能体会不到，但作为儿子，我从妈妈谈起爸爸时的眼睛里觉察得出来。

后　记

完成了这部《李渔美学心解》，我一生学术活动中关于李渔研究（主要是李渔美学思想的研究）的工作，大概暂时可以告一段落，画上一个句号了。今后一段时间，我将把主要精力放在"从诗文评到文艺学"的项目上。

我早就对朋友们说过，我的李渔研究，或者确切一点说，主要是李渔美学思想研究，野狐禅而已。其始，实属偶然。1979 年，我的老师蔡仪先生要办《美学论丛》，需要有研究中国古典美学的文章，我便自告奋勇，因以往对李渔还有点儿兴趣，不知深浅地承担下撰写李渔剧论的任务。一进入实际操作，便发觉困难相当大。于是，有半年多至一年左右的时间，我几乎天天"泡在"《闲情偶寄》、《一家言全集》（我看的是芥子园本）、《笠翁十种曲》以及有关研究李渔的资料之中。那时，位于王府井北口的中国科学院图书馆还比较宽松，我不但可以随时在那里阅读这些比较珍贵的线装书（不知它们当时是否定为善本），还可以把书借回家去。一年后，我最初的两篇研究李渔美学的论文发表在《美学论丛》上。1982 年，《论李渔的戏剧美学》由中国社会科学出版社出版。此后犹如鬼魂附体，我被李渔美学缠上了，即使手头主要在做别的工作，也神使鬼差般被李渔牵着，断断续续同李渔这位三百多年前才气横溢、识见卓越而又市井气十足的老头儿打了近三十年的交道。期间，我出版了《李渔美学思想研究》，在《文学遗产》、《中国社会科学》、《文艺研究》及全国其他报刊上发表了一些李渔研究的论文，还被误认为李渔研究专家，应约撰写了中国大百科全书李渔《闲情偶寄》条目，我的母校山东大学牟世金教授还约我撰写了他主编的中国古代文论家传记中的李渔评传，1992 年版浙江古籍出版社《李渔全集》第二十卷，还把拙作《李渔论戏剧导演》作为后人研究李渔的代表性作品收入其中。回想起来，在我的李渔研究中，一直得到我的老师蔡仪先生和众多朋友的指点和鼓励；尤其是最近几年，在我校勘、注释、评点李渔的《闲情偶寄》、《窥词管见》和《怜香伴》传奇以及撰写《李渔美学心解》等各项工作中，更是得到了我的各位同事和好友刘世德、刘扬忠、蒋寅、王学泰、党圣元、刘跃进、陈祖美、李玫、彭亚非、刘方喜、陈定家研究员以及扬州大学黄强教授等热情、慷慨而具体的帮助；黄强教授还不辞辛苦仔细审读了《李渔美学心解》书稿，为我撰写了一万七千多字的长篇序言，进行严肃认真的学术讨论，并纠正了我不少疏漏，使我获益匪浅。特别是关于笠翁词集刊刻年代，黄强教授《序》中以确凿有力的史料予以辨析，纠正了我和其他某些李渔研究者较长时间以来习焉不察的错误（参见黄强教授的序言）。在接到黄强教授发给我的电子文本《序》稿后，我立即依他的意见在校改书稿清样时作了修正，并给他回信表示谢意："序写得太好了。这不是因为你对拙著说了许多许多肯定的话（有些我不敢当），而是因为你作为一个严肃学者所作的学术讨论。我最看重的是你那四点不同意见，其中还指出我有关版本方面的硬伤。这非常好。衷心感谢你！"

我还要借此机会对所有帮助和关心我学术研究的老师、同学、朋友和同事们，对大力帮助拙著出版并付出辛勤劳动的各个出版社的编辑同志们（他们已经成为我多年的挚友），对向来无私支持我工作的妻子和亲人们，表示诚挚感谢！

小结一下我有关李渔研究的著作，有以下几种：

《论李渔的戏剧美学》，1982 年，中国社会科学出版社；

《李渔美学思想研究》，1998 年，中国社会科学出版社（2007 年再版），获文学研究所优秀科研一等奖、首届中国文学奖、中国社会科学院二等奖；

《闲情偶寄评点》（"历代笔记小说小品丛刊"本），1998 年，学苑出版社；

《李渔美学思想研究》（增订本），2007 年 3 月，中国社会科学出版社；

《闲情偶寄》（插图评注本），2007 年 10 月，中华书局；

《闲情偶寄 窥词管见》（校注本），2009 年 1 月，中国社会科学出版社；

《评点李渔》，2010 年，中国出版集团东方出版中心；

再加上这部再次与中国社会科学出版社合作出版的《李渔美学心解》。

此外，2009 年春夏之交，我还应普罗之声文化公司和林兆华戏剧工作室之约，对李渔第一部传奇《怜香伴》进行了比较详细的注释，得十万余言。

2009 年 10 月底，我借赴金华开会之机，在浙江师范大学刘彦顺、黄宝富老师精心安排下，去兰溪李渔老家参观，受到兰溪市委宣传部部长刘成芝同志和李渔研究会会长李彩标同志的热情接待，遂多年夙愿。可惜，真正的李渔遗迹所剩无几，仅"石坪坝"（现在叫它"李渔坝"）、"且停亭"（李渔曾有一副对联"名乎利乎道路奔波休碌碌；来者往者溪山清静且停停"）和伊山别业遗址左侧一口古井等几处而已。不过，在李彩标同志"此处为伊山别业遗址"、"此处为李渔老宅遗址"等指引下，我在想象中游历了李渔故园。李渔当年伊园漫步吟诗和总理乡党筑坝情形，仿佛现于眼前；我的脚下，我走的这条路和砌在石坪坝上已历时三百多年颇有些沧桑之感的石条，还有那座招呼"来者往者溪山清静且停停"的"且停亭"里……应该有当年李渔的足迹。

人去也，精神尚在；精神尚在，就是活着。我在兰溪人修的李渔纪念馆"芥子园"里，分明看到了李渔的身影；而且，刘成芝部长和李彩标会长告诉我，他们正筹划一座规模相当大的李渔主题公园，就在兰溪城的阴阳山坡上。

但愿李渔永远健康地活下去。

我感慨：我们中华大地的每一寸看似平凡的土地，都可以养育出像李渔这样的不平凡的闻名中外的英才。

2010 年春，杜书瀛草于北京安华桥寓所

主要参考文献

《笠翁一家言全集》（清翼圣堂本和芥子园本）。

《笠翁传奇十种》（清翼圣堂本）。

《李渔全集》，浙江古籍出版社1991年版。

《中国古典戏曲论著集成》，中国戏剧出版社1959年版。

《词话丛编》，唐圭璋编，中华书局1985年修订版。

《左传》，阮元校刻《十三经注疏》，中华书局影印本，1980年版。

《诗经》，阮元校刻《十三经注疏》，中华书局影印本，1980年版。

《论语》，阮元校刻《十三经注疏》，中华书局影印本，1980年版。

《老子》，《新编诸子集成》本，中华书局1988年版。

《孟子》，阮元校刻《十三经注疏》，中华书局影印本，1980年版。

《庄子》，《新编诸子集成》本，中华书局1988年版。

《荀子》，《新编诸子集成》本，中华书局1988年版。

《乐记》，阮元校刻《十三经注疏》，中华书局影印本，1980年版。

《淮南子》，《新编诸子集成》本，中华书局1988年版。

《毛诗序》，阮元校刻《十三经注疏》，中华书局影印本，1980年版。

《山海经》，袁珂校译本，上海古籍出版社1985年版。

王充《论衡》，《新编诸子集成》本，中华书局1988年版。

葛洪《西京杂记》，江苏广陵古籍刻印社重刊《笔记小说大观》第1册，1983年版。

曹丕《典论·论文》，张元济主编《四部丛刊》影宋本《文选》卷五十二，商务印书馆1936年版。

陆机《文赋》，张元济主编《四部丛刊》影宋本《文选》卷十七，商务印书馆1936年版。

宗炳《画山水叙》，于安澜编《画论丛刊》本，人民美术出版社 1960 年版。

刘义庆《世说新语》，《新编诸子集成》本，中华书局 1988 年版。

谢赫《古画品录》，于安澜编《画品丛刊》本，上海人民美术出版社 1982 年版。

刘勰《文心雕龙》，范文澜注本，人民文学出版社 1958 年版。

钟嵘《诗品》，陈延杰注本，人民文学出版社 1961 年版。

萧统《文选序》，张元济主编《四部丛刊》影宋本《文选》卷首，商务印书馆 1936 年版。

杨衒之《洛阳伽蓝记》，范祥雍校注本，上海古籍出版社 1958 年版。

皎然《诗式》，何文焕辑《历代诗话》本，中华书局 1981 年版。

朱景玄《唐朝名画录》，于安澜编《画品丛刊》本，上海人民美术出版社 1982 年版。

《白居易集》，顾学颉校补本，中华书局 1979 年版。

张彦远《历代名画记》，秦仲文、黄苗子点校，人民美术出版社 1963 年版。

司空图《二十四诗品》，何文焕辑《历代诗话》本，中华书局 1981 年版。

荆浩《笔法记》，于安澜编《画论丛刊》本，人民美术出版社 1960 年版。

郭熙《林泉高致》，于安澜编《画论丛刊》本，人民美术出版社 1960 年版。

郭若虚《图画见闻志》，黄苗子点校，人民美术出版社 1963 年版。

苏轼《苏东坡集》，商务印书馆重印本，1958 年版。

李格非《洛阳名园记》，文学古籍刊行社 1955 年版。

朱熹《朱子语类》，中华书局 1986 年版。

张戒《岁寒堂诗话》，中华书局点校本，1983 年版。

姜夔《白石诗说》，郑文校点本，人民文学出版社 1962 年版。

严羽《沧浪诗话》，郭绍虞校释本，人民文学出版社 1961 年版。

谢榛《四溟诗话》，宛平校点本，人民文学出版社 1962 年版。

李贽《藏书》、《焚书》，张光澍点校本，中华书局 1974 年版。

《袁宏道集》，钱伯城笺校本，上海古籍出版社 1981 年版。

董其昌《画禅室随笔》，江苏广陵古籍刻印社重刊《笔记小说大观》第 12 册，1983 年版。

《汤显祖集》，徐朔方笺校本，中华书局 1962 年版。

袁中道《珂雪斋集》，钱伯城校本，上海古籍出版社 1989 年版。

臧懋循《元曲选》，中华书局 1979 年版。

张岱《陶庵梦忆》、《西湖梦寻》，马兴荣点校本，上海古籍出版社 1982 年版。

《明容与堂刻水浒传》，上海中华书局影印本，1966 年版。

金圣叹《第五才子书施耐庵水浒传》，中华书局影印本。

金圣叹《第六才子书》，中华书局影印本。

计成《园冶》，陈植校注本，中国建筑工业出版社 1981 年版。

文震亨《长物志》，陈植校注本，江苏科学技术出版社 1984 年版。

黄宗羲《明夷待访录》，中华书局重校本，1981 年版。

吴伟业《张南垣传》，江苏广陵古籍刻印社重刊《笔记小说大观》第 14 册，1983 年版。

王夫之《薑斋诗话》，戴鸿森笺注本，人民文学出版社 1981 年版。

叶燮《原诗》，霍松林校勘本，人民文学出版社 1979 年版。

石涛《苦瓜和尚画语录》，于安澜编《画论丛刊》本，人民美术出版社 1960 年版。

袁枚《小仓山房集》，乾隆蒋士铨序本。

沈复《浮生六记》，立人校订本，作家出版社 1996 年版。

刘熙载《艺概》，上海古籍出版社 1978 年版。

《郑板桥集》，上海古籍出版社 1979 年版。

朱一新撰《京师坊巷志稿》，北京古籍出版社 1982 年版。

《楹联丛话全编》，北京出版社 1996 年版。

王初桐《奁史》，嘉庆二年古香堂刻本。

吴梅《顾曲麈谈》，商务印书馆 1916 年版。

梁启超《饮冰室合集》，上海中华书局 1941 年版。

王国维《王国维戏曲论文集》，中国戏剧出版社 1984 年版。

王国维《人间词话》，人民文学出版社 1960 年版。

《鲁迅全集》，人民文学出版社 1973 年版。

童寯《江南园林志》，中国建筑工业出版社 1984 年版。

《陈植造园文集》，中国建筑工业出版社 1988 年版。

陈从周《说园》，同济大学出版社 2007 年版。

陈从周《园林谈丛》，上海文化出版社 1980 年版。

朱光潜《西方美学史》，人民文学出版社 1964 年版。

宗白华《美学散步》，上海人民出版社 1981 年版。

郭绍虞《中国文学批评史》，上海中华书局 1961 年版。

林语堂《吾国与吾民》，陕西师范大学出版社 2006 年版。

沈从文《中国古代服饰研究》，商务印书馆香港分馆 1981 年版。

《曹禺自传》，江苏文艺出版社 1996 年版。

《吴宓自编年谱》（1894—1925），生活·读书·新知三联书店 1998 年版。

周锡保《中国古代服饰史》，中国戏剧出版社 1984 年版。

上海戏曲学校编著《中国历代服饰》，学林出版社 1984 年版。

周贻白《中国戏剧史长编》，人民文学出版社 1960 年版。

黄丽贞《李渔研究》，台湾纯文学出版社 1974 年版。

黄强《李渔研究》，浙江古籍出版社 1996 年版。

李永祜主编《衮史选注》，中国人民大学出版社 1994 年版。

［古希腊］柏拉图《文艺对话集》，朱光潜译，人民文学出版社 1963 年版。

［古希腊］亚里斯多德《诗学》，罗念生译，人民文学出版社 1962 年版。

［德国］莱辛《拉奥孔》，朱光潜译，人民文学出版社 1979 年版。

［德国］莱辛《汉堡剧评》，张黎译，上海译文出版社 1981 年版。

［法国］《狄德罗美学论文选》，人民文学出版社 1984 年版。

［德国］康德《判断力批判》（上卷），宗白华译，商务印书馆 1964 年版。

［德国］黑格尔《美学》（第 1 卷），朱光潜译，人民文学出版社 1958 年版。

［德国］《歌德谈话录》，朱光潜译，人民文学出版社 1978 年版。

［德国］马克思《1844 年经济学哲学手稿》，人民出版社 1979 年版。

［俄国］车尔尼雪夫斯基《生活与美学》，周扬译，人民文学出版社 1957 年版。

［俄国］列夫·托尔斯泰《艺术论》，人民文学出版社 1958 年版。

［俄国］契诃夫《论文学》，人民文学出版社 1958 年版。

［法国］丹纳《艺术哲学》，人民文学出版社 1963 年版。

［俄国］《普列汉诺夫美学论文集》，曹葆华译，人民出版社 1983 年版。

［俄国］阿·托尔斯泰《论文学》，人民文学出版社 1980 年版。

［俄国］高尔基《论文学》，人民文学出版社 1978 年版。

［美国］哈密尔敦《戏剧论》，世界书局民国二十年版。

［日本］青木正儿《中国近世戏曲史》，王古鲁译著，作家出版社 1958 年版。

［美国］约翰·霍华德·劳逊《戏剧与电影的创作理论与技巧》，中国电影出版社 1961 年版。

［英国］贡布里希《艺术发展史》，天津人民美术出版社 1998 年版。

［日本］板仓寿郎《服饰美学》，李今山译，上海人民出版社 1986 年版。